U0249702

设计

竞争力

研究

中国高等教育

简介

中国室内设计教育竞争力评价研究

何夏昀 著

广东省哲学社科一般项目《粤港澳大湾区设计行业创新竞争力研究》（GD19CYS15）；
广州美术学院学术著作出版基金资助出版

中国建筑工业出版社

图书在版编目（CIP）数据

中国室内设计教育竞争力评价研究 / 何夏昀著 . —
北京：中国建筑工业出版社，2022.11
ISBN 978-7-112-28127-5

Ⅰ . ①中… Ⅱ . ①何… Ⅲ . ①室内装饰设计—职业教
育—竞争力—评价—中国 Ⅳ . ① TU238.2

中国版本图书馆 CIP 数据核字（2022）第 208178 号

数字资源阅读方法：
本书提供以下图片 / 表格的电子版，读者可使用手机 / 平板电脑扫描右侧二维码后
免费阅读。图 1-2 ~图 1-5，图 1-8，图 1-9，图 3-2 ~图 3-4，表 4-1，图 4-3 ~
图 4-5，图 4-8，图 4-11 ~图 4-13，表 4-10，图 4-14 ~图 4-16，表 4-14，图 4-18，
表 4-46，图 5-3，表 5-3 ~表 5-9，图 6-1。
操作说明：扫描授权进入"书刊详情"页面，在"应用资源"下点击任一图号
（如图 1-2），进入"课件详情"页面，内有图号。点击相应图号后，点击右上角红色
"立即阅读"即可阅读电子版。
若有问题，请联系客服电话：4008-188-688。

责任编辑：李成成
责任校对：董　楠

中国室内设计教育竞争力评价研究
何夏昀　著
*

中国建筑工业出版社出版、发行（北京海淀三里河路 9 号）
各地新华书店、建筑书店经销
北京雅盈中佳图文设计公司制版
北京中科印刷有限公司印刷
*
开本：787 毫米 ×1092 毫米　1/16　印张：18½　字数：349 千字
2022 年 11 月第一版　2022 年 11 月第一次印刷
定价：**89.00** 元（赠数字资源）
ISBN 978-7-112-28127-5
　　　（40054）

前言

在确定本书主题之前，笔者曾一度陷入两难的心境。作为长期从事室内设计高等教育的专任教师，经常会被室内设计的丰富性所打动，但其在学科专业和国家标准中的尴尬地位一直让笔者深感困惑：于笔者而言，室内设计是一个既熟悉又陌生的领域，熟悉在于其已成为专业教育的一部分和职业活动的一部分，陌生在于真正去研究时却发现其标准与规范存在大量不确定性和有待梳理的内容。中国室内设计教育竞争力的评价研究目前尚属空白，具有一定的学术价值和现实意义，但由于这个论题牵涉面甚广，不仅会对一些既有的认知造成冲击，而且有很多问题也不容易解决，所以在执笔前着实纠结了很长一段时间。当然，笔者内心也非常明白，中国知识分子那份固有的情怀与担当，并不允许笔者在求真的道路上选择退缩，即使会遇到无数的困难，也应义无反顾地闯入这个尚未有人探索过的领域。不管是投石问路也好，或是抛砖引玉也罢，笔者都愿意把自己的困惑和思考写出来与读者分享。

在现实社会中，"室内设计"是一个耳熟能详的词组，但从国家标准的视角来看，它并不是一个被认可的标准术语。无论是室内设计的产业活动，还是室内设计的职业活动，以及室内设计的专业教育活动，迄今都没有正式纳入国家相关标准。现行有效的《国民经济行业分类目录》《国民经济行业分类注释》《职业分类大典》《普通高等学校本科专业目录》《普通高等学校本科专业类教学质量国家标准》，都没有设立"室内设计"这个类别和条目。在行业分类标准中，"室内设计"的概念被"建筑装饰""居室装修""室内装饰设计"所覆盖；在职业分类标准中，"室内设计师"的概念被"室内装饰设计师"所替代；在本科专业相关标准中也找不到"室内设计"这个类别，"室内设计"只是以"主干课程"和"专业方向"的形式，包含在"环境设计专业"和"建筑学专业"之中。

换言之，尽管室内设计产业活动和室内设计职业活动，在事实上早已超越装饰性设计的范畴并进入系统性设计的时代，室内设计高等教育活动也从建筑设计教育中逐步分离出来，在国家标准现有的框架下，室内设计并没有相应的行业标准和职业标准，也没有相应的教育标准。值得关注的是，虽然环境设计专业试图把室内设计和景观设计整合为一个新的专业，但迄今为止环境设计专业教育还不足以完全取代室内设计专业教育，环境设计专业课程体系仍然以独立的室内设计专业课程和景观设计专业课程作为其支撑和构成。室内设计的内涵并没有发生质的改变。环境设计不仅没有被正式纳入《国民经济行业分类目录》，而且新修订的《职业分类大典》也已将原有的"环境设计从业人员"分类进行了删除。也就是说，环境设计目前只是高等教育标准领域的一个概念，而这个概念还没有被行业标准和职业标准所接受。

根据《高等教育法》相关规定，高等教育的任务是培养高级专门人才，促进社会主义现代化建设。在中国特色社会主义"五位一体"布局中，经济建设是我国社会主义现代化发展的首要战略目标，经济建设的内容集中体现为经济领域的行业活动，而行业标准则是经济建设活动的规范。如果没有明确的行业分类和行业标准，专业教育实施主体就不可能制定出符合行业需求和社会需求的专业人才培养方案和培养目标，只能根据各自的办学经验，或者参照相关行业和相关专业的标准来组织教学，其结果必然会导致教学效果和教育质量出现巨大的差异。室内设计在行业标准、职业标准、教育标准的缺位，正是室内设计专业教育所面临的困局。

为此，只有推动建立室内设计国家标准，教育实施主体才能有的放矢地开展教学改革，有效地组织符合经济行业和社会职业需求的专业教学和课程建设，切实提升室内设计专业教育竞争力。对于正在接受或准备接受室内设计高等教育的学生而言，也只有真正了解室内设计的行业地位和职业地位，才能够切实有效地进行职业规划，找到可持续的职业发展路径。

目前，随着室内设计活动和相关行业的快速发展，室内设计专业教育实施主体和室内设计专业毕业生所面临的竞争正变得越来越激烈。如何认识中国室内设计专业教育竞争力的构成，切实提升中国室内设计专业教育竞争力水平，已成为亟须解决的理论问题。基于高等教育评估的视角，借助竞争力理论研究的成果，对中国室内设计专业教育竞争力评价理论开展研究，探索建立室内设计专业教育竞争力评价指标体系和评价模型，为室内设计专业教育工作者和受教育者提供更多的信息，为中国室内设计专业教育竞争力建设提供基础参照，正是本书写作的最大愿景。

目录

3　中国室内设计专业教育竞争力评价理论模型探索

4 中国室内设计专业教育竞争力评价指标体系构建

5 基于 26 所院校的模拟实证研究

6　中国室内设计专业教育竞争力的主要问题和对策

7　结语

1
绪论

竞争是自然界生存的不二法则，是人类发展的内在动力，也是人类社会每个主体都不可能回避的客观现实。在计划经济时代，各领域的竞争关系和竞争活动虽然一度被平均主义思潮掩饰起来，但竞争性被人为弱化的资源分配方式只能是短暂且不可持续的。

1978 年实行改革开放政策之后，随着我国社会主义市场经济体制的确立和发展，社会资源的配置方式和获得渠道重新进入多元时代，竞争再次成为社会各领域各主体必须面对的问题。室内设计专业教育实施主体也当然不能例外。尤其是在深化教育评价改革和建设高质量教育体系成为2035 愿景目标的时代背景下，中国室内设计专业教育，不仅要面对更加激烈的国内教育评价竞争，而且还要面对日益激烈的高等教育国际竞争。因此，对中国室内设计专业教育竞争力评价理论展开探索和研究，既有时代的意义也有学术的价值。

鉴于目前尚未发现有关于室内设计专业教育竞争力评价理论的研究，为此本书拟围绕室内设计专业教育竞争力评价的若干问题展开理论探索，为建立一套行之有效的中国室内设计专业教育竞争力评价体系投石问路。

1.1 中国室内设计教育竞争力评价研究的时代背景与意义

1.1.1 高等教育竞争力研究是当今社会关注的重点课题

从广义上来说，竞争力就是竞争主体之间在竞争场景下的胜出能力或相对优势。竞争力的强弱高低，可能会体现在竞争过程中的某个节点或者某个场景，但最终会反映在竞争的结果上。关于竞争力理论[①]的现代研究，大约源于 20 世纪 80 年代末期，然后逐步从经济领域向其他领域扩展开来。中国高等教育竞争力研究，也随着我国教育体制改革的不断深化，逐步从大学竞争力评价、学科竞争力评价，拓展到专业竞争力评价。尤其是在党中央、国务院颁布《深化新时代教育评价改革总体方案》（简称《深化评价改革方案》）和教育部实施一流专业建设"双万计划"的背景下，专业教育评价以及专业教育竞争力评价，正成为我国高等教育研究领域共同聚焦的一个热点选题。

本书选择中国室内设计专业教育竞争力评价为对象，围绕室内设计专业教育竞争力的本质和评价问题展开探索性研究，不仅顺应了新时代教育评价发展的需求和趋势，而且填补了室内设计专业教育竞争力评价的理论空白。从学术价值的角度而言，这是一项具有创新性和时代性的研究。诚然，本书中的研究之所以能够顺利展开，主要得益于各领域在竞争力基础理论研究，以及竞争力评价理论研究等方面所取得的学术成果。前人的研究为本选题打开了视野、奠定了基础，并且提供了宝贵的研究经验和方法路径。

1.1.2 相关行业发展对室内设计专业教育研究形成倒逼

中国室内设计专业教育之所以具有今天的规模，完全是我国住宅建设和装饰装修行业高速发展倒逼的结果。1978 年，随着高考制度的恢复，大批"上山下乡"的知识青年返

---

① 现代竞争力理论多以美国学者迈克尔·波特（Michael E.Porter）的竞争优势（Competitive Advantage）理论为发端。

回城市，城市住房短缺成为政府急需解决的重点民生问题。为了尽快缓解城镇居民的住房问题，国务院批复转发了原国家建委《关于加快城市住宅建设的报告》（简称《住宅建设报告》），明确指出"加快城市住宅建设，迅速解决职工住房紧张的问题，是关系到发展生产、改善人民生活、发展安定团结大好政治形势的一件大事"。《住宅建设报告》还特别强调，"邓副主席指示：到 1985 年，城市平均每人居住面积要达到五平方米"。国务院批转的这个文件，为我国住宅建设和住宅市场的高速发展按下了启动键。

根据 2019 年国家统计局发布的《建筑业持续快速发展城乡面貌显著改善——新中国成立 70 周年经济社会发展成就系列报告之十》，截至 2018 年，"我国城镇居民人均住房建筑面积 $39m^2$，比 1978 年增加 $32.3m^2$，农村居民人均住房建筑面积 $47.3m^2$，比 1978 年增加 $39.2m^2$"，增幅分别达到 5.82 倍和 5.84 倍。卢正源（2020 年）指出："根据中国建筑装饰协会发布的数据，我国建筑装饰行业总产值由 2010 年的 2.10 万亿元增加到 2018 年的 4.22 万亿元，年复合增长率达 9.12%"。巨大的建筑市场需求，不仅推动着以室内设计活动为上游的建筑装饰装修行业蓬勃发展，同时也激发了相关行业对室内设计专业人才的大量需求，形成对室内设计专业教育的倒逼之势，促使各地院校纷纷开设或增设室内设计专业教育，扩大室内设计专业招生人数，中国室内设计专业教育事业也因此迅速达到空前的规模。

不仅如此，随着生活水平的提高和生活方式的改变，由房地产商或建筑商统一实施的标准化装饰装修已不能满足不同业主的个性化需求，个性化定制和独创性设计，逐步成为室内设计服务市场发展的新趋势。不同业主对室内环境的文化取向和情趣审美，意味着不同的设计逻辑和设计表达，意味着对室内设计师的专业水平提出了更高要求。室内设计师的知识储备、文化意识、审美能力、创新思维，往往是在接受专业教育时打下的基础，室内设计专业教育实施主体的办学竞争能力和教学质量水平，对培养专业人才发挥着关键作用。因此，围绕室内设计专业教育竞争力评价问题展开研究，指导室内设计专业教育实施主体全面提升各项竞争能力，从容应对和赢得不同场景下不同类型的竞争，为室内设计专业活动和相关行业的进一步发展持续输出大量具有竞争力的高素质设计人才，不断提升我国室内设计服务的竞争力水平，不仅是业界的呼唤，也是学界的职责所在。

1.1 中国室内设计教育竞争力评价研究的时代背景与意义

1.1.3 新时代高等教育评价改革开弓没有回头箭

1978 年正式恢复高考制度后，我国的高等教育事业逐步走上正轨。为了调动地方政府和民间团体投资兴办高等教育的积极性，培养更多高素质专业人才以满足国家经济建设和发展的需要，国家在高等教育投资体制和高等教育办学体制、高等教育评价体制等方面进行了一系列的重大改革。

1980 年，国务院决定把地方高校的办学权责和管理权责下放给当地政府，不再由中央政府统一制定计划向地方政府划拨高等教育办学经费，"高等院校办学经费也开始由政府包办、单一拨款向以国家财政拨款为主、多渠道筹措经费的体制过渡。"这一改革措施极大地刺激了地方投资开办大学的积极性，部分缓解了各地区社会发展和经济发展对高等专业人才的基本需求，但由于不同地区的经济发展速度和经济发展水平不同，对高等教育的投入规模和持续能力不尽相同，因此也引发了高等教育发展不均衡的新问题，加剧了区域之间和主体之间的竞争关系。

民办高校的复苏，标志着我国高等教育办学进入多元化时代。多元化的办学主体、多元化的办学理念、多元化的教学管理，必然导致差异化的出现。高等院校扩大招生规模之后，教师队伍建设是否能够与之匹配；精英教育向大众教育转型之后，高等教育质量水平是否能够维持和提升；建校办学和教学管理事权下放之后，教学质量和培养目标如何保证和如何问责；引入市场机制和竞争机制之后，如何保障教育资源的合理分配和合理使用等问题，难免引起社会各阶层的关心和担忧。

1985 年，《中共中央关于教育体制改革的决定》（简称《教育体制改革决定》）明确提出要"对高等学校的办学水平进行评估"。1990 年，国家教委颁布《普通高等学校教育评估暂行规定》（简称《评估暂行规定》），强调要"以能否培养适应社会主义建设实际需要的社会主义建设者和接班人作为评价学校办学水平和教育质量的基本标准"。1993 年，国务院批转《国家教委关于加快改革和积极发展普通高等教育的意见》（简称《加快改革意见》），要求"社会各界要积极支持和直接参与高等学校的建设和人才培养，评估办学水平和教育质量"。1998 年颁布的《高等教育法》[①]，明确规定"高等教育的办学水平、教育质量，接受教育行政部门的监督和由其组织的评估"。至此，由政府主导的教

---

① 《高等教育法》于 1998 年首次颁布，2015 年和 2018 年进行修订。

育评估和由民间组织的教育评价均获得了合法的地位。由政府机构主导的外部评估，由高校自主的内部评估，以及由民间机构实施的第三方评价，成为我国高等教育评价体系的三大组成部分。我国高等教育评估政策与相关活动整理如表 1-1 所示。

我国高等教育评估政策与活动大事年表　　　　　　　　　　表1-1

年度	事件
1985 年	《中共中央关于教育体制改革的决定》发布
1990 年	《普通高等学校教育评估暂行规定》发布
1995 年	211 工程计划启动
1998 年	本科教学评估启动
1998 年	985 工程计划启动
2002 年	第一轮全国学科评估启动
2003 年	第一轮本科教学工作水平评估启动
2003 年	本科专业合格评估启动
2003 年	基本办学条件指标发布
2004 年	教育部高等教育教学评估中心成立
2013 年	本科审核评估启动
2015 年	"双一流"建设启动
2019 年	"双万计划"启动
2020 年	一流本科课程建设启动
2020 年	《深化新时代教育评价改革总体方案》发布

资料来源：根据教育部文件整理（http：//www.moe.gov.cn/was5/web/search?channelid=239993）。

　　进入 21 世纪之后，中央政府更加高度重视教育评估，不断推动深化高等教育评价改革，以及各项教学水平评估和教学质量评估的开展和落实。教育部先后出台了一系列关于建立教育质量评估制度和开展教学质量评估活动的法规性和政策性文件。2000 年教育部发布了《关于实施"新世纪高等教育教学改革工程"的通知》，明确提出要"开展高等教育评估理论与实践的研究，探索高等教育教学质量监控体系及其运行机制"。2003 年教育部办公厅下发《关于对全国 592 所普通高等学校进行本科教学工作水平评估的通知》（简称《592 水平评估通知》），确定建立"五年一评"的全国高等学校本科教学质量评估制度，要求在"近 5 年内分期分批对北京大学等 592 所高等学校进行本科教学工作水平评估"。2004 年教育部首次印发《普通高等学校基本办学条件指标（试行）》（简称《基本办学条件指标》），明确规定基本办学条件不达标的高校或其所开设的专业将受到招生限制或

1.1　中国室内设计教育竞争力评价研究的时代背景与意义

停止招生处罚。2005年教育部高等教育司（简称"高教司"）决定成立"普通高等学校教学评估分类指导研究课题组"，着手研究和开展分类评估工作。2006年教育部高教司对《普通高等学校本科教学工作水平评估方案（试行）》（简称《水平评估试行方案》）中"部分重点建设高等学校及体育类、艺术类高等学校评估指标"进行调整，进一步完善了本科教学水平评估体系。2007年教育部、财政部印发《高等学校本科教学质量与教学改革工程项目管理暂行办法》（简称《教改工程管理暂行办法》），明确将教学质量达标评估与财政拨款直接挂钩，要求地方教育主管部门"统筹落实项目院校的建设资金，对建设资金的使用进行绩效监督，确保专项资金使用效益"。同年，教育部首次公布"红牌"和"黄牌"高校名单，对不符合基本条件的高校进行暂停招生或限制招生处理。2013年教育部决定建立普通高校本科教学质量年度报告发布制度，以及高校毕业生就业质量年度报告发布制度，为院校自评和社会监督提供信息基础。2020年教育部再次组织专家对《中国教育监测与评价统计指标体系》（简称《监评统计指标》）进行修订和完善，并发布新修订的《中国教育监测与评价统计指标体系（2020年版）》。2021年由教育部、财政部、国家发展改革委联合印发《"双一流"建设成效评价办法（试行）》（简称《"双一流"评价试行办法》），为"双一流"建设的健康发展提供了政策保障。

由此可见，高等教育评价改革已成开弓之势，分类评估逐步从大学综合评估层面，向学科评估、专业评估、课程评估层面深入展开。一些政策性达标评估已成为教育资源分配的前置条件，达标能力也成为教育实施主体能否在教育资源竞争中胜出的重要能力。在此背景下，对中国室内设计专业教育竞争力评价理论进行探索性研究，不仅顺应时代发展的趋势，也符合教育评估政策调整的要求。

1.2 室内设计教育国内外相关理论研究概述

1.2.1 国外室内设计专业教育竞争力相关研究概述

现代室内设计专业教育缘起西方发达国家。或许是因为室内设计专业教育在这些发达国家已形成较为完整的评价体系和认证体系，所以近年已很难检索到关于室内设计专业教育评价的欧美研究文献，而对美国室内设计教育发展的研究论文则相对较多。布丽姬特·A.梅（Bridget A. May，2017年）指出美国的室内设计专业教育和室内设计专业培训，早在一百多年前就开始以多种形式出现于不同类型的院校。最早提供室内装饰专业培训课程的有爱荷华州学院、堪萨斯州农业学院、伊利诺伊州工业大学，提供室内设计专业学位课程的则是哥伦比亚大学师范学院、明尼苏达大学、俄勒冈大学建筑艺术学院。随着罗德岛设计学院、普瑞特学院以及纽约室内设计学院等更多私立院校的创立，美国室内设计专业教育机构之间，开始逐步形成相互竞争的关系。私立教育机构的教学经费和营运经费主要来源于股东投入、社会捐赠、校友捐赠、学生学费和社会服务，它们都十分重视学生培优能力建设和课程认证能力建设 [1]，希望通过向学生提供学习保障和就业保障来吸引优质生源，向行业输送杰出专业人才，赢得良好的社会声誉，进而争取更多的办学资源，进一步促进院系专业建设的持续发展，在现有基础上不断扩大教育成果。

专业课程认证是对专业教育进行质量管理和质量评价的重要方式之一。专业课程获得认证，表示院校的教学内容和教学水平基本符合行业执业标准，学生在完成专业课程学习后，即可具有报考执业资格的基本条件，因此对于吸引优秀学生就读、保障毕业生就业、提高专业教育竞争力，有着非常重要的意义。20世纪中叶，美国室内设计教育学会（Interior Design Education Council，简称 IDEC）在初创的十年间，为推动美国室内设计专业教育标准课程认证体系建设和室内设计专业教育事业的持续发展，联合美国室内设计师协会（American Institute of Interior Designers，简称 AID）和全美室内设计师学会（National Society of Interior Designers，简称 NSID）做了大量工作，在对全美室内设计专业教育机构

---

① 课程认证是指院校为了获得某些专业机构认可而去进行课程认证申请，不同的课程认证对院校的不同专业或者特殊专业能力进行"背书"。

进行为期四年广泛调研的基础上，对室内设计专业教育的内涵进行了定义，制定了至今还在沿用的评价标准和评价框架。在1965年的年度会议上，美国室内设计教育学会正式提议将室内设计专业教育定为四年制本科学历教育，并就课程标准、课程名称、课程学时、课程学分、教学管理的认证问题展开全面探讨，对设立室内设计专业教育标准进行拟议。目前，室内设计认证委员会（Council for Interior Design Accreditation，简称CIDA）组织的室内设计专业课程认证机制已推广至北美各个国家和地区。在2019年度设计情报排行榜（Design Intelligence Ranking，简称DI）[①]名单中，前10名最受欢迎的室内设计院校（Most Admired Interior Design Schools）均为获得美国室内设计教育学会课程认证的院校。美国高等院校关于室内设计专业课程体系的命名有两种表达方式，一种是室内设计"interior design"（如普瑞特学院、纽约室内设计学院、帕森斯设计学院等），另一种是室内建筑"interior architecture"（如罗德岛设计学院、芝加哥艺术学院、波士顿建筑学院等）。院校毕业生在随后的执业生涯中，参加美国国家室内设计资格委员会（National Council of Interior Design Qualification，简称NCIDQ）组织的室内设计执业认证考试即完成了从学业到执业的闭环。目前，美国已形成基于院校组织课程，CIDA对课程认证、DI对院校人才及课程进行评价反馈的教育生态（图1-1）。

基于国家科技图书文献中心数据库，笔者将检索词及其检索逻辑关系设置为："interior design education, and interior design education competitiveness"（室内设计教育，与室内设计教育竞争力），或"interior design education, and interior design education accreditation"（室内设计教育，与室内设计教育评价），或"interior architecture education, and interior architecture education competitiveness"（室内建筑教育，与室内建筑教育竞争力），或"interior architecture education, and interior architecture education accreditation"（室内建筑教育，与室内建筑教育评价）；检索时间范围设置为：不限；检索语种设置为：英文。可获得具体检索结果如下：

（1）以"interior design education"（室内设计教育）为检索词，可检索到的论文数为1231篇，其中期刊论文711篇、会议论文466篇、学位论文54篇，2016年至2018年达到文献量峰值。

[①] 设计情报排行榜（Design Intelligence Ranking）是目前世界上唯一对室内设计专业教育进行评价的第三方排名的榜单。

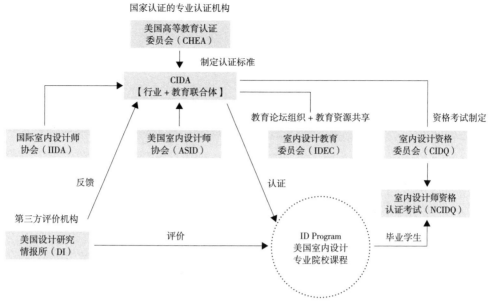

国家认证的专业认证机构

美国高等教育认证
委员会（CHEA）

制定认证标准

CIDA
【行业 + 教育联合体】

教育论坛组织 + 教育资源共享

资格考试制定

国际室内设计师
协会（IIDA）

美国室内设计师
协会（ASID）

室内设计教育
委员会（IDEC）

室内设计资格
委员会（CIDQ）

反馈

认证

室内设计师资格
认证考试（NCIDQ）

第三方评价机构

美国设计研究
情报所（DI）

评价

ID Program
美国室内设计
专业院校课程

毕业学生

图 1-1　美国室内设计教育认证架构及教育评价生态
（资料来源：根据 CHEA[1]、CIDA[2]、CIDQ[3]官网公开信息整理绘制）

（2）以"interior design education competitiveness"（室内设计教育竞争力）为检索词，可检索到的论文数量为 7 篇，其中期刊论文 4 篇、会议论文 3 篇，这些论文在 2000 年至 2018 年间发表。

（3）以"interior design education accreditation"（室内设计教育评价）为检索词，可检索到的论文数量为 23 篇，其中期刊论文 11 篇、会议论文 8 篇、学位论文 4 篇，这些论文主要在 2012 年至 2018 年发表。

（4）以"interior architecture education"（室内建筑教育）为检索词，可检索到的论文数量为 490 篇，其中期刊论文 316 篇、会议论文 153 篇、学位论文 21 篇，2005 年至 2018 年达到文献量峰值。

（5）以"interior architecture education competitiveness"（室内建筑教育竞争力）为检索词，可检索到的论文数量为 2 篇，这两篇论文均为会议论文，分别于 2007 年和 2015 年发表。

---

① 美国高等教育认证委员会（CHEA）官方网站（https：//www.chea.org/about-chea）。
② 室内设计认证委员会（CIDA）官方网站（https：//www.accredit-id.org/cida-history）。
③ 室内设计资格委员会（CIDQ）官方网站（https：//www.cidq.org/paths）。

1.2　室内设计教育国内外相关理论研究概述

（6）以"interior architecture education accreditation"（室内建筑教育评价）为检索词，可检索到的论文数量为 7 篇，其中期刊论文 4 篇、会议论文 2 篇、学位论文 1 篇，发表在 1974 年至 2018 年。

从以上检索结果来看，近二十年来国外关于室内设计专业教育竞争力的学术讨论并不多，究其原因，主要是欧美国家的室内设计专业教育体系和室内设计专业教育评估体系已趋向成熟，室内设计专业教育机构的竞争力在各种专业排行榜中已经得到体现，已经形成一批拥有核心竞争力的世界级室内设计专业教育院系。室内设计专业教育不再是学界研究的热点。

1.2.2 国内室内设计专业教育竞争力相关研究概述

我国的现代室内设计专业教育，萌芽于 20 世纪 50 年代末期，在 20 世纪 80 年代中期开始快速发展。目前我国的室内设计专业教育虽然形成了相当大的规模，但总体实力和总体质量仍然参差不齐，与欧美发达国家相比依然存在较大的距离。我国室内设计专业教育实际上还停留在教学内容和教育目标的探索阶段，缺乏统一的课程标准和评价体系，教学质量和教学成果无法进行节点监控和量化评价，导致毕业生的知识储备和技能结构与行业需求和执业需求之间出现脱节，毕业生就业质量不高，职业发展路径不畅等问题。与其他学科专业相比，我国室内设计专业研究所涉及的范围，还摆脱不了历史发展研究、风格范式研究、设计原理研究的藩篱，甚至还深陷于概念争论的泥潭之中。对室内设计专业教育的研究，尤其是对室内设计专业教育竞争力的研究，依然非常薄弱甚至空白。

基于中国知网论文数据库，将检索词及其检索逻辑关系设置为：室内设计专业教育，或设计专业教育，或室内设计专业教育评价，或设计专业教育评价，或室内设计专业教育竞争力，或设计专业教育竞争力；检索时间范围设置为：不限；检索语种设置为：中文；文献检索范围设置为：篇关摘（篇目、关键词、摘要），学术期刊，博硕论文，会议论文。可获得的具体检索结果如下：

（1）以"室内设计专业教育"为检索词，可检索到文献总数 41 篇，2018 年达到峰值。在主要主题分布中，以"室内设计教育"为主要主题的论文只有 2 篇；在次要主题分布中，以"室内设计教育"为次要主题的论文也只有3篇；在学科分布中，论文主要集中在建筑科学与工程，关于职业教育和高等教育的论文分别占比25.76%和12.12%。

（2）以"设计专业教育"为检索词，可检索到文献840篇，2017年达到峰值。在主要主题分布中，以"专业教育"为主题的论文有118篇，以"艺术设计"为主要主题的论文有111篇，以"环境艺术设计"和"环境艺术设计专业"为主要主题的论文各有33篇，以"高校艺术设计教育"为主题的论文只有14篇；在次要主题分布中，以"专业教育"为次要主题的论文有78篇，其中"建筑学专业教育"33篇、"设计教育"20篇、"工业设计教育"17篇、"环境艺术设计教育"13篇、"现代设计教育"12篇、"艺术设计教育"12篇、"城市规划专业教育"12篇、"高校艺术设计教育"9篇；在学科分布中，高等教育占25.79%，教育理论和教育管理占1.30%；在机构分布中，排名前二十的院校是南京艺术学院、湖南工艺美术职业学院、华南理工大学、广西师范大学、江南大学、中南林业科技大学、同济大学、清华大学、东华大学、扬州大学、中国美术学院、浙江大学、浙江师范大学、福建工程学院、天津大学、湖北美术学院、河南大学、西安建筑科技大学、南京师范大学、湖北工业大学。

（3）以"室内设计专业教育评价"为检索词，可检索到的文献数量为0篇。

（4）以"设计专业教育评价"为检索词，可检索到的文献数量为7篇，在学科分布中，高等教育占50%，教育理念与教育管理占10%。

（5）以"室内设计专业教育竞争力"为检索词，可检索到的文献数量为0篇。

（6）以"设计专业教育竞争力"为检索词，可检索到的文献数量为3篇。

对以上检索数据进行分析可知，目前国内关于室内设计专业教育领域的学术研究，尚未涉及"竞争力"范畴，研究现状不仅远逊于其他学科，而且严重滞后于我国教育质量评价体系建设和发展的步伐。从室内设计教育创新需求、室内设计课程标准建设、室内设计教学质量管理、室内设计人才培养目标等方面入手，参考经济学、教育学、艺术学的竞争力研究方式和方法，对室内设计专业教育竞争力理论和评价理论进行研究，探索建立室内设计专业教育竞争力评价指标体系，是促进本专业建设的一项迫切而重要的任务。

1.2　室内设计教育国内外相关理论研究概述

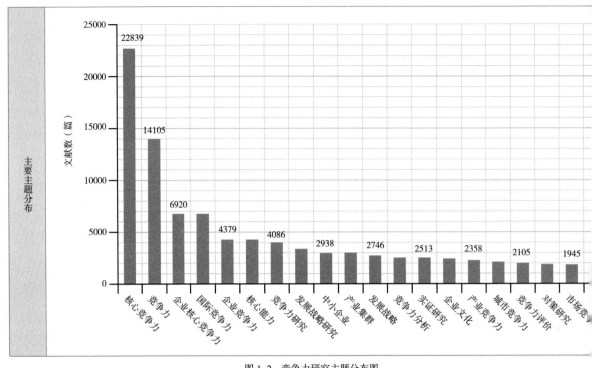

图 1-2　竞争力研究主题分布图
（资料来源：改绘自"基于中国知网文献检索结果由数据库自动生成可视化图表"）

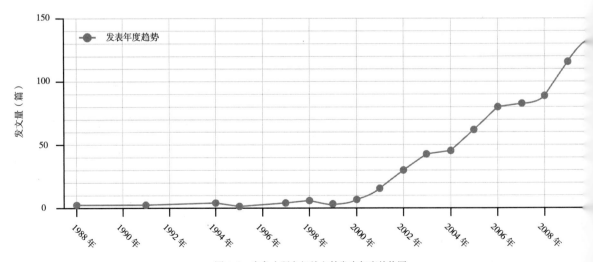

图 1-3　竞争力研究相关文献发表年度趋势图
（资料来源：改绘自"基于中国知网文献检索结果由数据库自动生成可视化图表"）

1　绪论

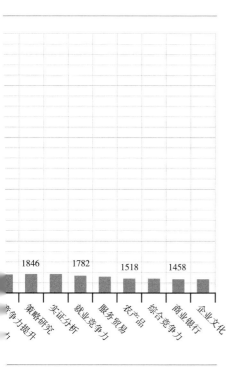

|1846| |1782| |1518| |1458| |

竞
争
力
提
升 | 策
略
研
究 | 实
证
分
析 | 就
业
竞
争
力 | 服
务
贸
易 | 农
产
品 | 综
合
竞
争
力 | 商
业
银
行 | 企
业
文
化 |

1. 国内可供参照的竞争力相关研究

基于中国知网中文期刊数据库，以竞争力为主题检索词进行不设时限的大跨度精确检索，截至 2020 年 12 月 31 日，共可找到竞争力研究的中文文献 292298 篇，其中以竞争力为主题的文献 20471 篇，占比 11.85%；以核心竞争力为主题的文献 44162 篇，占比 25.56%；以竞争力评价为主题的文献 2614 篇，占比 1.51%（图 1-2）。从年度趋势来看，关于竞争力研究的热度于 1998 年开始升温，至 2008 年达到了发文最高峰，当年总发文数为 18555 篇（图 1-3）。

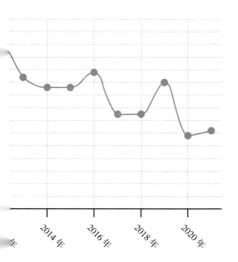

| | 2014 年 | | 2016 年 | | 2018 年 | | 2020 年 | |

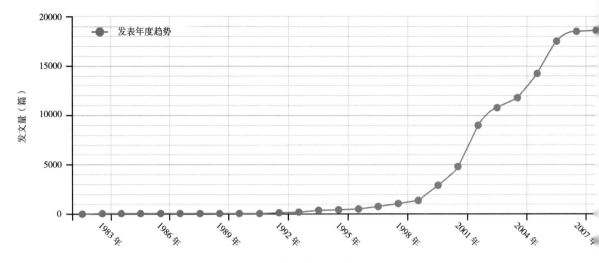

图 1-4　教育竞争力理论研究趋势图
（资料来源：改绘自"基于中国知网文献检索结果由数据库自动生成可视化图表"）

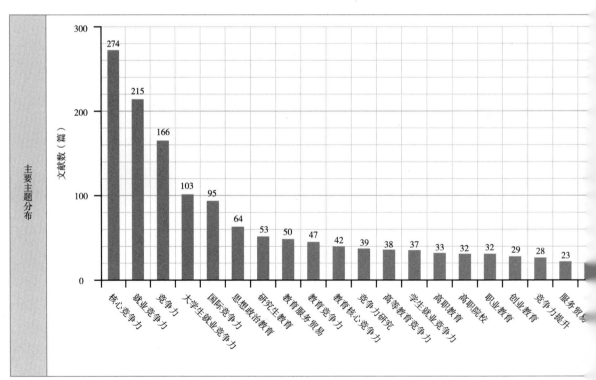

图 1-5　教育竞争力研究主题分布图
（资料来源：改绘自"基于中国知网文献检索结果由数据库自动生成可视化图表"）

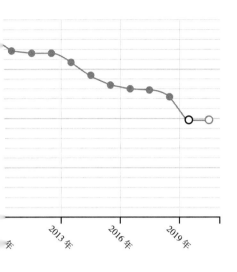

采用同样条件以教育竞争力为主题词进行检索，可以找到 1660 篇文献，其中以教育竞争力为主题的文献有 60 篇，占比 3.3%；以高等教育竞争力为主题的文献有 53 篇，占比 2.92%（图 1-4）。关于教育竞争力研究的热度于 2000 年开始升温，至 2010 年达到发文高峰（图 1-5）。

相关研究论文数量较为庞大，可见学者与研究人员围绕不同行业、不同区域、不同教育层次的"竞争力"，都进行过理论研究和评价探索，在理论基础、研究方法和技术路径等方面，均可供本书进行参照。

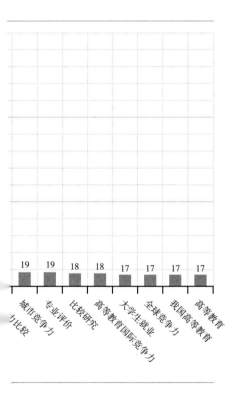

1.2　室内设计教育国内外相关理论研究概述

2. 国内的竞争力研究代表性成果

本书通过对高被引论文、代表学者论文以及与本书相关度较高的教育竞争力论文进行分析（表1-2、表1-3），归纳得出相关文献在研究中聚焦的重点问题：①在竞争力研究中需要围绕评价主体对象，解决如何在竞争力理论指导下开展竞争力测评，如金培（2003年）开展的《企业竞争力测评的理论与方法》，对如何开展企业竞争力测评进行理论分析

竞争力高被引论文的研究方法及其研究成果　　　　　　　　　表1-2

研究者及研究时间	研究题目及基金资助	研究方法	研究贡献
金培（2003年）	企业竞争力测评的理论与方法	理论研究＋指标研究	对量化测评企业竞争力作出重要贡献，研究后续发展为相关研究报告及排行榜
赵彦云等（2006年）	中国文化产业竞争力评价和分析（教育部重大课题攻关项目）	评价模型＋实证研究	在提出文化产业评价结构模型的同时，对36省市文化产业进行评价研究，并在此基础上提出竞争力提升策略
方先明等（2014年）	我国商业银行竞争力水平研究——基于2010-2012年16家上市商业银行数据的分析（江苏省哲学社科重点项目、江苏省教育厅重点项目）	评价模型＋实证研究	提出新的竞争力水平评价指标，并通过因子分析法对16家银行财务数据进行定量研究，提出分类竞争弥补中小型银行的规模弱势，以及提高银行业务创新能力提升银行未来发展能力

资料来源：基于中国知网文献检索结果整理。

教育竞争力高被引论文的研究方法及其研究成果　　　　　　　表1-3

研究者及研究时间	研究题目及基金资助	研究方法	研究贡献
孙敬水（2001年）	中国教育竞争力的国际比较	数据比较	通过对中国教育经济数据的统计，与国际教育经济数据进行比较，得出我国教育竞争力在国际教育竞争力中较弱
李志峰（2008年）	学术职业与国际竞争力观测指标的构成与特点	理论研究＋指标研究	主要观测指标：资源竞争力、学术竞争力、职业吸引力、国际影响力和环境竞争力五个方面。五个观测指标包含16个二级指标
朱红、朱敬、刘立新等（2010年）	中国高等教育国际竞争力比较研究（教育部专项项目成果）	理论研究＋实证研究	综合模型使用：访谈法＋波特五力模型＋SWOT方法对中国高等教育与国际竞争力进行比较研究
张令伟（2018年）	高校艺术学学科竞争力系统分析与评价研究	评价模型＋实证研究	以艺术学学科为评价对象，对西部艺术院校进行了艺术学科竞争力评价及院校数据实证

资料来源：基于中国知网文献检索结果整理。

和方法探讨，为企业竞争力测评提供理论工具；②通过研究方法科学、公正地建立测评模型指标，如朱红、朱敬、刘立新等（2010年）在《中国高等教育国际竞争力比较研究》中结合访谈法及定量研究方法展开高等教育国际竞争力比较研究；③基于在现实中采集的数据进行竞争力测评。如赵彦云等（2006年）对中国文化产业进行数据采集并分省市进行比较；④测评实证结果应该如何呈现和如何发布，测评实证结果发布后如何进行提升。这些内容都是竞争力评价研究中需要解决的关键问题和具体研究路径，相关研究内容的整体也构成了竞争力研究的基础框架和范式。

1.2　室内设计教育国内外相关理论研究概述

1.3 中国室内设计教育竞争力评价探索

1.3.1 室内设计评价范围及其问题界定

1. 研究范围界定

本书的研究范围暂界定为如下三个方面：①**地理范围**：本书以教育部公布的 2020 年《全国普通高等学校名单》为研究范围，该名单未列入港澳台等地区的院校。②**时间跨度**：本书对专业教育竞争力开展研究在时间维度上主要从 1985 年中国发布关于《中共中央关于教育体制改革》开始，对至今展开的相关教育评价场景、评价指标和评价结果呈现等内容进行系统梳理。对具体实证院校的数据采集主要集中在 2019 年至 2021 年这三年。③**研究对象**：鉴于室内设计活动和室内设计职业尚未列入我国《国民经济分类目录》和《职业分类大典》，而教育部发布的《普通高等学校本科专业目录》和《普通高等学校高等职业教育（专科）专业目录》也没有明确将室内设计专业列入目录，因此本书的对象为在教学实践中实施室内设计专业课程教育的本科院校。本书选取的实证院校，均为明确在人才培养方案中或在招生简章中标有室内设计方向，或者设置有室内设计教研室或工作室的，并且入围国家级一流环境设计专业建设点或国家级一流建筑专业建设点的标杆性院校。

2. 研究问题界定

在上述地理范畴、时间跨度及研究对象的限定下，本书主要围绕以下三个问题开展研究：①中国高等院校的室内设计专业教育竞争力的来源与构成；②中国室内设计专业教育竞争力的指标与评价模型；③中国室内设计专业教育竞争力评价的实证研究。

开展中国室内设计专业教育竞争力评价研究，不仅对我国室内设计专业教育的学科发展具有重要的理论意义和实践价值，而且对我国室内设计专业活动的行业化建设和发展也具有理论意义和现实价值。影响室内设计专业教育竞争力构成和变化的因素非常复杂，既有办学条件、学科定位、教学内容、师资水平等内部因素，也有政策调整、经济发展、文化潮流、行业竞争等外部因素。室内设计专业教育竞争力评价研究，目前国内外尚无可以直接借用的理论成果，也没有形成广泛认同的评价指标体系，需要借鉴现有竞争力理论和教育竞争力的研究方法，结合中国室内设计专业活动的特点，以及中国室内设计专业教育的现状和趋势，剖析中国室内设计专业教育竞争力的影响因素，梳理出中国室内设计专业教育竞争力的构成指标，探索建立中国室内设计专业教育竞争力评价模型。

3. 研究内容界定

（1）**理论框架建构**：在文献循证和综述的基础上，比较分析国内外室内设计专业教育的学科特征和研究现状，参考竞争力理论和教育竞争力的评价方法，对室内设计专业教育竞争力理论进行初步探索，界定中国室内设计专业教育竞争力的内涵，提出若干理论观点，探索建立中国室内设计专业教育竞争力评价理论基本框架，从结果为导向和学生为导向的视角，建立中国室内设计专业教育竞争力评价动态指标评价体系，并通过实证研究对我国室内设计专业教育竞争力发展现状和发展水平作出基本的客观评价，找出我国室内设计专业教育与发达国家室内设计专业教育之间的差距，认清从"室内设计教育大国"到"室内设计教育强国"的发展路径，配合国家科教兴国战略和人才强国战略，为提高我国室内设计专业教育竞争力和室内设计专业人才竞争力提出政策建议和解决方案。

（2）**观测指标选取**：分别从各层面深入分析我国室内设计专业教育各类主体的现状与趋势，认清中国室内设计专业教育在行业发展中的地位、作用和竞争力水平；根据教育部印发的设计学类教学质量国家标准和《普通高等学校本科教学工作合格评估指标体系》（简称《合格评估指标》），对中国室内设计本科教育竞争力的主要因素如学科建设、师资队伍、人才培养、教学管理、课程建设、社会贡献等进行探讨，全面、系统、科学地解析室内设计专业教育竞争力的构成要素，探索各观测指标与构成要素之间的关系，拟定评价指标的选取原则。

（3）**评价体系建构**：分别从行业竞争、企业竞争、学科竞争、人才竞争等视角，审视室内设计专业教育所产生的作用和室内设计专业教育的社会需求，对中国室内设计专业教育竞争力的构成要素进行分析，尝试构建室内设计专业教育竞争力的指标体系，为深入进行中国室内设计专业教育竞争力研究提供理论基础和信息基础，为中国室内设计专业教育竞争力的跃升提供信息支持和数据支持。

（4）**模型实证研究**：基于中国室内设计专业教育竞争力评价模型进行实证研究。通过向相关专家、室内设计企业家和设计师进行问卷调查，采集相关数据，进而对构成室内设计专业教育竞争力的主要因素进行确认，建立中国室内设计专业教育竞争力评价模型，并通过德尔菲法和层次分析法对模型指标进行权重打分。实证评价样本的选取，以开设室内设计专业的本科艺术院校和建筑院校为主。虽然罗莹等（2008年）认为"数据不是最终的结局，它只是表明一定指标在中国当前的学科环境和社会环境中所占的比重和所处的重要程度，随着外部环境和内部环境的变化，这些要素的构成和权重可能也会随之改变"。但本书认为在室内设计专业教育竞争力模型建立的基础上进行实证数据收集，仍有助于常态的、可持续发展的、以培养创新型人才为目标的中国室内设计专业教育。

（5）**问题和对策**：基于对以上评价结果进行分析，梳理中国室内设计专业教育竞争力存在的主要问题，根据构成和影响中国室内设计专业教育竞争力的要素，提出加强和提高中国室内设计专业教育竞争力的路径与建议。

1.3.2 室内设计竞争力评价的研究方法

为保证在方法论上不出现偏差，本书拟采用较为成熟的研究方法对中国室内设计专业教育竞争力评价问题展开研究，主要方法和运用情况如下。

（1）文献研究法：现代数字化技术和互联网技术为文献研究提供了前所未有的可行性和便利性。世界各国不同时期出版的纸质文献，大多会被所在国的主流数据库转换成为数字文献并集中储存起来以提供检索服务。本书主要基于中国知网总库对与中国室内设计专业教育竞争力相关的文献进行检索和收集，分主题形成检索报告后，按时间轴进行可视化分析并梳理相关理论研究的发展状态。在文献研究中，本书按照评价体系所依托的教育评价理论，对国家相关政策、中国室内设计专业发展脉络、教育评价及教育竞争力理论进行了梳理（图1-6）；通过对其他评价模型和评价指标体系进行比较，找到适合中国室内设计专业教育竞争力评价的指标体系和权重结构。

（2）层次分析法：这是一种将复杂系统简化为若干层次结构指标，以进行统筹决策的研究方法，适用于要达成特定目标而构建相互隶属关系的结构模型。基本方法步骤为：

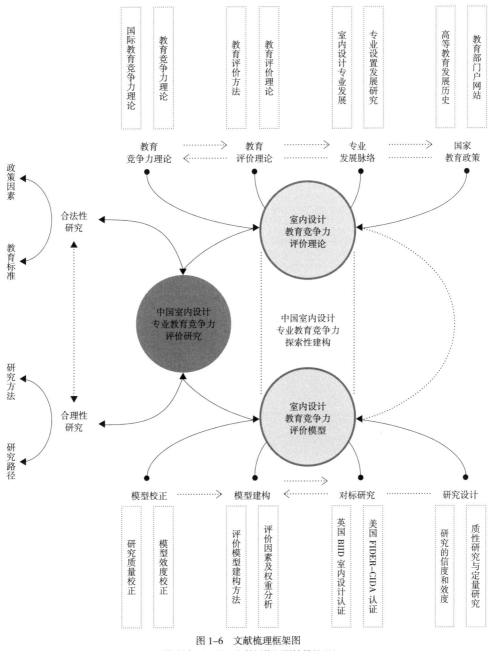

国际教育竞争力理论　教育竞争力理论　教育评价方法　教育评价理论　室内设计专业发展　专业设置发展研究　高等教育发展历史　教育部门户网站

政策因素　　　　教育　　　　　教育　　　　　专业　　　　　国家
　　　　　　　竞争力理论　　　评价理论　　　发展脉络　　　教育政策
合法性
教育标准　　研究

　　　　　　　　　　　　　　室内设计
　　　　　　　　　　　　　教育竞争力
　　　　　　　　　　　　　评价理论

　　　　　中国室内设计
　　　　专业教育竞争力　　　　　中国室内设计
　　　　　评价研究　　　　　专业教育竞争力
　　　　　　　　　　　　　探索性建构

研究方法　　合理性　　　　　　　　　室内设计
研究路径　　研究　　　　　　　　　教育竞争力
　　　　　　　　　　　　　　　　评价模型

模型校正　　　　模型建构　　　　对标研究　　　　研究设计

研究质量校正　模型效度校正　　评价模型建构方法　评价因素及权重分析　英国BIID室内设计认证　美国FIDER-CIDA认证　研究的信度和效度　质性研究与定量研究

图1-6　文献梳理框架图
（资料来源：基于文献网络调研结果整理）

①建构分层级的结构模型；②通过两两比较建立判断矩阵；③检验指标间是否协调一致，即一致性检验，如符合一致性检验则可进入下一层级分析；④计算权重值，计算最底层指标对于最上一层级指标的权重关系。本书主要根据层次分析法的基本原则，探索建立中国

1.3　中国室内设计教育竞争力评价探索

室内设计专业教育竞争力评价模型。各层次和各指标之间的重要性关系采用两两比较方法进行确定，经一致性检验后最终确认各指标的权值，权值越大表示该项指标对室内设计专业教育竞争力贡献越大。

（3）德尔菲法：这种方法也称为专家调研法或专家评估法，是一种通过专家背靠背、不相互影响的方式对评估对象进行打分的研究方法，适用于需要依靠专家经验，对评价对象达成共识性、通用性评价标准的评价项目。本书是对中国室内设计专业教育竞争力评价的全新探索，没有现成的技术路径可以借鉴，因此需要借助专家的知识和经验对模型各层次指标结构的合理性，对各层次指标权重的测定值，对定性指标进行定量等问题作出判断。因此，本书根据德尔菲法的基本原则进行研究设计（图1-7）：①在创建评价指标体系之初，通过层次分析法建立初步的递阶层次结构，将模型各层级指标结构关系，以及每项指标设置为定量问卷，分别向相关专业的专家进行调查；②根据定向调研专家的反馈意见对部分指标进行修订；③指标体系成型后，再以定向和非定向方式，通过问卷星平台向定向专家以及非定向专家发

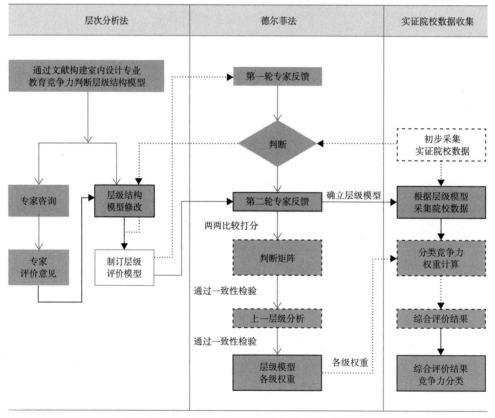

图1-7 层次分析法与德尔菲法相结合的评价体系调研设计

放问卷，邀请他们对评价模型的指标关系进行最终打分，以计算出指标的最终分值。本书认为教育评价不仅需要考虑教育者的评价，而且学生和相关行业对专业教育环节、对教育输出的评价也是重要的参考维度。因此，本书在专家确定了初步评价框架以后，以非定向网络投放问卷方式收集行业专家意见，作为评价的辅助参考。近年来，层次分析法与德尔菲法相结合的研究方法，是在公共事务和多方决策中被采用较多、被论证较为合理的方法。

（4）实证研究法：这是基于客观现象和客观数据对理论模型进行验证的主要方法之一，可验证评价模型在中国室内设计专业教育竞争力评价实践中的可操作性、适用性和有效性。目前，我国室内设计专业主要依托在建筑学、环境设计专业下开设，本书主要依据教育部公布的《全国普通高等学校名单》，选取具有标杆性的院校作为实证样本，并按行政区域分布（图1-8），逐一收集各院校在官方网站公开的相关客观数据和事实资料，将部分定性指标转换为定量指标，对所有客观指标数据进行标准化处理并赋予权

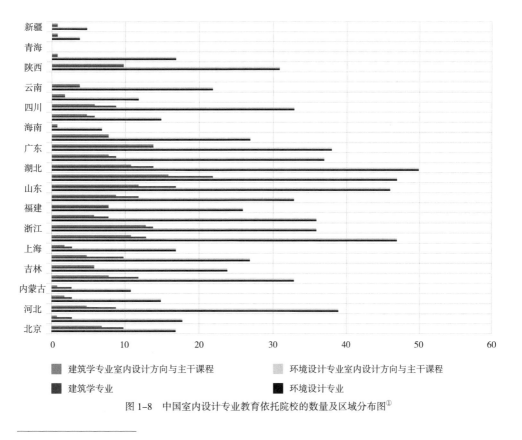

图1-8 中国室内设计专业教育依托院校的数量及区域分布图①

① 根据2021年全国高校名单整理编制。http://www.moe.gov.cn/jyb_xxgk/s5743/s5744/A03/202110/t20211025_574874.html

1.3 中国室内设计教育竞争力评价探索

重，最终获得各院校的分类竞争力分值和综合竞争力分值。将实证结果与其他专业评估结果比对，如具有原则上的相同性和特征上的差异性，则可认为本书所建立的模型具有适用性和有效性。

1.3.3 室内设计教育竞争力的评价思路

中国室内设计专业教育研究是中国教育竞争力研究领域中一个新的研究方向，旨在揭示中国室内设计专业教育竞争力评价的基本问题，本书尝试通过对影响和构成中国室内设计专业教育竞争力的主要因素进行梳理和归纳，探索建立中国室内设计专业教育竞争力评价模型和指标体系，从院校维度、专业建设维度和国家标准维度发现困扰和制约中国室内设计专业教育竞争力发展的根本问题，并有针对性地提出解决问题的基本策略。本选题将循以下思路展开研究。

（1）**基于文献调研的理论模型建构**：本书采用文献调研和数据调研相结合的方法，广泛收集相关文献、政策资料和数据信息，厘清中国室内设计专业教育的基本理论问题，梳理室内设计专业教育需要面对的竞争场景及其未来趋势，探索能够持续适应于室内设计专业教育竞争力评价的理论模型。本书首先通过收集国内外关于室内设计专业教育理论、关于竞争力和竞争力评价理论、关于中国高等教育水平评价理论和高等教育竞争力评价理论等研究文献和研究资料，采用辨析和综述的方法，对中国室内设计专业教育竞争力的概念进行内涵定义和外延描述，并对一些相关的基本理论问题进行概述；其次通过收集政府行政部门发布的行业标准、基本办学标准、教学质量标准、专业目录等约束性政策文件和标准文件，借鉴国际专业教育认证相关标准，将中国室内设计专业教育的学科属性和输出目标进行对标分析；其三通过收集和分析由政府机构主导或民间机构主导的各种教育评估、学科评估和专业评估的结果信息和指标信息，观测和确定中国室内设计专业教育竞争力的构成因素，探索建立评价中国室内设计专业教育竞争力的理论模型。

（2）**基于专家调研的指标体系建构**：本书采用德尔菲法和层次分析法相结合的研究方法，对指标体系中的各层级指标进行论证，为采集实证院校的客观数据提供对标依据，具体方法路径是：首先通过问卷星平台对具有特定学科背景的专家学者以及具有室内设计相关行业背景的企业高管投放问卷，邀请他们对本书拟定的室内设计专业教育竞争力观测评价指标进行合理性评价，并按照两两比较的原则对各项指标的重要性进行打分。接着对收回来的问卷逐一进行有效性分析，剔除无效问卷，保留有效问卷，进而将有效问卷的数据进行德尔菲法数据分析，初步判断所建立的评价体系是否具有统计学意义，在获得专家认可的基础上对各项指标进行权重赋值和一致性检验，以获得各项指标的最终权重。为计算模拟实证院校的室内设计专业教育综合竞争力，以及输入竞争力、转换竞争力和输出竞争力的各项得分作准备。

（3）**基于标杆院校数据的实证研究**：评价研究不能止步于理论模型和评价指标建立，本书尝试选取具有标杆性的院校进行数据实证分析，通过实证研究找到困扰中国室内设计专业教育竞争力形成和发展的根本问题，以解决主要矛盾为出发点，为院校提供解决问题的对策。竞争力评价研究的目的并不是提供一个 "排行榜"，而旨在辨析在教育中哪些相关指标与教育主体竞争力有正相关作用，使中国室内设计专业教育各主体能够快速清晰地了解自己在教育生态中所处的位置，以及在教育竞争性评价场景中的相对优势和劣势，从而根据不同竞争场景，适时调整教学资源或竞争方向，以本书初步勾勒的评价指标作为参考，制定扬长避短和取长补短的对标管理策略，补齐办学、教学、育人各环节的竞争力短板，切实提升室内设计专业教育主体自身的综合竞争力或核心竞争力。研究框架图如图 1-9 所示。

图 1-9 研究框架图

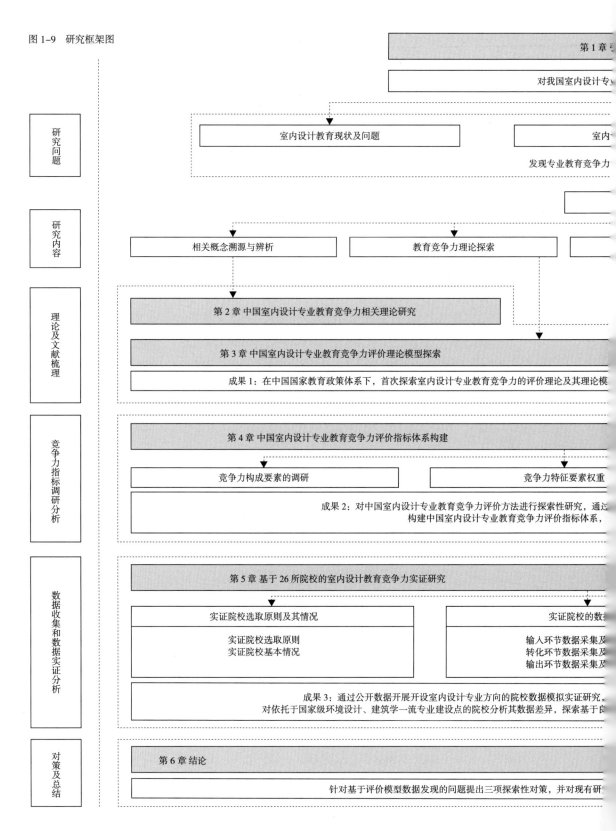

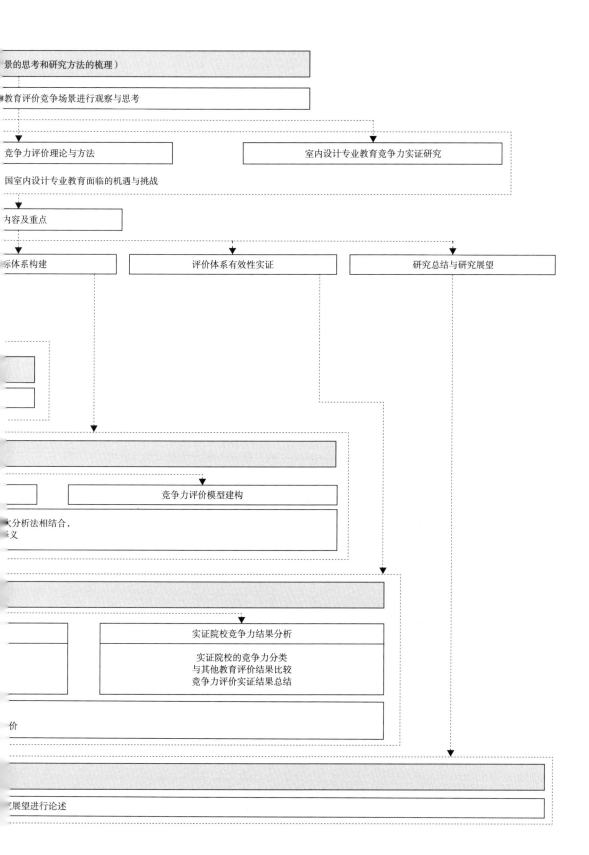

景的思考和研究方法的梳理）

教育评价竞争场景进行观察与思考

竞争力评价理论与方法

室内设计专业教育竞争力实证研究

国室内设计专业教育面临的机遇与挑战

内容及重点

示体系构建

评价体系有效性实证

研究总结与研究展望

竞争力评价模型建构

次分析法相结合，
义

实证院校竞争力结果分析

实证院校的竞争力分类
与其他教育评价结果比较
竞争力评价实证结果总结

价

展望进行论述

1.3　中国室内设计教育竞争力评价探索

1.4 本章小结

（1）目前国内关于室内设计专业教育竞争力的研究尚属空白。

竞争力问题的理论研究受到各国学者普遍关注，逐步从经济领域向其他领域扩展。各行业和专业学科均从各自需求和特点出发进行竞争力研究，并已取得大量学术成果。我国高等教育领域的竞争力研究，也随着我国高等教育改革的不断深化，逐步从国家高等教育竞争力、大学竞争力、学科竞争力，拓展到专业竞争力研究。专业教育以及专业教育竞争力评价，成为当下高等教育理论研究的一个热点。本书围绕中国室内设计专业教育竞争力评价问题展开探索性研究，也因此有了时代需求、现实意义和学术价值。

（2）开展室内设计专业教育竞争力评价研究既是行业发展的需求，也是深化专业教育评价改革的需求。

改革开放 40 多年来所形成的巨大的建筑市场需求，推动着以室内设计活动为上游的建筑装饰装修行业蓬勃发展，也激发了相关行业对室内设计专业人才的大量需求，形成对室内设计专业教育的倒逼之势，中国室内设计专业教育迅速达到了空前的规模。围绕室内设计专业教育竞争力评价问题展开研究，指导室内设计专业教育主体全面提升各项竞争能力和竞争优势，从容应对和赢得不同场景下不同类型的竞争，为室内设计专业活动和相关行业的进一步发展持续输出大量具有竞争力的高素质室内设计人才，提升我国室内设计服务的竞争力水平，不仅是业界的呼唤，也是学界的需求。

在党中央、国务院《深化评价改革方案》和教育部实施"双万计划"的大背景下，高等教育评价改革已是大势所趋，教育分类评价逐步从大学综合评估层面，向学科评价、专业评价、课程评价层面深入展开。一些政策性达标评价已经成为决定教育资源分配的前置条件，政策性达标能力成为教育实施主体能否在公共教育资源竞争中胜出的一项重要能力。对中国室内设计专业教育竞争力评价理论进行探索性研究，不仅顺应时代的发展趋势，也符合教育政策调整的要求。

欧美国家的室内设计专业教育体系和室内设计专业教育评估体系已较为成熟，其室内设计专业教育机构的竞争力在相关专业排行榜中得到体现，已经形成一批拥有核心竞争力的世界著名室内设计专业教育院系。我国关于室内设计专业教育领域的学术研究，尚未涉及"竞争力"范畴，研究现状远远滞后于我国教育质量评价体系建设和发展的步伐。对室内设计专业教育竞争力理论和评价理论进行研究，探索建立室内设计专业教育竞争力评价指标体系，是促进本专业建设的一项迫切而重要的任务。

（3）本书借鉴相关领域的竞争力评价研究路径，探索建立中国室内设计专业教育竞争力评价模型，并通过数据实证检验其科学性和有效性。

室内设计专业教育竞争力评价研究，目前国内外尚无可以直接借用的理论成果，也没有形成广泛认同的评价指标体系，需要借鉴现有的竞争力理论和教育竞争力研究方法，结合中国室内设计专业活动的特点，以及中国室内设计专业教育的现状和趋势，剖析中国室内设计专业教育竞争力的构成因素和影响因素，梳理出中国室内设计专业教育竞争力的构成指标，探索建立中国室内设计专业教育竞争力评价模型。

本书采用获得学界广泛认可和使用的成熟方法，对中国室内设计专业教育竞争力评价问题展开研究，主要方法有文献研究法、层次分析法、德尔菲法、实证研究法。本书选题是在中国室内设计专业教育研究领域中新开辟的一个理论方向，旨在揭示中国室内设计专业教育竞争力评价的基本问题，试图通过对影响和构成中国室内设计专业教育竞争力的主要因素进行分析和归纳，探索建立中国室内设计专业教育竞争力评价模型和指标体系，企望通过实证研究发现困扰中国室内设计专业教育竞争力发展的根本问题，提出解决这些问题的基本策略和方法。

后面章节按照以下思路和研究方法展开：一是采用文献调研和网络调研相结合的方法，对中国室内设计专业教育的基本问题展开讨论。二是采用德尔菲法与层次分析法相结合，通过对专家问卷调研所获得的权重数据，以及实证院校公开的客观数据，逐层逐级进行标准化和归一化处理，然后计算出竞争力各项指标得分。三是针对实证研究过程中发现的问题进行归因性分析，找出困扰中国室内设计专业教育竞争力形成和发展的根本问题，以解决主要矛盾为出发点，提出解决措施和路径。本书以选题价值、概念溯源、理论探索、体系构建、实证检验、研究总结的基本框架展开研究和论述。

1.4　本章小结

2

中国室内设计专业教育竞争力相关理论研究

对概念进行定义是一切学术讨论和学术研究的起点。鉴于尚未有人对"室内设计专业教育竞争力评价"这个概念进行过定义或描述，因此在正式开展中国室内设计专业教育竞争力评价研究之前，有必要对这个新概念的构成、内涵、特征、外延等问题进行一次分析和梳理。从构成的角度来看，"室内设计专业教育竞争力评价"，可以分解成室内、设计、室内设计、专业、室内设计专业、教育、专业教育、室内设计专业教育、竞争力、教育竞争力、评价、竞争力评价、教育评价、教育竞争力评价、专业教育竞争力评价等多个词组，由此可见"室内设计专业教育竞争力评价"是由多个小概念交叉叠加而成的。虽然大众和学界对这些小概念并不陌生，但其中有些小概念本身的定义却是存在争论的。例如，关于室内设计的内涵和室内设计专业教育的学科属性，学术界一直存在争论，至今尚未形成共识，而且从国家标准的层面来看，室内设计的概念还没有正式进入行业目录和职业分类。在现行有效的相关标准中，室内设计的概念仍然被室内装饰的概念或室内装修的概念所覆盖。室内设计甚至没有列入《普通高等学校本科专业目录》和《普通高等学校本科专业类教学质量国家标准》。本章拟对与室内设计专业教育竞争力评价相关的各个概念作进一步的梳理和辨析。

2.1 室内设计与室内设计专业的概念辨析与研究现状

2.1.1 室内设计的概念与定义

"室内设计"并非古已有之的传统汉语词汇，而是西方设计思想在中国传播的产物。将汉语"室内设计"与英语"interior design"视为语义对应的专业词条，已经成为当今国内学术界和辞书界的一个基本共识。在许多与室内设计相关的专业文献和学术活动中，"室内设计"会被直接翻译为"interior design"，"interior design"也会直接翻译为"室内设计"。

基于"大成故纸堆"① 数据库的检索，最早出现"室内设计"词条的纸质媒介是 1941 年 10 月由工商建筑工程学会出版的第一号《工商建筑》杂志。该杂志当期刊出了一篇 P.Y.P （1941 年）题为《室内设计色彩设计》的文章（图 2-1），专门讨论色彩设计在室内设计中的应用。此后，"室内设计"作为一个新的名词组合开始被各种汉语辞典陆续收录其中。

图 2-1 《工商建筑》杂志（第一号）
（资料来源：大成故纸堆数据库）

---

① "大成故纸堆"是一个提供纸质文献扫描件服务的电子数据库。

1987 年，《文艺创作知识辞典》将"室内设计"定义为"建筑内部空间及实体的设计。也包括家具和陈设的设计"，认为室内设计的内容"偏重于舒适和美观方面"。该辞典还指出："在我国古代绘画中，保存有室内设计方面的资料。《园冶》《一家言》《长物志》等书也有论述。《金瓶梅》《红楼梦》等小说也有可供参考的资料"，王庆生等（1987 年）指出现代室内设计则是"从包豪斯时期开始的。第二次世界大战后，人体工效学和环境心理学的兴起在室内设计中引起了极大变化。室内设计已由专门设计师进行，大专学校也开办了这一新专业。"

1998 年，《现代设计辞典》对"室内设计"进行了这样的释义："从创造室内环境这一点来看，室内设计可视为环境设计的一个组成部分""它并非不能由建筑师直接设计，但室内是对特定使用者，并有众多可变部分，有时还因季节与使用者的要求而变，所以更多由室内设计师担当。"

1999 年，《中国土木建筑百科辞典》和《中国工艺美术大辞典》也分别收录了"室内设计"这个词条。《中国土木建筑百科辞典》对"室内设计"的解释是："为满足人们的物质和精神需要，根据人的行为、心理特征，结合构成室内的物质条件、生活用品等要素所进行的一种人工环境的创造。内容包括空间形态、建筑装修、装饰、家具、陈设、绿化等，并结合形、色、质、光进行科学的和艺术的综合处理"，强调"室内设计的质量既体现在使用价值上，又反映一个国家或民族的文化、传统和人民的文化素质、艺术修养、审美情趣等精神面貌，对社会生活具有积极影响"。《中国工艺美术大辞典》关于"室内设计"的定义为"房屋建筑（也包括船舶、飞机、车辆）的内部设计"，认为室内设计"是在已确定的建筑实体中，对墙面、装修、家具、铺物、帘帷、设备、陈设等的用料、造型、色彩的选择等方面，运用灵活多变的设计手段，增强内部空间的艺术表现力，深刻反映空间的性格与主题，以至能弥补原空间的某些不足，改善视觉效果，为人们的工作和生活创造一个良好的室内环境。为达此目的，建筑设计与室内设计必须密切配合"。

2009 年，《辞海》开始将室内设计作为独立词条进行收录，但该版《辞海》对室内设计的定义，与 1999 年版《辞海》收录的室内环境设计词条的定义完全一致。2020 年出版的《辞海》（第七版）对室内设计的释文是"根据建筑物的使用性质、所处环境和相应标准，运用物质技术手段和建筑设计原理，创造功能合理、舒适优美、满足人们物质和精神生活需要的室内空间环境的工作。需综合考虑使用功能和投资、结构、设备、材料、构造、照明、建筑艺术、有关法规、施工等因素，合理设计"。

一些由国内学者主编或者编译的英汉词典、汉英词典、百科全书，也直接将"室内设计"与"interior design"作为语义对应的词条收录其中。由张柏然主编的《英汉百科知识词典》（1992年），以及由蓝仁哲主编的《加拿大百科全书》（1998年）均将"interior design"翻译为"内部设计"。前者对词条的释义是"建筑物内部房间布局和室内陈设方面的设计工作。主要包括墙壁和屋顶的装潢以及家具的摆设等，20世纪，内部设计尤其讲究建造物的和谐和实用"。后者将词条释义编译为"解决室内空间美学价值的工艺。加拿大东部沿海省份以西的各省社区学院大多开始有2年制或3年制的内部设计课程。马尼托巴大学和赖尔森工艺学院开有4年制的内部设计课程。加拿大内部设计者组织（在渥太华）和省级相应组织帮助制定教育计划，北美内部教育研究基金会（办事处在纽约）编制教学大纲"。其他英汉词典和百科全书，如《新世纪英汉词典》（1999年）、《麦克米伦百科全书》（2002年）、《实用英汉—汉英土木工程词汇与术语》（2005年）、《英汉双向建筑词典》（2006年）、《英汉新编实用财经贸易大词典》（2007年）、《英汉—汉语印刷词典》（2008年）、《建筑与建筑工程辞典》（2012年）都将"interior design"翻译为"室内设计"。由艾伦·艾萨克斯主编的《麦克米伦百科全书》将"interior design"定义为"建筑设计的一部分，指建造物内部房间布局和室内陈设的设计"。由美国人哈里斯编著的《建筑与建筑工程辞典》将"interior design"定义为"建筑室内的规划、装饰及陈设设计"。

关于"室内设计"的概念和定义，国内许多专家和学者也先后提出了自己的观点和见解。张绮曼、郑曙旸（1991年）认为："室内设计乃是从建筑内部把握空间，根据空间的使用性质和所处环境，运用物质技术和艺术手段，创造出功能合理、舒适美观，符合人的生理、心理要求，使使用者心情愉快，便于生活、工作、学习的理想场所的内部空间环境设计"。高民权（1993年）认为室内设计是"建筑设计的组成部分，旨在创造合理、舒适、优美的室内环境，以满足使用和审美要求。室内设计的主要内容包括：建筑平面设计和空间组织，围护结构内表面（墙面、地面、顶棚、门和窗等）的处理，自然光和照明的运用以及室内家具、灯具、陈设的选型和布置。此外，还有植物、摆设和用具等的配置"。李砚祖（2002年）认为"室内设计的概念已不能适应本专业发展的实际需求，因为其设计领域已不局限于室内空间，而是扩大到包括室外空间环境的整体设计，室外环境包括大型的单元环境设计、一个地区或城市环境的整体设计等多方面"。来增祥、陆震纬（2006年）认为室内设计应该"根据建筑物的使用性质、所处环境和相应标准，运用物质技术手段和建筑美学原理，创造功能合理、舒适优美，满足人们物质和精神生活需要的室内环境。这一空间环境既具有使用价值，满足相应的功能要求，同时也反映了历史文脉、建筑风格、环境气氛等精神因素"。杨冬江（2006年）认为"室内设计作为建筑设计的延续、发展和深化，有相当长的一段时间是包含在建筑设计当中的，建筑设计的发展历史可以折射出很多室内设计的发展历史"。郝大鹏（2007年）将"室内设计"的定义概括为"对建筑内部空间环境使用的构思与计划，这个计划是通过一定的物质与技术手段，用视觉传达的方式表现出来的"。霍维国、霍光（2007年）从行业分类的角度，把室内设计、室内装修、室内装饰视为并列的概念。张绮曼（2009年）在为《中国大百科全书》编写"室内装饰"词条时特别指出，就学术严谨性而言，"在学术上，传统意义的室内装饰与室内设计的概念存在着本质区别。室内装饰着重在表面的装饰打扮，室内设计是对室内空间的整体设计"。

综合上述各方对室内设计的定义和描述，可以清晰地看到室内设计概念在我国不同时期演变的基本脉络，但随着室内设计活动专业化的不断发展，要对现代室内设计的内涵和特征作出更为严谨和准确的描述，仍然需要一个抽丝剥茧的溯源过程。在国家标准层面上，我国的室内设计活动迄今还没有被正式列入行业分类或职业分类，甚至也没有相关的教育标准。因此，在当今的经济领域和教育领域中，"室内设计"仍然被"室内装饰""建筑装饰""建筑装修"等概念所覆盖或替代。室内设计活动的数据只能归口到"室内装饰设计"行业，或者"建筑装饰"和"建筑装修"行业进行统计。这种归口统计的结果，令室内设计活动根本没有可以直接独立统计的对口数据。许多学者在开展室内设计活动研究时，也只能借用"室内装饰设计"或"建筑装饰"和"建筑装修"的行业数据和行业概念，或者把这些数据和概念混为一谈。在国家职业分类中也没有室内设计职业的分类，室内设计只能归口到室内装饰设计师类别。在本科专业目录和专业类教学质量标准中，室内设计也没有独立的专业分类，只是作为建筑专业和环境设计专业下的专业方向。所以，在进行室内设计教育研究时，一旦涉及专业办学定位、人才培养目标以及产学研关系等问题，往往也只能语焉不详。

清晰而准确的概念定义是学术交流和学术研究的基本前提，为了避免出现歧义，笔者认为有必要遵循《术语工作词汇 第1部分 理论与应用》GB/T 15237.1—2000关于规范概念描述和定义表述的原则，借鉴上述汉语辞典、汉英词典、英语词典的释义和专家学者的观点，结合室内设计在我国真实世界的活动情况，对室内设计的现代概念作进一步的辨析和定义。

2.1　室内设计与室内设计专业的概念辨析与研究现状

首先，"室内设计"既然不属于汉语固有的传统词汇，而中国的学术界和辞书界普遍认同"室内设计"与"interior design"是语义相同的对应词条，那么在对"室内设计"概念进行汉语定义时，就应该对标与之相对应的英文定义。《牛津学生英语词典》《剑桥词典》《朗文当代英语词典》《韦氏英语词典》等主流英语词典，在对"interior design"进行定义表述时，都把"房屋内部"和"建造物内部"（inside of a house/inside of a building/inside of buildings/architectural interiors）作为该概念的内涵特征，以区别于其他设计概念。因此，用汉语对室内设计概念进行定义时，也应该紧扣"室内"（房屋内部和建筑物内部）这个特征进行定义表述，不能随意改变其概念内涵。在汉语中，人类建造的围合空间才可以称之为"室"，自然界形成的围合空间只能叫作"穴"。"上古穴居而野处，后世圣人易之以宫室"，说的就是自然洞穴空间与人造室内空间的区别。如果把洞穴内部装饰和室外环境设计笼统作为室内设计概念的外延进行描述，就会很容易偏离事物的本质特征，造成概念定义上的混乱和歧义。

其次，对"室内设计"进行定义时，应该对相关概念进行属种关系界定。对属概念和种概念进行外延描述时，应该遵循属加种差的定义原则，必须避免外延过宽或本末倒置的逻辑错误。例如，属概念（大概念）可以涵盖"种概念"（小概念），"种概念"（小概念）则不能反过来涵盖属概念（大概念）。属概念是上位概念，种概念是下位概念。种概念是不可以再进行拆分的最小类别单位，其内涵不会因为上位概念的调整而发生变化。根据语义搭配关系和语法结构规则，"室内设计"一词既可以是定中结构，也可以是状中结构，但作为一个概念而言，它只能是定中结构而不能是状中结构。在定中结构中，"室内"是定语，是对"设计"内容和范围的修饰和限定。因此，"室内设计"词组要表达的语义就是"室内的设计"而不是其他内容和范围的设计。以"室内"作为上位概念时，其下位概念不仅可以有"设计"（室内设计）的概念，还可以有其他并列概念，如"装饰"（室内装饰）、"陈设"（室内陈设）、"装修"（室内装修），以及"环境"（室内环境）、"景观"（室内景观）、"设备"（室内设备）等。换言之，此时的"设计""装饰""陈设""装修""环境""景观""设备"等概念，均属于并列关系概念，它们之间不能相互覆盖或相互替代。如果将"设计"作为下位概念而不对其上位概念进行限定或修饰时，那么"室内""装饰""陈设""装修""环境""景观""设备"等概念，也可以成为"设计"的上位概念，重新构成"室内设计""装饰设计""陈设设计""装修设计""环境设计""景观设计""设备设计"等新的概念。这些新的概念同样为并列概念，而且不可以相互覆盖或相互替代。因此，将"室内环境设计统称为室内设计"，或者以"环境设计"涵盖"室内设计"，以"装饰设计""装修设计""陈设设计"替代"室内设计"的观点，在逻辑上是值得商榷的。相反，如果把室内设计定位为属概念，而将"装饰""陈设""装修""环境""景观""设备"等定位为种差概念，在词语结构逻辑上则是合理的。根据《术语工作词汇 第1部分 理论与应用》GB/T 15237.1—2000 的属加种差定义原则，如果将"室内设计"设定为属概念之后，我们就可以对其定义进行合理的外延描述，即"室内设计"可以包含室内装饰设计、室内装修设计、室内陈设设计、室内环境设计、室内景观设计、室内设备设计等内容和范畴。

最后，关于"interior design"（室内设计）一词，英美两国对其内涵的描述是不一样的。在英国，室内设计还没有被政府列入行业目录，所以它还不是一个具有行业属性的专业词条，即便在某些特定场合偶然出现，其概念也是与"interior decoration"（室内装饰）相同。在美国，"interior design"（室内设计）与"interior decoration"（室内装饰）之间的关系则是属概念与种概念的关系。《北美行业分类目录》（North American Industry Classification System，简称 NAICS）明确将"室内装饰服务业"归属到"室内设计服务业"的类别之下，分类代码为 541410[①]。NAICS 对室内设计服务业进行了这样的描述："该行业由主营室内空间规划、设计和项目管理业务的企业所构成，在符合建筑规范，遵守健康和安全等法规的前提下，对交通动线、空间功能、机电设备、家具设施等进行规划设计，以满足使用者的身心需求。室内设计师和室内设计顾问的工作范围，包括酒店室内设计、医疗保健机构室内设计、公共机构室内设计、商场内部室内设计、企业内部室内设计，以及家庭住宅室内设计。这一行业还包括专门提供与室内空间相关的美学服务的室内装饰顾问企业"。与英美相比，我国室内设计概念在学科上与产业上是完全分离的，在学科专业上使用的是美国概念，在行业分类上使用的是英国概念。

基于上述各种观点和行业分类标准，笔者认为中国现阶段的室内设计狭义概念可以定义为："包括但不止于室内装饰和室内装修的系统性建筑内部设计"，具体理由是：①"建筑内部设计"是"室内设计"的内涵和本质，具有区别其他设计概念的唯一性特征，将"室内设计"界定为"建筑内部设计"属于内涵定义，符合国家相关标准的要求和规范。②通过"包括但不止于室内装饰和室内装修"的外延性描述，明确指出"室内设计"与"室内装饰"和"室内装修"之间的关系不是并列概念关系而是属

---

①NAICS 是美国、加拿大、墨西哥三个主要北美国家目前共同使用的产业分类标准（https://www.naics.com/naics-code-description/?code=541410&v=2022）。

2.1 室内设计与室内设计专业的概念辨析与研究现状

种差关系，清晰界定了各概念之间的属性关系，可以大大降低出现歧义的概率。③将"室内设计"调整为上位概念之后，不仅能够解决室内设计活动作为独立行业数据进行统计的合理性问题，而且还可以解决室内设计概念长期被其他并列概念或下位概念所覆盖的理论逻辑问题，为推动室内设计教育和室内设计行业的标准化建设提供更加清晰的理论依据。

2.1.2 室内设计专业的概念辨析

（1）**行业和职业视野下的室内设计专业概念**。专业是社会劳动分工的概念。专业化分工导致从事特定劳动的职业人群出现。特定职业群体达到一定规模后，便形成了特定的专业行业。关于"专业"的概念，1979年的《辞海》将其定义为"高等学校或中等专业学校根据社会分工需要所分成的学业门类。中国高等学校和中等专业学校，根据国家建设需要和学校性质设置各种专业，各种专业都有独立的教学计划，以体现本专业的培养目标和规格。"1982年的《现代汉语词典》有三种解释："1.高等学校的一个系里或中等专业学校里，根据学科分工或生产部门的分工把学业分成的门类。2.产业部门中根据产品生产的不同过程而分成的各业务部门。3.专门从事某种工作或职业。"1988年的《社会经济统计辞典》则释义为"一种职业范围内包括的各种专业职务种类，也是指靠所掌握的一定知识和劳动技能从事某种具体的涉及面较窄的工作的能力""随着技术进步，在一种职业范围内的学科和实践的各个不同方面也有一个发展过程。并由于这种分工与发展，使掌握各种专业知识和技能的人数不断增加；与此同时也必然会在各学科和实践的各个领域的相互交叉的边缘处出现跨专业的职业。"1992年的《简明教育辞典》对专业概念的解释是"高等学校或中等专业学校根据社会专业分工的需要分成的学业门类。我国的高等学校和中等专业学校，根据国家建设需要和学校性质设置各种专业。各专业都有独立的教学计划，以体现专业的培养目标和要求"。概括上述辞书的定义，"专业"这个概念至少有三层含义，一是学科分类，二是行业分类，三是职业分类。也就是说，人们在生活和学习中经常提到的"室内设计专业"，至少包括了行业和职业标准门类下的专业细分概念，以及学科门类下的专业概念。

（2）**高等教育视野下的室内设计专业概念**。专业是学科的下位概念。薛国仁等（1997年）认为："学科可以不断地分化，而专业具有相对稳定性。"专业和学科的关系通常可以由政府主管部门根据经济行业的发展需求进行调整，或根据教育体制改革的目标进行调整。从根本上来说，大学设立专业教育的目的，就是要为社会培养大量高质量的专业人力资源，以满足社会行业和社会职业的发展需求。专业教育的人才输出如果不能与行业需求和职业需求相匹配，就会出现人才供应不足或教育性失业的社会问题，所以专业设置和专业教育，必须以行业需求为前提。虽然室内设计目前没有列入教育部颁布的本科专业目录之内，但室内设计专业教育于中国高等教育体系中的客观存在是一个不可否认的事实，因此本书所指的室内设计专业教育是指职业化的高等专业教育概念。①

　　回溯人类的设计历史，室内设计与建筑设计在很长一段时间里，并没有明确的社会专业化分工，建筑设计和室内设计通常都是由同一个设计团队或者同一个设计师来完成的。随着材料技术、工程技术和设计技术的不断发展，建筑设计逐步成为一个体系成熟而强势的行业门类和学科门类，而室内设计则长期处于高度从属的地位，其主要表现为室内设计师由建筑设计师兼任，室内设计部门设立在建筑设计公司内部，室内设计活动被分类到建筑业门类之下，室内设计专业教育设置在建筑学之下。

　　19 世纪末至 20 世纪初，折中主义思潮开始在欧美各地流行，那些既有欧洲情结又追求本土创新的美国新贵们对折中式建筑②十分着迷，促使折中式风格在美国大规模兴起。由于传统建筑设计师无法满足折中式建筑对室内空间环境提出的新主张和新需求，因而折中式建筑的室内设计工作，只能求诸于富有文化品味和艺术修养的室内装饰设计师的帮助，因为他们经过专业的文学教育和艺术训练，非常熟悉欧洲各个时期的风格元素，并能够娴熟地将它们运用到室内陈设和装饰的各个细节。当时的室内装饰设计师，通常是文物收藏和艺术品收藏方面的专家，或者是家具、地毯以及其他装饰品的经销商和代理商，具有能够引导或左右业主想法的能力。演员出身的埃尔西·德·沃尔夫（Elsie De Wolfe，1865—1950 年）被认为是第一位成功的专业室内装饰设计师。她以白色油漆和印花棉布为主要元素，将自家具有典型维多利亚风格的房间布置得简洁而时尚，有一种让人赏心悦目的视觉效果和空间体验。她的设计理念赢得了众多到访宾客的认同和称赞。1905 年至 1913 年

051

　　① 周光礼教授在《"双一流"建设中的学术突破——论大学学科、专业、课程一体化建设》一文中系统梳理了学科、专业与课程的关系，文章中指出我国高等教育发展过程中，为平衡社会需求和教育需求，专业教育经历了三次调整，第一阶段是面向行业的专业教育、第二阶段是面向学科的专业教育、第三阶段是面向职业的专业教育。面向职业的专业教育内涵是与社会实际职业关联、为社会经济服务培养专门人才的教育，专业教育需要涵盖未来所面向的专业工作所需的专业知识和专业能力。
　　② 美国的折中式风格主要模仿欧洲历史建筑风格，需要设计师熟悉不同时期的风格并进行设计。

间，她先后受邀参加多个豪宅项目的室内装饰设计，还承担过纽约侨民俱乐部和弗里克博物馆的室内设计工作，出版了《高品位住宅》一书。记者出身的鲁比·罗斯·伍德（Ruby Ross Wood，1880—1950年）以撰稿人身份为埃尔西·德·沃尔夫工作一段时间后，最终也创办了自己的室内装饰设计公司，并于1914年出版了自己的专著《诚实的住宅》。此后，随着埃莉诺·麦克米伦（Eleanor McMillen，1890—1991年）和罗斯·卡明（Ross Cumming，1881—1968年）等更多商业室内装饰设计师的成功崛起，美国的室内设计和建筑设计开始出现社会专业化分工的萌芽。经过100多年的变革和发展，传统室内装饰设计也逐步被现代室内设计所替代。根据现行的《北美行业分类》（NAICS），室内装饰设计已经成为室内设计行业的一个细分。

随着室内设计与建筑设计社会专业化分工的出现，现代室内设计专业教育也开始在美国萌生。因应室内设计人才市场不断扩大的需求，许多室内装饰设计师和建筑设计师纷纷设立专业教育和培训机构，传授室内设计的知识和技能。其中较有代表性的是纽约室内设计学院。这所学院由建筑师谢里尔·惠顿（Sherrill Whiton）于1916年创立，始创校名为纽约室内装饰学校，1951年正式更名纽约室内设计学院，教学内容扩展到除建筑结构之外的建筑内部全领域设计，而不再局限于室内空间界面的细节装饰。1962年，北美第一个室内设计教育专业团体——美国室内设计教育学会（Interior Design Educators Council，简称IDEC）正式成立。为了彰显学会的专业性，学会章程明确规定只有室内教育工作者才能成为正式会员。在此后的数十年间，该学会一直致力推动美国室内设计专业教育体制以及室内设计专业课程体系的建设与创新。1965年，在对北美地区室内设计课程进行大规模调研的基础上，该学会第一次提出了四年制室内设计专业教育课程标准，为美国室内设计专业教育的现代化奠定了基础。此后，美国主流综合大学和艺术院校也开始设置室内设计专业的课程和学位。

中国的室内设计实践活动虽然历史悠久、源远流长，但迄今仍未成为独立的行业或行业细分。1978年以前，我国处于计划经济时代，室内设计专业化市场和专业化分工尚未形成，室内设计高度从属于建筑设计，室内设计活动基本包含在建筑行业活动的范畴之内。1978年实行改革开放以后，随着我国城乡建设的高速发展，市场对室内设计专业化分工的需求瞬间迸发，室内设计企业不仅有了独立生存的土壤，室内设计活动也有了迅速拓展的空间。经过四十多年的持续发展，专业从事室内设计的企业数量和人员数量已经达到了前所未有的规模，成为国民经济行业中不可忽视的一个组成部分。室内设计活动也超越了以美化居室环境为目的的传统室内装饰设计范畴,进入到空间重构、功能改造、环保智能、万物互联的新时代和新领域。

（3）国家标准视野下的室内设计概念内涵,与学业门类下的概念内涵存在差异。在室内设计专业化分工不断加速的新形势下,我国国民经济行业分类和职业分类的标准修订工作明显没能跟上时代发展的步伐。在现行有效的行业分类和职业分类中,室内设计还没有正式成为独立的行业类别和职业类别,室内设计的概念仍然被传统的室内装饰概念和室内装修概念所覆盖。2011年以前,室内设计活动一直被视为"建筑工程后期的装饰、装修和清理活动,以及对居室的装修活动"。2011年,国家统计局对《国民经济行业目录》[①]进行了修订,并重新编写了《国民经济行业分类注释》。新版《注释》第一次出现"室内装饰设计服务"条目。室内装饰设计作为新的细分行业,被归类到科学研究和技术服务业门类专业技术服务业大类下的工程勘察设计小类（分类代码为7482）,再以小类细分列表方式进行注释说明。2017年,国家统计局再次对《国民经济行业分类》和《国民经济行业分类注释》进行修订,继续保留了"室内装饰设计服务"这个行业细分条目,但对其代码和类别均进行了调整,代码由7482变更为7484,类别由"工程勘察设计"变更为"工程设计活动"。从现行有效的行业分类标准的角度来看,"室内装饰设计"已经被正式认定为行业细分类别,而作为"室内装饰设计"上位概念的"室内设计"依然还没有得到国家标准层面的认同。另外,在职业分类上,室内设计也未被视为一种职业。在《职业分类大典》（2015年版）中,与室内设计相关的职业只有"建筑工程设计人员"（细类编码2-02-18-02）、"环境设计人员"（归类为工艺美术与创意设计专业人员的细分类别,编码2-09-06-04）、"室内装饰设计师"（归类为专业化设计服务人员的细分类别,编码4-08-08-07）。在2019年发布的现行有效的《职业分类大典》中,删除了环境设计人员细类。

2.1.3 室内设计专业教育研究现状

从大学专业目录设置的角度看,中国室内设计专业的学科分类是教育实践和教育改革的缩影,这一点从清华大学美术学院官方网站公布的历史沿革信息可见一斑。清华大学美术学院前身为中央工艺美术学院,是我国最早开办室内设计专业教育的高等院校。中央工

---

① 《国民经济行业目录》是规范社会经济活动分类的国家标准,也是职业教育和专业教育分类设置的基础。

艺美术学院于 1956 年成立，1999 年并入清华大学。中央工艺美术学院在建校的第二年就成立了"室内装饰系"，正式开启了我国室内设计的专门化高等教育。然而，该系在成立后的 60 多年里，却经历了数次易名，由最初的"室内装饰系"，依次改名为"建筑装饰""建筑装饰美术系""工业美术系""室内设计系""环境艺术设计系""环境设计系"。清华大学美术学院室内设计系的每一次更名，几乎都与我国大学学科目录设置历次调整的时间节点高度重合。这几次更名与其说是学界对中国室内设计专业教育理论和实践的主动探索，不如说是因循我国大学体制改革和学科设置改革不断变化的结果。我国室内设计专业教育的发展可分为两个阶段。

（1）室内装饰设计教育阶段。中华人民共和国成立初期，因为受到国内外政治形势的影响，我国与欧美国家的各项交流被迫中断，以苏联为师一度成为我国大学专业设置的指导思想。为了配合国家建设的需要，中央政府决定增设高等教育部，借鉴苏联的办学经验，对被接管的旧式大学进行社会主义改造，改变"通才"教育的旧目标，确立"专才"教育的新思想，建立新的高等教育体制和大学学科体系，在专业设置上强调要与国民经济业务部门对口，"根据国家的需要，培养各种专门的高级技术人才。"[①] 经过 1952 年至 1953 年国家对全国大学院系的全面调整，大幅压缩了综合大学的数量，增加了工科学院的数量，新建一批体育和艺术专门学院。[②] 这些改制和新建的院校全部由国务院各个业务部门直接接收管理或投资创办，并效法苏联的大学模式实施专业设置和教学，学生按专业学习，教学设施按专业配置，形成了"校—系—专业（教研室）"的管理体制，系实际上是院校属下的一个行政单位。1954 年高等教育部参考苏联的大学专业目录，制定和颁布了新中国第一部大学专业目录，即《高等学校专业目录分类设置（草案）》。在这个历史大背景之下，国务院于 1956 年 6 月 1 日批准中央手工艺管理局开设中央工艺美术学院，1957 年中央工艺美术学院划归文化部领导和管理，并正式增设室内装饰系。中央工艺美术学院室内装饰系的成立，通常被学界视为中国室内设计专业学科确立，以及中国室内设计专业高等教育正式起步的标志。《中国教育通史（第 6 卷）》（1989 年）记录：创系一年后，恰逢中央政府决定在北京市兴建一批公共建筑作为向国庆 10 周年的献礼，中央工艺美术学院室内装饰系的师生有幸参加了"十大建筑"部分重点项目的室内装饰设计，并获得政府和业界的一致好评。就在中央工艺美术学院室内装饰系在中国室内设计领

---

① 人民日报，1952–09–04.
② 纪宝成在 2006 年主编的《中国大学学科专业设置研究》中介绍了当时院系设置的历史背景和院校设立背景，我国工科院校的调整、课程设置和师资培养等内容深受苏联专家意见的影响。

域渐露头角的时候，一场以"大跃进"留名的运动席卷全国各个领域，高等教育领域也受此影响走上了"教育大革命"的路途。为对应经济部门的分类，配合生产"大跃进"的需要，部分高校只能对不符合当时形势需要的学科专业设置进行调整，以对口国民经济中的业务部门。中央工艺美术学院室内装饰系亦因此于 1960 年更名为建筑装饰系，杨冬江等（2019 年）指出此次更名的动议"不仅仅来自中央工艺美术学院内部，当时社会上包括建筑设计院也都提议室内装饰系更名"。1963 年，中央工艺美术学院根据新颁《高等学校通用专业目录》规定的专业名称，又将"建筑装饰系"更名为"建筑装饰美术系"。后来发生的"文化大革命"对高校学科专业设置体系再次造成严重冲击，纪宝成（2016 年）指出，1971 年《关于高等学校调整问题的报告》出台后，大批非工科院系被撤、并、迁、散，"学科结构遭到巨大破坏"，一些院系为了能够保存下来，只好因应政治形势再次调整学科专业设置，把非工科专业向工科专业并拢。中央工艺美术学院建筑装饰美术系遂于 1975 年更名为工业美术系。实行改革开放后，教育部于 1982 年开始组织专家研究学科专业分类与设置的基本原则，以推动学科专业名称的科学化和规范化。

（2）室内系统设计教育阶段。1983 年，建设部设计局和中国建筑学会在北京举办了中华人民共和国成立以来的第一次大型室内设计交流活动——建筑室内设计经验交流会及建筑室内设计和装修产品展览会，希望"各个部门能重视室内设计，并把注意力更多地集中在住宅等量大面广、与人民生活密切相关的建筑方面"[①]。1984 年，中央工艺美术学院将工业美术系拆分为室内设计系和工业设计系，具有现代意义的中国室内设计专业教育正式登场。1987 年，国家教委根据党中央关于教育体制改革的决定，将解决"专业设置过于狭窄"的问题，作为学科分类和专业设置改革的重点工作之一，对普通高等学校本科专业目录进行大规模修订。此次修订后的专业数量由 1300 多种调减到 671 种。杨冬江（2007 年）指出中央工艺美术学院也于次年将"室内设计系更名为环境艺术系，下设室内设计、景观设计和家具设计三个专业"。

通过对我国高等教育改革重要文献的回顾，我们可以清楚地看到，无论是 1961 年印发的《中华人民共和国教育部直属高等学校暂行工作条例（草案）》（简称《高校十六条》），或者是 1978 年颁布的《全国重点高等院校暂行工作条例》（试行条例），都明确规定了"系是按照学科性质设置的教学行政单位"。中央工艺美术学院室内设计系的数次改弦易辙，

---

① 佚名. 中国现代建筑历史（1949—1984 年）大事年表 [J]. 建筑学报，1985（10）：11–20.

实际上只是顺应国家政策实行教学行政体制改革和学科专业目录调整对教学行政单位名称进行变更的结果，并没有对室内设计专业教育的基本概念和内涵特征产生实质性的影响。

鉴于室内设计活动迄今还没有列入我国《国民经济行业分类》和《职业分类大典》，尚未成为法定的行业或职业，所以本书所讨论的室内设计专业概念，特指《普通高等学校本科专业目录》和《普通高等学校高等职业教育（专科）专业目录》下的狭义概念。在本科院校中，室内设计专业教育主要以专业课程和专业方向的形式设置在环境设计专业和建筑专业下，而在《普通高等学校高等职业教育（专科）专业目录》中，艺术设计类别下设置了"室内艺术设计"（专业代码为 65109），建筑设计类别下设置了"建筑室内设计"（专业代码为 540104）。

尽管我国室内设计专业教育于改革开放后获得了长足的发展，但关于室内设计专业教育的理论研究，却远远滞后于室内设计专业教育活动和室内设计经济活动的发展速度。基于中国知网总库，以"室内设计专业教育"为主题词进行不设时限的精准检索，只能找到 56 条结果，以"室内设计专业"为主题词进行不设时限的扩展检索，也只能找到 2535 条结果。从这些文献的研究内容来看，我国学界关于室内设计专业教育的理论观点可以概括为以下三种形式：

（1）以室内设计的专业对象已经超越室内范畴为立论的室内设计外延论。张世礼（1986 年）认为："国内外的室内设计家在实践中早就突破了室内范畴"，所以"室内设计并不是一个学科的总概念，它只是现代环境艺术设计学科的重要组成部分。"张绮曼（1987 年）在回顾中央工艺美术学院室内设计专业发展时指出，"我们在课程设置和教学重点上已逐步从室内环境向外部环境扩展""积极创造条件把室内设计专业发展成环境艺术设计专业。"

（2）以室内设计活动属于建筑设计活动的延续和细分为立论的室内设计分支论。徐晓图（1990 年）认为"室内设计是建筑设计的分支，研究内部空间是它的主要任务""在更深的意义上，应当把室内设计理解成对我们赖以生存的内部环境的全面考虑。"陈永昌（1993 年）认为室内设计"是从建筑科学和环境科学中独立出来的一个新兴专业"。

（3）以室内设计专业涉及多学科知识体系为立论的室内设计系统论。来增祥（1993年）的观点是"室内设计专业是近年来环境设计系统中形成的相对独立的新兴学科，它既有物质技术又有文化艺术的内容，要求学生具有相当坚实的理工科基础，又有较强的形象思维和表达能力"。李刚（1997年）认为"像许多交叉、边缘学科一样，室内设计是许多相关学科的综合"。郑智峰（1998年）指出"室内设计是一个融科学技术与文化艺术于一体的跨学科专业"，"室内设计教育是一种创造性心理和思维的教育"。

由于对室内设计专业教育内涵的认识不同，不同院校实施着不同类型和不同内容的教学。在人才培养目标上，也长期存在着两种不同的倾向，一是以满足执业能力需求为目标的应用型专业教育，二是以培养专业通才为目标的研究型专业教育。对于同一专业存在不同的教学模式和培养目标的问题，来增祥（1993年）认为室内设计专业教育"还处在不断发展和完善的过程中，因此，办学方法和途径应该也必然是多种渠道和多种模式的，甚至在培养人才的专业目标方面也允许有所侧重。"文剑钢、邱德华、俞长泉（2005年）则强调"行业对专业人才的要求和重用程度才是人才培养目标的依据"。范传俊、任虎（2006年）也指出室内设计专业教育"要以培养应用型人才为根本任务，适应社会发展的需要为目标，以适应社会经济发展的要求。"马宁、寿劲秋（2008年）认为"在室内设计教育中，重技能教育轻理论教育的倾向，已严重影响到室内设计人才的培养质量"。李枝秀、彭云（2008年）也认为"以现在的课程体系进行教学，很难培养出能够满足社会需求的创新性人才。"张洋（2010年）在进行调研后指出，"很多的用人单位反映目前室内设计专业毕业生走上了工作岗位后完全没有办法符合单位的工作要求，发挥不出自己的专长，也找不到进一步上升的空间。"

通过对检索到的文献研究结果进行综合分析，不难发现我国室内设计专业教育在理论上尚未形成统一的认识，而缺乏具有共识性、权威性、普适性的执业标准体系、教学标准体系、课程标准体系，恰恰是各院校无法开展室内设计专业教育对标管理和达标考核，最终导致室内设计专业教育水平发展不平衡，造成室内设计专业教育竞争力普遍不强的根本原因。本书将尝试借鉴经济学竞争力相关理论和教育评价相关理论，探索室内设计教育竞争力提升的方法和路径。

2.1 室内设计与室内设计专业的概念辨析与研究现状

2.2　室内设计专业教育竞争力的概念辨析与研究现状

2.2.1　竞争力的概念辨析

　　有学者认为，竞争力是一个经济学概念，对竞争力的关注和研究首先是从经济领域开始的。但基于大成故纸堆数据库的检索结果，笔者发现我国关于竞争力的讨论最早可追溯到清朝光绪三十三年（即 1907 年）。当年 6 月 25 日发行的《东方杂志》第六期转录了《时报》一篇题为《论国家之竞争力》的社论。该社论明确指出，"今日强权之世界—竞争之世界也。无事之时以平和为竞争，有事之时以兵力为竞争。故国家之盛衰强弱，原不仅乎兵力，兵力者不过表现国家之实力而膨胀于外部者也。今使有国于此不务养成其实力而徒汲汲然扩张军备，以为如此遂可以立足于列国竞争之舞台。然无源之水涸可立待外强中干唯有日就憔悴而已。盖凡国家所恃以立国而不可缺者无不与国家之竞争力有关。兵力之竞争不过在一时，和平之竞争则无一时一刻而不在竞争中也"[①]。文章还利用关系图形式对构成国家竞争力的要素进行了罗列。从关系图中可以清晰看到，在国家竞争力构成中还有很多要素属于非经济要素（图 2-2）。

　　由此可见，竞争力的概念并不是一个单纯的经济学概念，而是一个内涵非常丰富的广义概念。尽管被工商管理学界誉为"竞争战略之父"的哈佛商学院教授迈克尔·波特（2021 年）认为"各界对'竞争力'的定义还缺乏共识"，竞争力"仍然是一个尚未被完全理解的概念"，但还是有不少学者在自己的研究领域中对"竞争力"概念的定义提出了独特而鲜明的观点。《现代经济词典》和《城市供热辞典》对"竞争力"词条作了完全一致的解释："竞争对象在相互比较中显示出的优势和实力。在经济领域中，常用的竞争力概念有国际竞争力、国家竞争力、企业竞争力和企业核心竞争力等"。金碚（2003 年）从经济学的角度，认为"竞争力研究的对象可以是国家、产业、企业等，因而有国家竞争力、产业竞争力、企业竞争力等不同概念"。

---

① 佚名. 论国家之竞争力 [J]. 东方杂志, 1907, 4（6）：8–17.

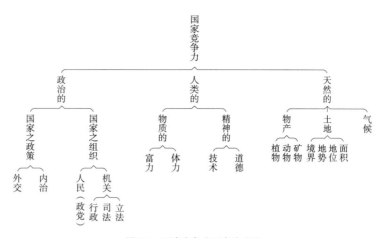

图 2-2 国家竞争力要素关系图

（资料来源：大成故纸堆数据库 [J/OL]. 东方杂志，1907，4（6）：8-17. https：//eproxy.lib.tsinghua.edu.cn/http/NFX XPLUEMFSXR3LPM7TGC7DBF3SX85IKGE6DKCSTMFSDGNSYMFSA/n/dcjour/jour/dacheng/28855974/361333cafd8c49 bb909963844ad89bf4/33e86433c6ad8bb10f167d16ba3150de.shtml?de=17&ds=8&cpage=8&t=5）

2.2.2　室内设计专业教育竞争力的概念辨析

　　教育竞争力是从竞争力衍生出来的一个新概念，而室内设计专业教育竞争力则是教育竞争力研究向室内设计专业教育方向的一个延伸。在教育竞争力这个概念词条中，教育与竞争力的组合关系属于偏正关系，竞争力被教育所修饰和限定，所以在对教育竞争力进行内涵定义和理论研究时，教育实施主体就是竞争力研究的对象，而不是教育领域以外的其他主体。根据同样的道理，室内设计专业教育实施主体就是室内设计专业教育竞争力的主体，而不会是其他专业教育的实施主体。另外，室内设计专业教育是专门化高等教育的一个重要组成部分，因此，本书讨论的教育竞争力概念和室内设计专业教育竞争力概念，是专门化高等教育主体的竞争力概念，不包括中等以下教育的竞争力概念。关于高等教育竞争力的内涵和特征，我国学界在不同时期作出了不同的描述。

　　何建雄（2003 年）认为，高等专业教育的核心竞争力是指"以专业知识和技能为核心，通过对课程的设置和开发、人才培养方案的设计与人力资源开发、科研开发和服务、组织管理等方面的整合，使其某一要素或要素组合的效用凸显而使专业获得持续竞争的能力"。赵彦云（2008 年）认为："高等学校教育竞争力是一个多维的、综合的、动态的概念，包括高等学校对教育资源的吸引、争夺能力，对教育资源的有效管理、配置和控制能力，对教育资源的有效开发能力，和对教育成果的产出能力、教育服务的贡献能力"。朱红、朱敬、刘立新等人（2010 年）认为，"教育竞争力是指参与竞争的主体在教育领域内部以及与外部环境的互动过程中，高效运用各种技术，全面整合各种资源，不断学习和创新，从而创造优势并保持优势的力的总和"。方勇（2012 年）在研究高等教育竞争力与国家竞争力的关系时指出，"高等教育竞争力是一个复杂的系统，它由许多子系统组成，同时又是更大系统的子系统。其众多的要素以不同的方式存在，处在不同的维度和层次上，它们共同集成了高等教育竞争力"。丁敬达（2013 年）通过对高等院校竞争力评价要素进行分析，明确指出"知识是大学核心竞争力的来源"，大学的竞争力是"竞争主体最终获得对知识资源的整合力"。综合而言，这些观点主要包括高等院校在资源整合、教学转换、教育产出等方面的核心能力、持续能力和综合能力。迄今仍未发现有关室内设计专业教育竞争力研究的文献。

2.2.3 室内设计专业教育竞争力相关研究与现状

1. 竞争力研究趋势：从微观到宏观，从定性到定量

虽然基于我国一些主流中文文献数据库，未能检索到关于中国室内设计专业教育竞争力的研究文献，但关于竞争力和教育竞争力的研究则硕果甚丰。对过去 20 多年所发表的竞争力相关研究文献进行回顾分析，可以发现我国关于竞争力的现代研究是从经济领域逐渐拓展到其他非经济领域的，呈现出一种从微观研究到宏观研究，从文献研究到实证研究的发展趋势。

1990 年以前的竞争力研究主要集中在经济领域的微观层面，以单个产品或企业的竞争力为研究对象。例如，郭志明（1979 年）的《双向定向中空制品的竞争力》，周仙育（1984 年）的《提高国产家具在香港市场的竞争力》，陈金水（1985 年）的《增强福建花茶竞争能力》，孟霖（1987 年）的《广货竞争力与技术改造投资》等。

1990 年至 2000 年，竞争力的研究开始从微观层面逐步转向宏观层面，行业竞争力、城市竞争力、区域竞争力和国家竞争力成为这个时期的研究热点。如黄篱（1990 年）的《从国际鞋业市场特点谈提高我竞争力》，王珺（1991 年）的《论制造业的比较国际竞争力》，赵艾（1992年）的《正确分析影响国际竞争力的关键因素》，张浩、袁方（1993年）的《国际竞争力新排名》，杨远华（1995年）的《世界竞争力发展趋势和我国的对策》，王冰冰（1997年）的《中国金融体系的国际竞争力分析》，黄宏（1998年）的《健全国家创新体系增强国际竞争力》，郝寿义、倪鹏飞（1999年）的《中国若干城市的城市建设与城市竞争力相关关系研究》，以及耿弘、孙学玉（2000年）的《中国产业组织国际竞争力问题探讨》等。

2000年至2010年，我国学界在保持竞争力研究热情的同时，开始对竞争力理论模型、评价指标体系以及竞争力实证展开研究，通过应用定量研究方法和研究工具，尝试以可统计和可计量的方式对竞争力进行系统性探索：如张桂芝（2002年）的《商场综合竞争力评价指标体系研究》，张梅、李怀祖（2003年）的《国家竞争力因素分析的Rough集方法》，赵彦云、余毅、马文涛（2006年）的《中国文化产业竞争力评价和分析》，贺华丽（2008年）的《大型连锁超市核心竞争力的构成要素及其构建——以沃尔玛为例》，孙可奇（2010年）的《基于偏离份额分析法的山东高端产业比较分析》等。

综合同期文献，我国学界用于对竞争力进行评价研究的方法还有：SWOT分析法[1]、DEA法[2]、EVA法[3]、综合指数法、模糊层次分析法、模糊综合评价法、因子分析法、TOPSIS法[4]、聚合分析法、基准分析法、对标法等；被作为评价研究对象的行业包括了工业、农业、科技、教育、贸易、医药、服务、建筑、建材、房地产、旅游、商业、能源、电信、餐饮、交通、物流、出版等；被作为评价研究的对象包括了国际竞争力、国家竞争力、区域竞争力、城市竞争力、价值链竞争力、人力资源竞争力、文化竞争力、核心竞争力、综合竞争力、创新竞争力、软竞争力、品牌竞争力、制度竞争力等。基于竞争力的研究成果，我国学者分别在自己的专业领域以竞争力排行榜对成果进行发布，如金碚的《中国企业竞争力报告》，中国城市竞争力研究会的《中国城市竞争力排行榜》等。

---

①SWOT是strengths、weaknesses、opportunities、threats的缩写，意为优势、劣势、机会、威胁。
②DEA是Data Envelopment Analysis的缩写，意为数据包络分析。
③EVA是EconomicValue Added的缩写，意为经济附加值。
④TOPSIS是Technique for Order Preference by Similarity to an Ideal Solution的缩写，意为逼近理想值。

2.2　室内设计专业教育竞争力的概念辨析与研究现状

2. 高等教育竞争力研究趋势：从理论到实证，从综合到分类

自 20 世纪 90 年代末开始，我国的竞争力研究开始扩展到高等教育领域，研究范围包括什么是教育竞争力，教育竞争力由什么所构成，以及教育竞争力如何评价等问题。纪虹（1997 年）对外国学校引入竞争机制的经验进行了介绍，"一些发达国家正力图通过加强各学校间的质量竞争及诱导家长参与教学实践的方法来进行教育改革"。吴滨、陶宝元（1998 年）对成人高等教育竞争力进行了研究，认为"各种市场直接和间接对成人高等教育的冲击和影响，势必带来成人高等教育内部发生诸多变化"，"不能及时适应这种变化，改变自己的办学观念、积极投入竞争，就会被社会淘汰"。王元京（1999 年）认为"教育竞争力是最重要的竞争力"。杨明（2000 年）在对中国教育国际竞争力进行研究时认为，"一国教育的国家竞争力主要体现在以下三个方面：①一国具有充足的教育投入及良好的办学条件；②一国教育资源的配置和利用具有较高效率；③一国教育具有较高的产出""教育投入既包括人力资源，也包括财力投资""教育的规模要有适度的乃至超常规的增长，而且要格外讲求教育的投资收益和社会效益""教育部门所培养的熟练劳动力和专门人才的数量和质量，是衡量一国教育综合实力的根本标志"。孙敬水（2001 年）认为"高等教育投资具有直接受益和短期受益的特点。从国际竞争的角度看，高等教育既是高级人力的'加工厂'，又是高级人力的'争夺战'，美国提出了引进留学生，深加工'半成品'的人才战略，把高校招收留学生看作美国第五大从海外获取利益的产业。澳大利亚则提出了要把外国留学教育当作国际贸易一样看待"。谈松华（2002 年）指出，加入世界贸易组织"将使我国教育机构直接面对教育市场的国际竞争"。芦琦（2004 年）把教师竞争力也纳入教育竞争力的研究范畴，认为教师竞争力是"组成教育竞争力的核心细胞要素之一"。米红、韩娟（2005 年）表示"高等教育竞争力是经济竞争力的重要组成部分"，"提高区域经济竞争力的关键是提高教育竞争力，尤其是高等教育竞争力"。王琴、张桂英、张为民等（2006 年）在比较全国各地区科技教育竞争力时指出，"我国各个地区的教育竞争力是不一样的"。任秀梅、施继坤、张广宝（2007 年）认为高等教育进入大众化时期后，"各大高校已被卷入到自我选择和激烈竞争的漩涡之中"。赵彦云（2008 年）发现，高等学校竞争力三大要素（人力资本、财力资源、物力资源）之间"具有很强的相互依存、相互促进作用。高等学校的教育资源竞争力与高等学校产出竞争力之间存在显著的正相关"。李占平、王颜林（2009 年）认为，"高等教育从本质上说是一种服务，其基本产出是教育服务"，教育部门是教育服务产品的生产者，受教育者是教育服务产品的消费者，

"就高等教育而言，应该贯彻'以学生为中心''教育是一种服务''加强高等教育质量管理'等新的教育理念"。龙春阳（2010年）认为，"高等教育区域竞争力，指的是一定时期内某个区域在国内各个地区竞争中通过高等教育创新所体现出来的高等教育发展及其持续提高的能力，它反映某个区域高等教育发展的水平，是一个地区高等教育的教育资源、教育质量、教育效率和教育产出等多种要素组成的综合系统"。谢友柏（2018年）提出了"设计科学与设计竞争力"的概念。张令伟（2018年）认为："中国艺术学科亟须建构一个能够反映其发展规律的评价体系。"

与此同时，我国高等教育竞争力研究逐步从一般性研究向实证研究和评价研究拓展。如朱敬、刘志旺（2007年）的《高等院校竞争力评价指标体系研究》，王素、方勇、苏红等（2010年）的《中国教育竞争力评价模型构建与国际比较》，张秀萍、柳中权、栗新燕（2011年）的《辽宁省高等教育竞争力实证研究》，倪鹏飞、刘铮（2012年）的《中国城市高等教育竞争力比较研究——以长三角16城市为例》，姚洁、刘同强、姜域（2013年）的《基于因子分析的高等教育竞争力研究》，牛卫中（2014年）的《从排名信息看兰州交大近年本科教育的竞争力》，张伟、徐广宇（2015年）的《部分发达地区高等教育竞争力评价结果与分析》，王庆国（2016年）的《试论我国区域高等教育竞争力的评价及对策》，张淑芳（2017年）的《宁波教育竞争力的计划单列市方位比较》，张令伟（2018年）的《高校艺术学学科竞争力系统分析与评价研究》尝试将相关理论应用到西部艺术院校的教育竞争力研究当中，唐晓玲（2018年）的《"金砖四国"高等教育竞争力研究——基于巴西、俄罗斯、印度、中国的数据比较》，戴锐（2019年）的《思想政治教育学科竞争力的结构之思与建构之路》，郑婉茵、王艺儒、黄卫华（2020年）的《主要城市高等教育潜在竞争力分析——兼论提升深圳高等教育竞争力路径》。

通过对过去20年发表的高等教育竞争力相关研究文献进行综合分析发现，我国高等教育竞争力评价研究的理论基础，主要源于竞争力评价理论和教育评价理论两个方面。目前高等教育竞争力研究的对象和范围主要包括高等教育竞争力、区域高等教育竞争力、城市高等教育竞争力、大学和学科竞争力、大学和学科核心竞争力、高等教育竞争力提升策略和路径、高等教育竞争力水平测度、高等教育竞争力和学科竞争力的评价指标与体系、高等教育竞争力和学科竞争力的构成要素和影响因素等，与高等教育竞争力相关

2.2 室内设计专业教育竞争力的概念辨析与研究现状

的研究方法包括理论研究、文献研究、比较研究、实证研究，评价研究等，用于进行高等教育竞争力评价的方法主要有定性评价方法、定量评价方法、综合评价方法、指数分析法、熵值法、多元统计分析法、波特钻石模型、因子分析法、SWOT分析法、层次分析法等。目前已发布的高等教育竞争力排行榜涉及的排名内容包括：大学教育区域竞争力、普通高校研究生教育竞争力、研究生教育区域竞争力、研究生教育分一级学科竞争力、大学本科教育分学科门类竞争力等。应该说，目前已知的竞争力研究成果和教育竞争力研究成果完全可以为中国室内设计专业教育竞争力评价研究提供充分的理论依据和可靠的路径参照。

2.3 室内设计专业教育评价的概念辨析与研究现状

2.3.1 室内设计专业教育竞争力评价的概念辨析

中国室内设计专业教育竞争力评价，是教育评价的一个细分范畴。《教育辞典》（1989年）将教育评价的概念定义为"依据正确的教育目的以及明确完整的指标体系，采用科学的方法，对教育现象的内外部价值及其属性所进行的一系列评议和估价活动"，认为"高等教育评价是国家及其教育主管部门对高等教育实行宏观指导和管理的重要途径之一。其目的是确保高等教育的基本质量，重点扶持一些学校或学科，增强其学科研究能力与活力，培养高质量的专门人才。评价以高等学校整体办学水平和学科专业的质量为主要对象；以社会部门评价、同行评价、学校自我评价、教育管理部门评价为基本方法；以确立评价目标和指标、收集学校与学科专业资料，并进行核实与分析为一般步骤。评价必须将教育目标评价和教育过程评价相结合，定量评价与定性评价相结合，同时根据不同学校的性质、任务分级分类进行评价。其基本原则是必须坚持科学性、可行性和可比性。"

《社会科学大词典》（1989年）则认为"教育评价的定义目前尚无定论，但一般可分为广义和狭义两种。广义一般指对教育活动一切方面的评价，即教育的宏观评价；狭义一般指对学生学习质量的评价，即教育的微观评价"。

《中国百科大辞典》（1990年）的解释是"指利用现代可行的评价手段对教育的社会价值作出判断的过程。教育作为一种社会实践，它的结果满足于一定社会的政治、经济、文化等发展的需要，其现实性和可能性构成了教育的政治价值、经济价值和文化价值。这些价值的总和构成了教育的社会价值。教育评价就是对这一社会价值作出判断，从而推动教育实践的发展，是现代教育管理过程的一个重要环节。内容包括对学生、教师、学校及课程教材等方面的评价"。

《教育评价辞典》（1998年）对教育评价的释义是："根据一定的教育价值观或教

育目标，运用可行的科学手段，通过系统地收集信息资料和分析整理，对教育过程和教育结果进行价值判断，从而使评价对象不断自我完善和为教育决策提供依据的过程。这是一般定义，它适用于对普通教育领域里各种教育现象进行价值阐释。其特点：①教育评价是一个过程，是一种有一定程序和系统活动的过程；②教育评价以一定的教育目标或一定的教育价值观为依据；③教育评价以对评价对象功能、状态和效果进行价值判断为核心；④教育评价以科学的评价方法、技术为手段；⑤教育评价最终目的在于不断完善评价对象行为，提高教育质量，为教育决策服务。进行教育评价的一般步骤是：①确定并分析评价目标，制定评价方案，做好评价的准备工作；②选择评价开始时间，搜集评价对象信息并加以整理；③分析评价信息，形成评价结论；④根据评价结论，提出改善评价对象行为，达到预期目标的措施；⑤反馈评价结论，促进评价对象改善行为。"

综上所述，室内设计专业教育竞争力评价，就是根据室内设计专业教育的目的和任务，运用科学的方法，建立明确的指标体系，并按照每项指标对室内设计专业教育实施主体的相关信息进行系统收集和分析比对，然后对其在具有竞争性的教育活动中所表现出来的竞争能力和相对优势进行判断。

2.3.2 室内设计专业教育竞争力评价与教育评估的概念关系

在由政府主导的教育质量和教育水平评判活动中，更常见的判断概念是"教育评估"而不是"教育评价"。那么教育评价与教育评估在概念的内涵上到底有没有本质上的区别呢？只有把这两个概念的关系梳理清楚，才能够正确认识和处理室内设计专业教育竞争力评价与官方教育评估之间的关系，为室内设计专业教育竞争力评价找到法理依据。

《教育辞典》（1989年）认为教育评估"又叫'教育评价'。它是以教育为对象对其效用给予价值上的判断""教育评估还可以应用于各级各类学校，以促使竞赛，推动改革，不断提高教育质量和办学水平"，同时"教育评估的对象是多层次的，可以对学校全面工作进行综合评估，也可以对学科、专业以至一门课程作单项评估"。

《新时期新名词大辞典》（1992年）对教育评估的定义是"指教育管理部门根据一定的标准，对教育组织或其成员的行为过程或效果进行评定、核查和估计的一种现代教育管理技术。也称教育评价""教育评估的核心是建立科学的分层次、分类型的评估指标体系",教育评估的"主要方法有:成果鉴定法、程序控制法、量化法"。

《教育评价辞典》(1998年)对教育评估的概念进行了定义,对其英文等价词进行了解释:"对教育现象的平量和估价。教育评价一词译自英文'evaluation'。在中国有人认为,教育评估是一种范围更广、模糊性更大的教育评价。也有人将高等学校教育评价中泛指对学校教育的事物、人物的价值判断称为教育评价;对学校教育评价称为评估。在实践中,国家教委发布的文件、高等教育领域多用评估;科研部门、普通教育领域多用评价"。

2.3.3　室内设计专业教育竞争力评价相关研究与现状

基于大成故纸堆数据库的文献调研结果显示,教育评价概念出现的时间,要比教育评估概念出现的时间早很多。于1933年出版的第2期《中华教育界》杂志,就刊登过一篇由张安国撰写的文章,题为"美国新兴教育的评价",讨论了新兴学校的优势与不足。我国早期的教育评价概念,与现代教育评价和教育评估的概念在研究方法和研究范围上均有所不同。现代教育评价的概念,实际上是于1980年代中期才在我国教育领域传播开来的。教育评估的现代概念,也是在这个时期提出来的。尤其是在1985年党中央决定进行教育体制改革,明确提出要对高等教育办学水平进行评估之后,教育评价和教育评估的研究成为学界讨论的热点。

虽然不同辞书对教育评价和教育评估的定义不尽相同,但基于中国知网中文期刊数据库,以教育评价或教育评估为主题检索词进行不设时限的大跨度精确检索,可以发现部分文献作者并未对教育评价概念的应用和教育评估概念的应用作出严谨的区分,对同样的教育活动或教育现象进行判断和评判时,有的学者采用了教育评价的概念,有的学者则采用了教育评估的概念。例如:①陈含笑、徐洁(2020年)的《中小学劳动教育评价的意义、困境与对策》和高勇、颜金(2020年)的《高校劳动教育评估的现实构想》,评判的对象同样是"劳动教育",但作者却采用了不同的概念。②周婷婷(2020年)的《美国利基(Niche)公司第三方教育评价机构概述及其对我国的启示》和王璐、邹靖(2020年)的《市场机制下第三方教育评估机构的发展:机遇、路径与挑战》,研究的对象同样是第三方评判机构，但前者称其为"评价机构"，后者却称其为"评估机构"。③颜廷睿、关文军、邓猛（2016年）的《融合教育质量评估的理论探讨与框架建构》和陈荣荣（2017年）的《教育质量评价数据的挖掘思路与应用路径》，同样是教育质量判断研究，一个使用了评价，另一个使用了评估。④杨彩菊、周志刚（2013年）的《西方教育评价思想嬗变历程分析》和桂庆平（2018年）的《西方教育评估理论变迁的价值之维》，同样是研究西方教育评判的发展，不同的作者使用了不同的概念。由此可见，在教育研究领域里，还是有不少学者认为评价和评估是同一个概念，至少是一个近义的概念。

另外，本书在对国家政策性和指导性文献进行调研时发现，党中央和国务院关于教育评判改革或规划的纲领性文件，以及国家教育管理部门关于制定宏观教育评判体系的指导性文件，或国家教育管理部门与其他国家管理部门针对教育建设成效联合发布的政策性文件，多采用教育评价的概念。如2020年中共中央、国务院发布的《深化教育评价方案》，2015年教育部发布的《监评统计指标》，2020年教育部、财政部、国家发展改革委联合发布的《"双一流"建设成效评价办法（试行）》等。国家教育管理部门针对高等教育办学水平、教育质量、教学工作水平、学校综合水平、重点建设项目等具体工作和事项所发布的政策性文件或指导性文件，则基本采用教育评估的概念。如2003年发布的《教育部办公厅关于对全国592所普通高等学校进行本科教学工作水平评估的通知》，2004年发布的《关于聘请"国家经济学基础人才培养基地"验收评估专家的通知》，2005年发布的《关于成立"普通高等学校教学评估分类指导研究课题组"暨召开第一次全体会议的通知》，2007年发布的《关于申报"高等学校本科教学工作分类评估方案项目"的通知》等。

我国高等教育评价或高等教育评估的研究范围，基本覆盖了评价理论模型和评价指标体系、教育质量评估和教学质量评估、本科教学工作水平评估和本科教学工作分类评估、政府评估、学校内部评估以及第三方机构评估等多个方面。评估层面已从学校评估和学科评估，向专业评估和课程评估拓展。在理论研究方面，学界通过对"泰勒模式"①"斯塔

①泰勒模式是1949年美国心理学家泰勒以"合理性"为目标,提出的一种"课前确定课程目标+课后评估改善"的课程评估模式。

弗尔比姆模式"① "斯克里文模式"② "斯塔克模式"③ 以及西方先进国家第四代教育评价模式的学习、借鉴、改良、创新，逐步构建了具有中国特色的以教育目标为导向，以效率成果为重心的多元理论模式和理论框架，并基于层次分析法、熵权法、德尔菲法、灰色聚类法、主成分分析法等科学方法，搭建了适用于分类型、分赛道、分区域、分主体、分层次的质量评估指标体系，水平评估指标体系和成效评价指标体系，形成了一批具有权威性或影响力的建设点名单、评价排名和排行榜。如"211"和"985"工程建设院校名单，"双一流"建设高校和建设学科名单，国家级"一流专业"和省级"一流专业"建设名单，国家级"一流课程"和省级"一流课程"建设名单，全国学科评估结果名单，以及各种来自第三方评估的排行榜。由于这些评估的结果，直接或间接影响到教育办学资源可持续投入的规模，以及教师队伍的名额编制和工资水平、招生的数量和质量、国内外的社会声誉和学术地位，所以这些评价在客观上对各院校形成了一股无形而巨大的竞争压力，而不断变化和发展的各种竞争性评价，恰好为本书的理论探索提供了现实的场景。

---

① 斯塔弗尔比姆模式（CIPP）是 1960—1970 年间美国教育评价专家斯塔弗尔比姆以"教育决策"和"教育改良"为导向的教育评价模式，强调了评价的诊断性和发展性功能，强调教育的全过程评价。

② 斯克里文模式与 CIPP 评价模式在同一时期提出，是一种主张以"课程实际成效"为导向的课程评价模式，评价者不受课程设计者对课程目标的描述影响，评价课程的实际教学效果。

③ 斯塔克模式是以应答式方法对院校或教师作为评价对象进行评估，事先不预设评价目标，通过听取评价对象的信息再进行判断，因此被称为"目的游离式"评价。

2.3 室内设计专业教育评价的概念辨析与研究现状

2.4 中国室内设计专业教育竞争力评价理论的基本问题

从语义结构上来看，中国室内设计专业教育竞争力评价的概念，是一个由室内设计、室内设计专业、室内设计专业教育、竞争力、教育竞争力、教育评价以及竞争力评价等多个不同语义词组交叉重叠而构成的新概念。室内设计专业教育竞争力评价理论研究目前尚属空白，但是国内外学界在室内设计专业教育理论、教育评价理论或竞争力理论等相关领域所取得的研究成果，完全能够为中国室内设计专业教育竞争力评价研究提供扎实的理论基础。本章上述的相关概念辨析和理论综述，不仅是对中国室内设计专业教育竞争力评价的语义解构，也是对中国室内设计专业教育竞争力评价的内涵界定。中国室内设计专业教育竞争力评价理论的基本问题，均可以从这些相关理论中找到学理依据。

中国室内设计专业教育在经历半个多世纪的发展和变革之后，已成为我国高等教育的一个有机组成部分，室内设计专业教育实施主体之间的竞争关系，也随着高等教育办学制度改革，以及高等教育评估制度改革的不断深化，成为现实社会中的新常态，并逐步呈现出愈来愈激烈的趋势。中国室内设计专业教育竞争力评价研究，在学理层面主要涉及三个基本问题：评价对象、评价内容和评价方法，这三个问题也是构建中国室内设计专业教育竞争力评价理论的基本框架。

2.4.1 中国室内设计专业教育竞争力评价的对象

从本质上来说，中国室内设计专业教育竞争力评价，既是高等教育评价理论向竞争力领域的延伸，也是竞争力评价理论向高等教育领域的延伸，具有明显的交叉学科研究特征。作为一个新的概念，中国室内设计专业教育竞争力评价理论首先要解决的就是评价对象是谁的问题，也就是中国室内设计专业教育竞争力的载体问题，或中国室内设计专业教育竞争的主体问题。

我国目前的室内设计专业教育主要设置在《本科专业目录》和《普通高等学校高等职业教育（大专）专业目录》之下，也就是说这些负责实施室内设计专业教育的本科院校和大专院校，就是中国室内设计专业教育的竞争主体。室内设计专业教育实施主体在相互竞争中所表现出来的胜出能力和相对优势，就是室内设计专业教育实施主体的竞争力，或称为室内设计专业教育竞争力。

基于教育部 2021 年公布的《全国普通高等学校名单》，以及各院校官方网站公开的信息进行检索和统计，我国现有普通高等学校 2756 所，包括本科院校 1270 所、专科院校 1486 所。770 所本科院校在环境设计专业下开设了室内设计专业方向或室内设计主干课程，184 所本科院校在建筑专业下开设了室内设计专业方向或室内设计主干课程，约占现有本科院校总数的 75%。另外，61.5% 的"985 工程"大学、47.3% 的"211 工程"大学，也都开设了室内设计专业或室内设计课程。由此可见，室内设计迄今已成为最多院校开设的专业之一，室内设计专业教育也已成为我国高等专业教育的一个重要组成部分。无论是在地理区域上，还是在院校类型上，我国室内设计专业教育都已基本完成梯次布局。

诚然，由于区域经济水平发展的差异，以及教育资源的获得途径、投入规模和使用效率的不同，中国室内设计专业教育竞争力水平发展不平衡的问题也是显而易见的，各主体的教育产出规模和教育产出质量难免参差不齐，在政府评估和民间评估的排名竞争中也会各显高低。不过，中国室内设计专业教育各主体之间的竞争格局并非恒定不变的，各主体的竞争力会随着内部因素的改善和外部因素的变化而发生改变，具有明显的阶段性、动态性和结果性特征。这就为中国室内设计专业教育竞争力评价提供了可能性和必要性。

2.4.2 中国室内设计专业教育竞争力评价的内容

中国室内设计专业教育竞争力评价理论需要解决的第二个基本问题是评价内容，也就是室内设计专业教育的竞争力到底是什么和如何分类的问题。通过对竞争力的概念辨析和研究回顾可知，竞争力不只是一个简单的经济学概念，也不是特指竞争主体的某种特殊能力，而是一个内涵十分丰富的概念。本书涉及的中国室内设计专业教育竞争力概念属于竞争力理论的一个分支，竞争主体同样面对复杂多变的竞争标的和竞争场景，因此其内涵和类型也是丰富多样的。

室内设计专业教育竞争力贯穿在投资办学、教学管理、人才培养以及知识输出等各个环节，其具体表现在以下几个方面：一是教育资源的获得能力和整合能力，二是师资队伍的凝聚能力和管理能力，三是专业建设的达标能力和评优能力，四是知识内容的科研能力和创新能力，五是专业人才的培优能力和输出能力，六是品牌声誉的创建能力和传播能力。从流程节点的视角，室内设计专业教育竞争力可以抽象为输入竞争力、转换竞争力和输出竞争力。从不同的视角考察，用不同的方法归纳，室内设计专业教育竞争力还可以有其他不同的表述。例如，从地理分布比较的视角观察，可以有中国室内设计专业教育国际竞争力和中国室内设计专业教育区域竞争力之分；从固有优势比较的角度来看，可以有禀赋优势、先入优势、后发优势以及核心竞争力之分；从复合程度比较的角度，可以有综合竞争力和单项竞争力之分；在竞争标的视野下，也可以分为人才竞争力和资源竞争力等。

随着我国高等教育体制改革的进一步深入，尤其是高等教育质量保障体系的逐步建立和教学工作评估指标体系的不断完善，由政府主导的教育质量评估结果和教育水平评估结果，已"作为学校增设专业、确定招生计划、进行资源分配等有关工作的重要分配依据。"在此制度安排和政策约束的背景下，办学基本条件达标能力和专业评优排名能力，是室内设计专业教育实施主体首先应该具备的基本竞争力。

不同类型的竞争力由不同竞争力要素构成。室内设计专业教育主体可以根据自身的特点和优势，建立和加强适合自身发展的核心竞争力，也可以从教育全流程的各个环节上，结合制度化和社会化的教育评估场景和指标，分析和预判教育评估的发展趋势，全面建立可持续的综合竞争力。

2.4.3　中国室内设计专业教育竞争力评价的方法

如何对中国室内设计专业教育竞争力进行评价，是中国室内设计专业教育竞争力评价理论需要解决的第三个基本问题。首先可以确定的是，教育竞争力评价与教育评价之间并不是一种等同关系，而教育竞争力评价与室内设计专业教育竞争力评价，教育评价与室内设计专业教育评价之间，则有着相当高的关联性和一致性。如果说我国目前的教育评价，主要是对教学质量和教学水平的官方评价和民间评价，那么教育竞争力评价就是基于教育实施主体在各种教育评价场景中的相对优势和得分结果而作出的综合评价或单项评价。换言之，如果说教育评价是对教育实施主体办学水平和教学质量的评价，那么教育竞争力评价则是对教育实施主体在竞争性教育评价场景中胜出能力的评价。

由于教育评价和教育竞争力评价的对象和目标不同，评价的方法和指标也自然有所不同。教育评价的主要方法有程序控制法、成果鉴定法。教育竞争力评价的方法主要借鉴竞争力的评价方法，包括定性评价方法、定量评价方法、综合评价方法、指数分析法、熵值法、多元统计分析法、波特钻石模型、因子分析法、SWOT 分析法、层次分析法等。

考虑到中国室内设计专业教育竞争力构成的复杂性和多样性，本书将基于层次分析法，依据教育部印发的《普通高等学校本科教学审核评估实施方案（2021—2025 年）》（简称《本科审核评估方案》）的指导原则，结合《办学基本条件》《普通高等学校本科专业类教学质量国家标准》（简称《本科教学质量标准》），以及国家级一流专业建设点评估结果，借鉴美国 NCIDQ 室内设计执业资格考点等可量化指标，探索建立以教育投入为基础、以教学转换为变量、以人才输出为导向的中国室内设计专业教育竞争力动态评价体系。本书力图基于教育常态数据进行评价体系探索，以满足当下专业教育需要面对不同教育评价场景的考核需求。

2.4　中国室内设计专业教育竞争力评价理论的基本问题

2.5 本章小结

（1）专业教育的目的是为经济建设培养人才，我国室内设计专业教育尚未有可对标的行业标准和人才标准。

"室内设计"是西方设计思想向中国传播的产物，美国实施室内设计教育的院校由室内设计认证委员会（Council for Interior Design Accreditation，简称 CIDA）负责对其室内专业教育课程体系进行专业认证，室内设计毕业生可以参加 NCIDQ 室内设计执业资格考试，毕业后在《北美行业分类》（NAICS）中对应的室内设计行业就业，具有完整的人才培养和教育闭环。而我国的室内设计活动尚未纳入国家标准，所以本书讨论的室内设计专业概念只能特指《本科专业目录》和《高职专业目录》下的概念，不包括具有行业属性和职业属性的专业概念。我国室内设计专业教育于改革开放后获得了长足发展，关于室内设计专业教育的评价理论研究，却滞后于室内设计专业教育和室内设计经济活动的发展。我国室内设计专业教育在理论上尚未形成统一的认识，更缺乏具有共识性、权威性、普适性的执业标准体系、教学标准体系、课程标准体系，各院校无法开展室内设计专业教育对标管理和达标考核，最终导致室内设计专业教育水平发展不平衡，室内设计专业教育竞争力不强。

（2）我国高等教育已形成政府评估、高校自评和第三方评价并存的多元评价体系，教育评价作为一种竞争场景相对明确，相关理论研究扎实，可为本书提供依据。

我国高等教育评价或高等教育评估的研究范围，基本覆盖了评价理论模型和评价指标体系、教育质量评估和教学质量评估、本科教学工作水平评估和本科教学工作分类评估、政府评估、学校内部评估和第三方机构评估等多个方面。各种教育评估和评价已从学校和学科层面，向专业和课程层面拓展和深化，已逐步建立起以学校自评为基础，以院校评估、学科评估、一流专业认证、国际评估以及教学基本数据常态监测为主要内容，由政府、高校、民间机构相结合的多元化教育评估体系。教育评价主要是以办学水平和教学质量为评价对象，而教育竞争力评价则是对教育实施主体在竞争场景中胜出的能力进行评价。中国室内设计专业教育竞争力评价研究，旨在探索室内设计专业教育的基本规律，找到能够体现教育主体在教育评价竞争场景中形成相对优势的基本指标。而国内外学界在室内设计专业教育理论、教育评价理论或竞争力理论等相关领域所取得的研究成果，可为本书提供扎实的理论基础。

（3）厘清中国室内设计教育竞争力评价的基本理论问题，明确评价的对象和评价的逻辑。

中国室内设计专业教育竞争力评价研究，在学理层面主要涉及评价对象、评价内容和评价方法三个基本问题，这也正是中国室内设计专业教育竞争力评价理论的基本框架。实施室内设计专业教育的本科院校和大专院校，是中国室内设计专业教育的竞争主体，也是专业教育竞争力评价的对象。室内设计专业教育实施主体在各种评价场景中表现出来的胜出能力和相对优势，就是室内设计专业教育实施主体的竞争力，或称为室内设计专业教育竞争力。中国室内设计专业教育竞争力理论属于教育竞争力理论的一个分支，竞争主体面对复杂而多变的竞争标的和竞争场景，因此其内涵和类型也是丰富多样的。室内设计专业教育竞争力贯穿于投资办学、教学管理、人才培养以及知识输出等各个环节。办学基本条件达标能力和专业评优排名能力，是室内设计专业教育实施主体首先应该具备的基本竞争力，这都是评价室内设计专业教育竞争力需要涉及的内容。本书将依据教育部《本科审核评估方案》，结合《普通高等学校办学基本指标》《本科教学质量标准》，以及国家级一流专业建设点评估结果等可量化指标，探索建立中国室内设计专业教育竞争力动态评价体系。

2.5　本章小结

3

中国室内设计专业
教育竞争力评价
理论模型探索

中国室内设计专业教育竞争力评价研究，是基于教育评价和竞争力评价两个理论体系下的复合型研究。教育实施主体的竞争活动和竞争现象，是教育活动和教育现象的一个组成部分，室内设计专业教育竞争力评价研究首先应该属于教育评价研究的范畴。虽然在国家教育主管部门颁发的文件中，大多使用评估的概念而极少使用评价的概念，但并没有改变教育评价或教育评估对高等学校教育活动进行评判的内涵和本质，教育评价和教育评估可以被视为同义概念，或可以将教育评估视为与教育评价同义的政策性语汇。

竞争力评价与教育评价在方法论上有着非常明显的区别。竞争力评价是以竞争结果为导向，以显性、量化指标为基础的评价理论体系。教育评价的指标不能直接等同于竞争力评价的指标，而教育评价的结果则是竞争力评价需要考虑的因素。例如，在某个以达标或择优为目标的教育评估活动中，被评为合格或者被评为优秀就成为衡量教育实施主体竞争力的一项重要指标。当然，一些直接影响评估结果的一票性指标，也可能成为竞争力评价的首选指标。

教育实施主体之间的竞争关系，是不以其意志为转移的客观存在，竞争场景会随着社会需求或政策调整的变化而改变。应对不同的竞争，需要具备不同的竞争能力。竞争场景改变，构成竞争力的要素和指标也会改变。因此，对现实的竞争场景加以客观分析，找准影响竞争力构成的关键性要素和指标，发现和把握竞争场景变化的规律和趋势，是探索与构建中国室内设计专业教育竞争力评价理论和评价体系的重要基础。本章主要就构建中国室内设计专业教育竞争力评价理论模型的理论基础和基本逻辑展开讨论。

3.1 中国室内设计专业教育竞争场景探索

任何教育实施主体的生存和发展，都离不开人力、财力、物力的支撑。随着我国高等教育办学制度改革和高校用人制度改革的不断深化，办学经费和教学支出不再由中央政府统筹划拨，而是由各级地方政府通过评估进行择优扶持，或由高等院校通过提高自身的社会声誉来获得企业赞助和校友捐赠，教学人才的聘用也不再是单向流动，优质师资也拥有较大自主性的双向选择空间，因此对人力资源、财力资源、物力资源的竞争，便成为所有专业教育主体最为重要和最为常见的竞争场景。

在高等教育现实情境中，教育资源的分配和获得往往是由院校层次和办学水平所决定的，而院校层次和办学水平则是通过各种合格评估和择优评估形成的，从这个意义上说，各种合格性和择优性教育评估活动便成为高等教育实施主体首先要面对的竞争场景。目前，对资源分配和社会声誉具有直接影响的教育评估活动主要有三种类型（图3-1）：一是由政府主导的合格评估和择优评估，二是由院校组织的内部评估，三是由民间机构主导的排名评估。第一种评估的结果直接影响整个社会教育资源的首次分配，第二种评估的结果直接影响办学资源在校内院系之间的二次分配，第三种评估则间接影响着院校的社会声誉和社会捐赠。

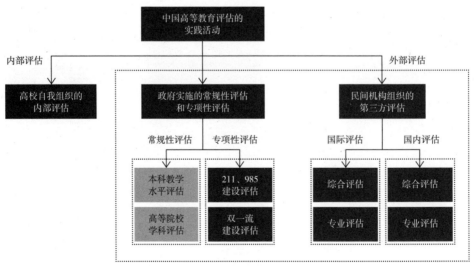

图 3-1 中国高等教育评估活动类型示意图
（资料来源：根据《中国教育改革开放40年（高等教育卷）》等文献信息整理绘制）

作为高等教育的一个有机组成部分，中国室内设计专业教育虽然取得了规模上的扩张，但其竞争力却没有得到持续有效的提升。通过回顾中国室内设计专业教育历程，我们可以清晰地发现，中国室内设计专业教育实际上走出了一条由最初独立建系走向被其他专业合并，最终演变成为其他专业下的一个专业方向或若干主干课程的发展轨迹。由此可见，无论是过去还是当下，中国室内设计专业教育所面临的竞争都是十分激烈的。甚至可以预见，随着新时代教育评价改革的不断深化，中国室内设计专业教育实施主体未来要面对的竞争场景将会更加错综复杂。只有认清国内外不同教育评价的底层逻辑和发展趋势，才能准确把握中国室内设计专业教育竞争力建设的大方向。

3.1.1 政府部门主导的评估场景

中央政府是我国高等教育的最大投资者和最终决策者，对高等教育的办学方向和办学质量负有监管责任，负责高等教育评估政策和法规的制定和执行。由政府主导的高等教育评估主要分为两类：第一类是由国家和地方各级教育行政管理部门直接组织实施的评估项目和评估活动；第二类是由各级教育行政管理部门委托第三方专业机构实施的评估项目和评估活动。由政府主导的评估项目和评估活动大多具有约束性特征，评估的结果直接与财政拨款、招生计划、资源配置、专项扶持等问题直接挂钩，关乎每个教育实施主体的生存与发展。对高等教育实施主体而言，这些评估项目和评估活动就是不可回避和必须面对的竞争场景，也是体现和监测高等教育实施主体竞争力的现实场景。

1985 年是我国高等教育评估制度化建设的元年，《教育体制改革决定》首次提出要"定期对高等学校的办学水平进行评估,对成绩卓著的学校给予荣誉和物质上的重点支持,办得不好的学校要整顿以至停办。"1985 年 11 月，国家教委为贯彻落实《教育体制改革决定》，颁布了《关于开展高等工程教育评估研究和试点工作的通知》，政府主导的教育评估活动由此拉开序幕。1990 年国家教委颁布《评估暂行规定》，明确指出"普通高等学校教育评估是国家对高等学校实行监督的重要形式"，并对教育部门开展教育评估工作的目的、任务、标准、形式和执行主体做了清晰的描述和界定。

2002 年，教育部学位与研究生教育发展中心（简称：学位中心）按照《学位授予与人才培养学科目录》，首次对全国具有博士学位和硕士学位授予权的一级学科和二级学科的高等院校，开展四年一轮的整体水平评估（简称：全国学科评估）。截至 2017 年，学位中心已完成了四轮全国学科评估，参评学科共计 7449 个，占现有学科总数的 94%。虽然学位中心将评估结果的公布方式，由最初的得分排名调整为分类排名，但丝毫没有影响被评对象在评估结果排序中所显示出来的可比性，被评对象之间的相对优势或绝对优势依然清晰可辨，对教育实施主体争取更高的社会评价产生着直接的影响。在现实中，一些在全国学科评估中拥有较前排序的高校，都会把学科评估结果看作为一种荣誉，并作为重要的文宣内容向外发布和传播，以赢得社会公众和招生对象的认同和赞誉。

2003 年年初，教育部在总结前期研究成果和工作经验的基础上，将过去试行的合格评估、优秀评估、随机水平评估等三种不同的评估项目，合并成为一个评估项目，即普通高等学校本科教学工作水平评估，并正式下发了《关于做好普通高等学校本科教学工作水平评估计划安排的通知》，决定"用 5 年时间对我国普通高等学校的本科教学工作进行一次评估"。同年 11 月，教育部正式下发《关于对全国 592 所普通高等学校进行本科教学工作水平评估的通知》，编制第一轮被评学校名单，确立了我国本科教育周期性评估制度。在第一轮本科教学工作水平评估周期中，实际被评学校与计划评估学校的名单和数量略有出入，其原因是一些被列入计划评估名单的院校，由于发生了相互合并而最终作为一所院校参加评估，而一些未被列入最初计划评估名单的院校也参加了评估。第一轮评估的全部结论，实际上在 2009 年 1 月才公布完毕，被评院校数为 589 所，比计划评估数减少 3 所，被评为优秀学校的院校有 424 所，评优率为 71.99%。第一轮评估的具体结果数据详见表 3-1。

教育部第一轮本科教学工作水平评估结论[①] 表3-1

结论公布时间	评估学校数量	优秀学校	良好学校	合格学校
2004 年	42	20	19	3
2005 年	54	30	19	5
2006 年	75	43	28	4
2007 年	133	100	24	9
2008 年	198	160	38	0
2009 年	87	71	16	0
合计	589	424	144	21

① 根据教高厅 [2005]19 号、教高函 [2005]13 号、教高函 [2006] 9 号、教高司函 [2007]40 号、教高函 [2008]8 号、教高函 [2009]3 号等文件整理绘制。

为贯彻落实《国家中长期教育改革和发展规划纲要（2010—2020年）》（简称《中长期规划纲要》），对普通高校本科教学工作的评估被重新定位为约束性的合格评估。教育部2011年12月颁发的《普通高等学校本科教学工作合格评估实施办法》（简称《合格评估办法》）明确规定合格评估的结论分为"通过""暂缓通过"和"不通过"三种，"对结论为'暂缓通过'和'不通过'的学校，将采取限制或减少招生数量、暂停备案新设本科专业等限制措施"。以环境设计专业为例，开设该专业的院校数量已明显从高位回落，一些未达标的院校被停止该专业招生。通过近20年的实践和探索，学科评估和本科教学工作评估指标体系，在经历多次调整后已形成相对成熟和稳定的框架，成为可以进行对标建设和管理的基本依据。这两项评估的最新指标体系详见表3-2、表3-3。

普通高等学校本科教学工作合格评估指标体系[①]   表3-2

一级指标	二级指标
1. 办学思路与领导作用	1.1 学校定位
	1.2 领导作用
	1.3 人才培养模式
2. 教师队伍	2.1 数量与结构
	2.2 教育教学水平
	2.3 培养培训
3. 教学条件与利用	3.1 教学基本设施
	3.2 经费投入
4. 专业与课程建设	4.1 专业建设
	4.2 课程与教学
	4.3 实践教学
5. 质量管理	5.1 教学管理队伍
	5.2 质量监控
6. 学风建设与学生指导	6.1 学风建设
	6.2 指导与服务
7. 教学质量	7.1 德育
	7.2 专业知识和能力
	7.3 体育美育
	7.4 校内外评价
	7.5 就业

资料来源：普通高校本科教学工作合格评估（http://www.moe.gov.cn/srcsite/A08/s7056/201802/t20180208_327138.html）。

---

① 根据《教育部办公厅关于开展普通高等学校本科教学工作合格评估的通知》整理绘制。

3.1   中国室内设计专业教育竞争场景探索

一级指标	二级指标	三级指标
A. 人才培养质量	A1. 思想教育	S1. 思想政治教育特色与成效
	A2. 培养过程	S2. 出版教材质量
		S3. 课程建设与教学质量
		S4. 科研育人成效
		S5. 学生国际交流情况
	A3. 在校生	S6. 在校生代表性成果
		S7. 学位论文质量
	A4. 毕业生	S8. 学生就业与职业发展质量
		S9. 用人单位评价（部分学科）
B. 师资队伍与资源	B1. 师资队伍	S10. 师德师风建设成效
		S11. 师资队伍建设质量
	B2. 平台资源	S12. 支撑平台和重大仪器设备情况（部分学科）
C. 科学研究（与艺术/设计实践）水平	C1. 科研成果（与转化）	S13. 学术论文质量
		S14. 学术著作质量（部分学科）
		S15. 专利转化情况（部分学科）
		S16. 新品种研发与转化情况（部分学科）
		S17. 新药研发情况（部分学科）
	C2. 科研项目与获奖	S18. 科研项目情况
		S19. 科研获奖情况
	C3. 艺术实践成果	S20. 艺术实践成果（部分学科）
	C4. 艺术/设计实践项目与成果	S21. 艺术/设计实践项目（部分学科）
		S22. 艺术/设计实践获奖（部分学科）
D. 社会服务与学科声誉	D1. 社会服务	S23. 社会服务贡献
	D2. 学科声誉	S24. 国内声誉调查情况
		S25. 国际声誉调查情况（部分学科）

资料来源：《第五轮学科评估工作方案》（http://www.cdgdc.edu.cn/xwyyjsjyxx/2020xkpg/wjtz/285009.shtml）。

　　除周期性的评估活动外，由政府主导的高等教育评估更多的是专项建设评估和专项择优评估。例如，"211工程"评估、"985工程"评估、分专业教育评估、精品课程评估、一流大学建设成效评价、一流学科建设成效评价、一流专业建设点评估、一流本科课程认定评价等。在这些专项评估和评价场景下，各教育实施主体的竞争结果和竞争关系被体现得淋漓尽致。以室内设计专业教育所依托的学科或专业而言，在2021年教育部公布的 2756 所普通高等学校名单中，入围一流设计学科和一流建筑学学科的院校各有 3 所，分别占比 0.11%；入围国家级一流环境设计专业和国家级一流建筑学专业的院校分别有 45 所（院校统计名单具体详见附录 C）和 44 所，分别占比 1.63% 和 1.56%，竞争激烈的程度由此可见一斑。

从政府主导的教育评估发展趋势来看，其评估范围已从宏观的综合评估拓展到微观的课程评估，室内设计专业教育实施主体也将不可避免地要面对竞争场景的变化，甚至要面对新出现的竞争场景。

3.1.2 行业协会主办的评价场景

国家开办高等专业教育之目的，是为经济建设培养高素质的人力资源。经济建设实践集中反映在行业活动之中，高等教育的专业设置应该与国民经济行业分类相匹配，专业教育的人才培养方案和人才培养目标，应该根据行业对人才专业知识和专业能力的需求而制定。专业教育能否培养出行业需要的人才，应该成为评估教育质量和教学水平的首要指标。诚然，王英杰、刘宝存（2019 年）认为，"目前政府评估的主要内容还是教学评估，在综合评估的研究与设计中，关于学校的办学宗旨、制度建设、师生的参与、学校资源的利用效果和计划实现的情况、学生实际的学习效果等方面的内容，没有受到足够的重视。"

在国外，行业协会和行业学会对专业教育课程设置的认证和对专业教育质量的评价，不仅是一项重要的专业性评价活动，而且是对政府评价的重要补充。然而，由于我国尚未建立室内设计的行业标准和教育标准，所以行业协会或行业学会没有对专业教育进行评价的传统和体系。行业协会或行业学会对室内设计专业教育的评价，主要通过举办专业设计竞赛和在校生设计竞赛的形式进行表达。

专业教育实施主体师生在全国性竞赛和国际性竞赛的获奖情况，不仅会被政府评估机构或民间评估机构纳入其评估指标体系之中，也会被各教育实施主体纳入其内部评估之中。目前，由室内设计相关行业协会和行业学会主导的全国性专业竞赛，主要有中国美术家协会主办的"为中国而设计"全国环境艺术设计大展，中国室内装饰协会主办的中国国际室内设计双年展，以及中国建筑装饰协会主办的中国建筑工程装饰奖等。另外，还有一些由独立机构和高等学院联合举办，与室内设计专业教育相关的学年奖，如人居环境设计学年奖和亚洲设计学年奖等（表3-4）。这些学年奖每年都吸引了数百所院校和数千名在校生参赛，已成为室内设计专业及相关专业教育实施主体展示人才培养成果和专业教学能力的重要场景之一。

专业竞赛以及学年奖的评审工作，通常都由该领域的教育专家和行业专家负责实施，并参照国家相关专业的规范要求制定审评标准，获奖作品具有一定的影响力和公信力，在一定程度上能够反映在校学生的学习成果和创新能力。但由于这些竞赛多采用自愿参与原则而非选拔原则，而且没有一项竞赛能够覆盖全部相关院校，因此竞赛结果在各评估体系的权重往往会低于由政府主导的有约束性的指标权重。

我国室内设计专业教育相关学年奖一览表 表3-4

名称	创办时间	已办届数	主办机构
CIID "新人杯"	2001年	20届	中国建筑学会室内设计分会
亚洲设计学年奖	2003年	19届	亚洲设计学年奖组委会
人居环境设计学年奖	2015年	7届	清华大学 教育部高校设计学类专业教学指导委员会

资料来源：http://www.ciid.com.cn/、http://www.design1881.com/、http://www.xuenianjiang.com/。

3.1.3 民间机构主导的评价场景

民间机构评价是我国教育评估体系的一个组成部分，是对政府评估的一个重要补充。早在20世纪80年代末期，一些社会民间机构就开始对我国的大学评价进行探索。1993年，原国家教委发布《加快改革意见》，要求社会各界"要积极支持和直接参与高等学校的建设和人才培养、评估办学水平和教育质量"，肯定了民间机构实施高等教育评价的合法性。

早期的民间评估研究，主要目的是为理论探索和决策咨询提供服务，未对教育实施主体构成现实的竞争场景。随着高等教育市场化的扩大，商业性评价活动开始以大学排行榜、学科排行榜和专业排行榜的形式出现。这些排行榜在一定程度上影响着被评院校的社会声誉，同时也影响到社会公众对被评院校的观感，成为各被评院校不得不面对的又一种竞争场景。

在民间教育评估的发展过程中，武书连排行榜和网大排行榜是起步最早的第三方教育评价的典型代表。虽然这两个排行榜的影响力已经今非昔比，但其评价体系中的部分指标框架，对后来的教育评估理论研究和教育评估工作实践产生了深刻影响。

网络调研结果显示，一直活跃在我国高等教育评估领域，并持续不断发布大学排行榜的民间评估机构共有 4 家，其中 3 家是内地机构、1 家是香港机构。武书连排行榜一直用个人名义以出版物和博客形式进行发布。第三方排行榜名称及发布机构相关具体信息详见表 3-5。

中国第三方排行榜一览表　　　　　　　　　　　　　　表3-5

排行榜名称	发布机构/个人	机构属地
软科排行榜	上海软科教育信息咨询有限公司	上海
金平果排行榜	武汉金平果科教开发服务有限公司	武汉
校友会排行榜	深圳艾瑞深信息咨询有限公司	深圳
中国大学排行榜	ABC RANKING 国际咨询机构	香港
武书连排行榜	武书连	

资料来源：通过网络检索和调研结果整理绘制。

上述民间排行榜的评估内容和评价指标，每年都会根据政策导向、研究热点以及社会需求进行调整，在一定程度上反映了我国高等教育评价的发展轨迹和趋势。2021 年，软科排行榜的主要评估内容有"中国大学排名""中国最好学科排名""中国大学专业排名"；金平果排行榜的主要评估内容有"中国本科院校竞争力总排行榜""中国大学分地区竞争力排行榜""中国大学分类型竞争力排行榜""中国大学分学科门类竞争力排行榜""中国大学分专业类竞争力排行榜""中国大学本科教育分专业竞争力排行榜"[1]；校友会排行榜的主要评估内容有"中国大学排名""中国一流专业排名""中国最好专业排名""中国各地区一流专业排名""中国各专业类一流专业排名""中国民办大学排名"[2]；中国大学排行榜的主要评估内容有"中国大学排行榜""中国两岸四地大学排名""中国民办大学百强榜"。武书连排行榜的主要评估内容有"中国大学升学率排行榜""中国大学学科门类排行榜""中国大学本科毕业生质量排行榜""中国民办大学和独立学院排行榜"。民间评估内容的细化和多样化，一方面满足了大众对高等教育服务的认知需求，另一方面却使教育实施主体面临的竞争场景更加复杂。

---

① 中国科教评价网 . 权威高校排名 [DB/OL].（2021-03）[2021-05-15].http：//www.nseac.com/.
② 艾瑞深校友会网 . 校友会排名 [DB/OL].（2022-01-03）[2022-02-10].http：//www.chinaxy.com/2022index/news/news.jsp?information_id=542.

3.1　中国室内设计专业教育竞争场景探索

3.1.4 国际教育竞争力评价场景

随着国家对外交往的日益增多，中国高等教育已经从服务本国社会主义经济建设逐步走向国际教育市场。中共中央、国务院编制印发的我国教育现代化中长期战略规划——《中国教育现代化 2035》，就明确地提出了要"开创教育对外开放新格局。全面提升国际交流合作水平，推动我国同其他国家学历学位互认、标准互通、经验互鉴。扎实推进'一带一路'教育行动。加强与联合国教科文组织等国际组织和多边组织的合作。提升中外合作办学质量。优化出国留学服务。实施留学中国计划，建立并完善来华留学教育质量保障机制，全面提升来华留学质量。积极参与全球教育治理，深度参与国际教育规则、标准、评价体系的研究制定。推进与国际组织及专业机构的教育交流合作"。中国高等专业教育的国际化趋势，对各专业教育实施主体提出了参与国际竞争的要求。接受国际教育标准认证和国际学术标准检验，正在成为或将成为中国专业教育主体必须面对的重要竞争场景。

获取国际专业认证是体现专业教育国际竞争力的一种表征。中国高等专业教育主体可以根据国际认证标准有的放矢地进行专业建设和课程建设，以培养既具有本土竞争力也具有国际竞争力的高级专业人才。自 2006 年开始，我国就启动了医学专业认证试点工作。"2008 年教育部正式成立了教育部临床医学专业认证工作委员会，对全国高校开展临床医学专业认证工作。2020 年 6 月，临床医学专业认证工作委员会获得世界医学教育联合会（WFME）机构认定'无条件通过'，标志着我国医学教育标准和认证体系实现国际实质等效，医学教育认证质量得到国际认可。"2013 年我国加入《华盛顿协议》（Washington Accord），2016 年正式成为其会员。截至 2021 年 1 月，中国工程教育专业认证协会已对 2473 个工程专业进行了认证。

与室内设计专业教育密切相关的中国建筑学专业教育，也于 2008 年拉开了国际互认的大幕，与美英加澳等国的建筑教育评估认证机构共同发起并签署《堪培拉建筑教育协议》（Canberra Accord on Architectural Education），实现了中国建筑学专业教育评估认证体系与国际实质对等的互认目标，使我国建筑学专业教育在国际化道路上迈出了重要的一步。

3.2 影响中国室内专业教育竞争力评价的几个趋势

高等教育是人类社会的一个有机组成部分,其内部各要素之间的关系并非一成不变的,终究会受到现行制度的制约,也会受到社会发展的影响。社会发展需求的变化趋势和政策调整,不仅会引导办学定位和评估指标的改变,也可能加速竞争场景和竞争格局的变化。因此,从政策动向、技术创新、需求升级和国际竞争的视角出发,对未来可能影响中国室内设计专业教育竞争力发展的趋势进行分析和预判,对于构建一个既有现实性也有前瞻性的中国室内设计专业教育竞争力评价指标体系,是非常有必要的。

3.2.1 教育评价改革继续深化的趋势

中国高等教育的社会主义属性,要求其运行机制必须接受国家宏观政策的调控和管理,主动为经济建设和社会发展服务,在正确处理公平与效率的基础上实现自主办学目标。在经历40多年的制度改革和实践探索后,中国高等教育评估已初步形成体系,为保障和提高中国高等教育质量和教学水平发挥了重要的作用,确保了"211"工程、"985"工程、"双一流"建设、"双万计划""学科评估",以及"本科教学水平评估"等重点项目的顺利实施。诚然,王英杰、刘宝存(2019年)指出:"近年来,我国高等教育发展的成就很大、方向很明确,但问题、争议不断,这是一个令人困惑的现象,说明中国高等教育进入了变革和调整期"。学界主要争议的内容是对高等教育的价值导向和成果判断,而教育评价恰恰能够在最大程度上为这种价值判断指明方向,避免教育过于注重短期学术成果的大量产出,而忽视了教育的本质,偏离"以本为本"[①]的培养目标。向学生培养回归,向服务社会回归,向国际先进水平看齐,将成为未来教育评价的重要方向。从政策走向来看,教育评价将面临如下三大趋势。

[①] 习近平总书记在北京师范大学座谈中提出坚持"以本为本"、推进"四个回归",明确指出大学的本质是以学生培养为目标,教育部在落实相关指导思想上出台了一系列促进本科教学质量改革、落实本科教学质量的举措。

（1）"破五维"的教育评价改革趋势：习近平总书记一直高度重视教育评价工作，曾就如何深化教育评价改革的问题作出了一系列重要指示和批示，明确提出"要深化教育体制改革，健全立德树人落实机制，扭转不科学的教育评价导向，坚决克服唯分数、唯升学、唯文凭、唯论文、唯帽子的顽瘴痼疾，从根本上解决教育评价指挥棒问题。要深化办学体制和教育管理改革，充分激发教育事业发展生机活力。要提升教育服务经济社会发展能力，调整优化高校区域布局、学科结构、专业设置，建立健全学科专业动态调整机制，加快一流大学和一流学科建设，推进产学研协同创新，积极投身实施创新驱动发展战略，着重培养创新型、复合型、应用型人才。要扩大教育开放，同世界一流资源开展高水平合作办学"①。在 2020 年 9 月 22 日召开的教育文化卫生领域专家代表座谈会上，习近平总书记再次强调要抓好深化新时代教育评价改革总体方案出台和落实，指示要构建符合中国实际且具有世界水平的评价体系，为新时代的教育评价改革指明了方向和提供了遵循。

（2）"重标准"的教育评价改革趋势：2018 年，教育部发布了首部《本科教学质量标准》，吴岩司长在新闻发布会上引用时任教育部部长陈宝生的一句话："质量为王、标准先行"，认为制定教学质量标准是"一个特别重要、非常重要、天大的事"②，必须融入国家战略部署。可以说《本科教学质量标准》为专业教育评估划出了"底线"和"合格线"。从政府主导的教育评估发展趋势来看，其评估范围已从宏观的综合评估拓展到微观的课程评估，室内设计专业教育实施主体也不可避免地要面对竞争场景的变化，甚至要面对新出现的竞争场景。中国室内设计专业教育迄今没有进行过专业评估、专业认证和相关论证，其竞争力短板及发展走向已经到了关键时刻。在深化教育评估改革的大趋势下，室内设计专业教育势必要弥补这个短板，缩小这个差距。根据教育部"以标促建、以标促改、以标促强"的原则，各室内设计专业教育主体之间，也将围绕"兜住底线、保障合格、追求卓越"三级认证工作展开各个层面的竞争。

（3）重视学生职业发展、实践实训、第三方评价，以及教育评价国际合作的趋势：中共中央、国务院于 2020 年 10 月发布《深化新时代教育评价改革总体方案》（以下简称《总体方案》），首次将教育评价的重要性提升到"指挥棒"的高度，明确指出"教育评价事

---

① 新华社.坚持中国特色社会主义教育发展道路培养德智体美劳全面发展的社会主义建设者和接班人 [EB/OL].（2018-9-10）[2020-10-13].http：//www.moe.gov.cn/jyb_xwfb/s6052/moe_838/201809/t20180910_348145.html.

② 吴岩.《普通高等学校本科专业类教学质量国家标准》有关情况介绍 [EB/OL].（2018-01-30）[2021-01-09].http：//www.moe.gov.cn/jyb_xwfb/xw_fbh/moe_2069/xwfbh_2018n/xwfb_20180130/sfcl/201801/t20180130_325921.html.

关教育发展方向，有什么样的评价指挥棒，就有什么样的办学导向。"①《总体方案》作为我国第一个以教育评价体系改革为主题的纲领性文件，必将在未来较长一个时期内成为我国教育评估活动的指导原则和操作规范。《总体方案》为我国高等教育评价改革设计的重点任务，大致可归纳为6个方面和20项措施，有几个重点是值得关注: ①改进高校评价，突出"毕业生发展、用人单位满意度"; ②完善实习（实训）考核办法，确保学生足额、真实参加实习（实训）; ③加强专业化; ④构建政府、学校、社会等多元参与的评价体系; ⑤减轻重复评价的负担，加强教育测量、教育评价专门人才培养; ⑥积极推动教育评价国际合作。②《总体方案》所推出的一系列改革措施，必然促使现有各种教育评价活动和评价方法发生改变，尤其是评价内容、评价指标、指标权重等方面的变革。专业教育的竞争格局和专业教育的竞争场景也将因此发生变化，这也为本书的指标选取明确了价值判断标准。

3.2.2 数字信息技术快速创新的趋势

信息技术的出现，标志着信息化时代的来临。各种新技术的群体突破和快速迭代是这个时代最明显的特征，大量知识资源和信息资源从专用变为共享是这个时代最明确的趋势。电子信息技术的快速发展，不仅掀起了人类社会文明的第三次浪潮，也引发了全球教育技术的第四次革命。

（1）教育基础设施信息化趋势：受益于数字信息产业和电子信息技术的长足发展，我国教育信息化事业自党的十八大以来取得了前所未有的成果，全面实现了"宽带网络校校通""优质资源班班通""网络学习空间人人通""教育资源公共服务平台"与"教育管理公共服务平台"相融合的"三通两平台"建设目标，并在应用领域取得了"五大进展"和"三大突破"，为教育信息化从1.0时代进入2.0时代夯实了基础。如果说教育信息化1.0时代的成就是创造了物质条件，那么2.0时代的任务就是要解决"数字教育资源开发与服务能力不强，信息化学习环境建设与应用水平不高，教师信息技术应用能力基本具备但信息化教学创新能力尚显不足，信息技术与学科教学深度融合不够，高端研究和实践人才依

---

① 新华社.中共中央国务院印发.《深化新时代教育评价改革总体方案》[EB/OL].（2020-10-13）[2020-10-13]. http://www.gov.cn/zhengce/2020-10/13/content_5551032.html.

② 教育部负责人就《深化新时代教育评价改革总体方案》作出了详细解释，对方案的出台背景、基本定位和立场、针对的问题等进行了逐一解答[EB/OL]. http://www.moe.gov.cn/jyb_xwfb/xw_zt/moe_357/jyzt_2020n/2020_zt21/.

然短缺"等问题，基本实现"三全两高一大"的发展目标。教育部 2018 年发布的《教育信息化 2.0 行动计划》（简称《2.0 计划》）明确指出，到 2022 年全国教育领域要基本实现"教学应用覆盖全体教师、学习应用覆盖全体适龄学生、数字校园建设覆盖全体学校，信息化应用水平和师生信息素养普遍提高，建成'互联网 + 教育'大平台，推动从教育专用资源向教育大资源转变"的目标。

（2）**教育资源和教育治理信息化趋势**：教育部编制的《2.0 计划》共包括"资源服务普及""学习空间覆盖""扶智工程攻坚""治理能力优化""百区千校万课""数字校园建设""智慧教育创新""信息素养提升"等八项行动。在行动计划中，高等院校被要求成为优质数字化教育资源的创造者和服务商，向社会提供 7000 门国家级精品课程以及 1 万门省级精品课程，以充分发挥课例示范作用。这些行动任务，对中国高等专业教育的每一个实施主体而言，既是时代的使命，也是时代的挑战，更是体现自身竞争力的最佳机遇。

（3）**学生信息化素养评价深化趋势**：教育部《教育信息化 2.0 行动计划》提出："制定学生信息素养评价指标体系。组织开展学生信息素养评价研究，建立一套科学合理、适合我国国情、可操作性强的学生信息素养评价指标体系和评估模型。"这对于建构中国室内设计专业教育竞争力评价体系具有前瞻性的指导意义。为了迎接教育信息化 2.0 时代的到来，中国室内设计专业教育竞争力评价研究应该将教师和学生信息素养培育、信息化教学和学习能力培训，充实人工智能和软件应用教学内容，推动落实和完善信息技术课程等，纳入监测和评价的基本范畴。

（4）**学生数字技术应用能力提升的趋势**：数字信息技术在设计领域、室内设计专业也掀起了一场全新的技术革命。20 世纪 60 年代初期，作为电子信息技术一个分支的计算机辅助设计（CAD）技术，刚面世就展示出一种颠覆性的潜力和优势，冲击了传统的手绘制图技术。目前，计算机辅助设计技术已经在设计领域中得到广泛应用，成为推动设计创新的巨大引擎。在过去的半个多世纪里，计算机辅助设计技术本身也一直在不断地快速更新迭代。以室内设计及其密切相关的建筑设计为例，计算机辅助设计技术的功能已从最初单一的二维绘图功能，扩展成为集设计、建模、管理等多功能于一体的建筑信息建模（BIM）技术[1]。目前，BIM 技术已经被主流建筑设计机构广泛使用。然而，

----

①BIM 是 Building Information Modeling 的简写，意为建筑信息建模，是对跨专业工种及建筑信息进行管理的综合集成软件技术，软件应用背后需要教师、学生进行设计思维的转变并有相关应用场景的知识作为支撑。

在我国的室内设计专业教育中，许多院校由于缺乏经费和专业教师，无法提供BIM的专项技术和设计课程，部分院校甚至连最基本的正版设计软件技术课程都无法提供，学生要学习计算机辅助技术，只能通过社会机构培训或自己摸索学习，而相关的技术课程变成纯粹的"软件"课程，使学生无法理解设计与计算机技术间的关系。专业教育滞后于专业技术发展和行业应用，已成为制约我国室内设计专业教育的重要问题。如何提供相关课程，帮助学生理解当下新技术的发展规律，应用前沿技术进行设计实验和实践，需要专业教育工作者进行深刻的思考。

3.2.3 社会经济高质量发展的趋势

实行改革开放40多年来，我国社会与经济发展取得了巨大的成就，及至2020年，在胜利完成全面建成小康社会发展目标的基础上，我国开始进入高质量发展的新阶段。十三届全国人大四次会议通过的《中华人民共和国国民经济和社会发展第十四个五年规划和2035年远景目标纲要》（简称《2035目标纲要》）明确指出：2021年至2025年是我国"乘势而上开启全面建设社会主义现代化国家新征程、向第二个百年奋斗目标进军的第一个五年"。社会经济的消费升级，必然会促进对行业高层次、复合型人才的需求，行业的需求提升也将进一步要求高校完善人才培养的标准。

（1）高质量发展对高标准人才需求量增加的趋势：推动高质量发展是"十四五"时期的重要战略导向；基本实现社会主义现代化，进入创新型国家前列，国民素质和社会文明达到新高度，广泛形成绿色生产生活方式，实现建设美丽中国基本目标，增强国家竞争新优势，是展望2035年的远景目标；推进分类管理和综合改革，构建更加多元的高等教育体系，建设高质量本科教育，推动部分院校向应用型转变，建立科学专业动态调整机制和特色发展引导机制，是高等教育领域在"十四五"时期的主要任务目标。国家社会经济的高质量发展，必然需要高等教育培养大量高素质人才。

（2）产业标准提升促进人才标准提高的趋势：国家中长期发展战略目标的调整，必然会对社会各领域既有格局、体制、机制产生重大而长远的影响，这种影响既有约束性的政策因素，也有系统性的结构因素。产业的高质量发展，离不开高质量的专业人才培养和输出，原有的产业标准、人才标准、教育标准，显然不可能适应新时代高质量发展的需要。因此，按照国家新的战略安排，重新明确办学定位、重新定义人才培养标准、重新制定培养方案和课程标准，是高等教育主管部门和办学主体在"十四五"时期必须认真研究与实践的重要内容，也是我国室内设计专业教育面临的问题和挑战。

在"十四五"规划的"顺应居民消费升级趋势"和"加快推进城市更新"两项任务中，明确将鼓励定制、智能、时尚消费新模式新业态发展，落实经济、适用、绿色、美观的新时期建筑方针，改造提升老旧小区、老旧厂区、老旧街区和城中村存量片区功能，推进老旧楼宇改造等，作为内需提质扩容和城市品质提升的重要内容。这些与建筑设计和室内设计密切相关的产业升级活动，显然会对室内设计专业教育提出新的人才需求和教学标准，室内设计专业教育的竞争标的、竞争对象、竞争场景将不可避免地发生变化。

3.2.4　教育标准国际实质等同的趋势

教育现代化是我国社会主义现代化建设的一个重要组成部分，是建设教育强国和人才强国的既定方针和必然趋势。标准化是现代化的主要特征之一，是国家制度化建设的一个重要方面，是推动国家综合竞争力提升的有效支撑。党中央、国务院于2021年发布的《国家标准化发展纲要》（后简称《国标》）明确要求：到2025年基本实现社会全领域覆盖的标准体系，教育领域要"加强标准化人才队伍建设。将标准化纳入普通高等教育、职业教育和继续教育，开展专业与标准化教育融合试点。构建多层次从业人员培养培训体系，开展标准化专业人才培养培训和国家质量基础设施综合教育。建立健全标准化领域人才的职业能力评价和激励机制。造就一支熟练掌握国际规则、精通专业技术的职业化人才队伍"。

（1）进一步提升本科教学质量标准的趋势：尽管教育部在2013年就开始启动高等教育教学质量标准化建设工作，并于2018年发布我国首个教学质量国家标准——《本科教学质量标准》，使政府管理、高校办学、社会监督有了遵循和依据，然而在该标准所涵盖的全部92个本科专业大类及其587个本科专业中，真正实现国际实质等同的专业仅占少数，大部分专业的教学质量标准仍属于"兜底线、保合格"的保底标准。换言之，1.0版的《本科教学质量标准》仍有极大的细化和提升空间。在回答《中国教育报》记者关于"六卓越一拔尖"计划2.0版本与之前的版本有什么区别和升级时，高等教育司司长吴岩表示："'六卓越一拔尖'2.0版，是在《国标》的基础上，既要体现中国特殊，更要达到国际实质等效的标准。因此，《国标》的颁布就给了一个保底的标准，然后在这个基础上再往上提升。"

由此可见，提升专业教育标准水平将是我国高教领域一项任重而道远的任务，也是我国标准化建设的大趋势。

（2）分专业教育标准的国际实质等效认证趋势：我国部分专业已经走向国际实质等效，如国际工程认证、医学认证、建筑学认证等。由于我国的《本科教学质量标准》分类尚未细化到专业方向，室内设计专业教育完全被环境设计专业或建筑学专业所覆盖，环境设计专业和建筑学专业的课程体系无法完全体现室内设计专业教育的独立性和特色性，因此不可能完全代替室内设计专业教育所需要的课程体系。反观一些世界领先国家的室内设计专业教育，他们则有比较完整的专业课程认证体系和专业人才认证体系。美国就是最早建立室内设计专业教育标准和室内设计专业人才标准的国家之一。美国室内设计认证委员会（Council for Interior Design Accreditation，简称 CIDA）在过去 40 年里，已对北美国家数百所学院和大学的室内设计课程进行了评估和认证。CIDA 的专业课程认证标准和人才认证标准，将是中国室内设计专业教育参与国际竞争不可回避的重要标准之一。

3.2 影响中国室内专业教育竞争力评价的几个趋势

3.3 中国室内设计专业教育竞争力评价理论的探索性构建

高等教育评估是对高等学校办学条件和教学质量的检验，高等学校的办学条件和教学质量愈高，其显示出来的比较优势和竞争能力就愈强，因此高等教育评估的部分指标可以作为教育竞争力评估指标体系的构成部分。评估指标体系可以按照实施教育的基本流程，归纳为办学资源输入、教学管理转化、专业人才输出三个环节，并以此来确定其要素指标。专业教育评估与专业教育竞争力评估的对象同样都是专业教育的实施主体，前者着重于专业教育实施主体的教学质量水平评估，后者侧重于专业教育实施主体的办学效能评估和教学优势评估。专业教育质量水平评估的目的是监督和保障高等教育质量，专业教育竞争力评估的目的是帮助专业教育主体，主动找出不同办学环节和教学环节存在的短板和差距，然后运用对标管理的方法，有针对性地采取相应的改进措施，或补齐短板，或发挥特色，以实现教学效能和教学质量的相对提升。

目前，在由政府主导的本科教学质量评估体系中，有部分指标属于具有约束性的政策指标，是否符合这些指标的要求，直接关系到办学准入和招生限制等问题，尤其是在《本科教学质量标准》颁布之后，专业教育实施主体的达标能力便成为其最基本的竞争力。本书将基于高等教育标准化的视角，对构成中国室内设计专业教育竞争力的指标进行观察与研究，并从中选取关键性指标，构建中国室内设计专业教育竞争力评价体系。

开展中国室内设计专业教育竞争力研究的愿景，在于揭示构成室内设计专业教育竞争力的核心要素，以及可提高竞争力的策略和路径，使竞争主体能够持续保持和提升自己的竞争优势和竞争能力。

3.3.1 中国室内设计专业教育竞争力的内涵特征

概念是通过抽象思维对事物内涵和特征进行界定的知识单元。它既是理论分析的起点，也是理论构建的中心。室内设计专业教育竞争力是一个派生于竞争力理论和教育竞争力理论、用以解决中国室内设计专业教育问题、拓展日常认知语境的新概念，其内涵是室内设计专业教育实施主体在竞争场景下的相对优势或胜出能力。另外，对室内设计专业教育实施主体产生效益影响和社会影响的可比性计量结果，也可纳入专业教育竞争力评价的范畴，例如在教学工作合格评估中的达标能力，就是室内设计专业教育主体应具备的最基本的竞争力。

目前，室内设计专业教育竞争力虽然还没有纳入官方评价范围，但是在面对其他各种评估场景时，室内设计专业教育主体之间所反映出来的比较关系，就是一种不言自喻的竞争关系和客观现象。不管评估的初衷和目的如何，参评机构围绕合格评估和评优评估而进行的所有努力，都不可避免地带有竞争的性质和胜出的愿景，而且任何评估的结果都只有一个，那就是教育资源的重新分配和社会声誉的重新排序。对室内设计专业教育主体而言，这些评估都是关乎办学资源、人力资源、生源质量和社会声誉的竞争活动。

根据《社会科学大词典》中教育评价是"对教育活动一切方面的评价"的定义，以及《教育评价辞典》关于教育评估是"对教育现象的平量和估价"的定义，中国室内设计专业教育竞争力评价研究，应该属于教育评价和教育评估的研究范畴，但其研究对象和评价理论却不同于教育质量评估和教育水平评估。室内设计专业教育竞争力评价的原则和方法主要源自竞争力理论，是基于结果的评价，而不是基于过程的评价。室内设计专业教育的竞争能力和竞争优势，主要体现在室内设计专业教育主体之间的竞争结果上，竞争的结果包括教育质量评估结果、教育水平评估结果、本科教学工作合格评估结果、办学基本条件达标评估结果、学科评估结果、排行榜排名结果、对办学资源和人力资源的竞争结果，以及专业知识和专业人才的输出结果等。换言之，室内设计专业教育竞争力评价如同运动会获奖排名一样，主要是看参赛队伍的最终比分，而不是看参赛队伍的基本素质。在多数竞赛项目中能够胜出的参赛队伍，才是最有竞争力的参赛队伍。

从不同的竞争视角或竞争场景进行考察，室内设计专业教育竞争力可以有不同的概念描述。比如说，从主体竞争的角度考察，可以有室内设计专业教育院系竞争力；从区域竞争的角度考察，可以有室内设计专业教育区域竞争力；从学科竞争的角度考察，可以有室内设计专业教育学科竞争力；从资源禀赋或文化禀赋的角度考察，还可以有室内设计专业教育核心竞争力等。而就竞争力的本质而言，室内设计专业教育竞争力的内涵，就是室内

3.3 中国室内设计专业教育竞争力评价理论的探索性构建

设计专业教育实施主体的竞争能力。这种能力主要体现在三个方面，一是对人财物等教育资源的获得能力和整合能力，二是专业课程体系的建设能力和创新能力，三是专业人才和专业知识的培优能力和输出能力。诚然，随着我国高等教育评价体制改革进一步深化，在质量评估和水平评估结果将"作为学校增设专业、确定招生计划、进行资源分配等有关工作的重要依据"的制度安排下，达标能力和认证能力未来也会成为室内设计专业教育实施主体所必须具备的基本竞争力。

由于时空分布和学科分属的不同，我国室内设计专业教育作为高等专业教育的一个分支，其竞争力不仅带有与其他主体竞争力的共同特征，同时也具有自身的显著特征：

（1）**资源禀赋特征**。资源是构成竞争力的一项重要因素。教育资源的差异在一定程度上决定了教育竞争力的差异。室内设计专业教育主体拥有和获得什么样的教育资源，与其所在区域有着相当密切的关系。不同区域拥有的教育资源不同，获得教育资源的途径也不同。一般来说，区域经济发展水平越高，或者区域内相关产业发展水平越高，该区域的教育资源就越丰富。目前，我国室内设计专业教育资源主要集中在中心城市，并且已经形成相关产业集群的地区。这些区域的高校在人力资源、物力资源、财力资源、学科资源、信息资源等方面，都比其他区域的院校占有更大的地缘优势。地缘优势属于禀赋性优势，禀赋性优势具有不可复制的特性，往往是构成核心竞争力的核心要素之一。教育资源禀赋的区域性差异，不仅是一个客观的存在，也是一个突出的矛盾，它如实反映了我国现阶段室内设计专业教育发展的不平衡性问题。

（2）**先行优势特征**。先行是获得相对优势的一个重要因素。室内设计专业教育竞争力的形成，离不开资源整合、人才汇聚、经验积累、理论探索、知识集成、实践创新。专业先行者可以占据资源先取的有利地位，也有更多的机会进行试错和修正，探索正反馈回路并形成学习效应，进而先于其他竞争者完善和完成自己的竞争力体系建设，在竞争中获得相对优势。我国室内设计专业教育是一门比较年轻的学科，真正形成规模的时间不到四十年，相关资源、经验、理论的积淀不如其他传统学科丰厚，尤其是教师资源非常有限，先行者凭借其地缘优势和资金优势，对优秀教师人才形成巨大的吸引力，获得机会优势的特征显得更为突出。如清华大学美术学院、中国美术学院、同济大学、南京林业大学等"985工程"院校和"双一流"院校的室内设计专业，均起步较早，在室内设计专业教育竞争力方面明显比其他院校更有优势。

（3）**学科交叉特征**。室内设计的内容不仅涉及建筑和艺术两个学科，而且还涉及美学、人类学、社会学、心理学、管理学等学科知识，在设计实务中还涉及消防、防灾、环保、材料、照明、音效、机电、水暖、税务、工商、民法等专业知识和法规知识。这些知识和知识体系都具有明显的学科交叉特征。如何根据行业对人才的专业知识和专业技能需求，合理组织专业课程教学，是室内设计专业教育实施主体提升竞争力必须优先考虑的问题。多学科教学的融合程度，多学科知识的整合程度，决定着室内设计教育竞争力的强弱，这在国内外的室内设计教育界均已形成共识。因此，综合类院校、理工类院校、艺术类院校、农林类院校、民族类院校、医学类院校，也可以根据自身的学科特点和优势，建设具有学科特色的室内设计专业教学和专业课程体系。同时，也可以采取文理兼收的方式和培育双师型人才，以提升生源质量和教师队伍水平，提高教学转换和教育输出的效率和质量。

（4）**动态转换特征**。虽然资源禀赋和先行优势是构成竞争力的重要因素，但这些要素并非恒定不变的。室内设计专业教育的办学资源会随着区域经济发展和产业发展的变化而变化，资源的利用效率也会随着办学体制和管理体制的变化而变化。同样的办学资源，在不同的整合方式下会形成不同的竞争力，形成竞争力强弱之间的动态转换。先行者虽然占有机会优势，但后发者却可以通过对先行者获得相对优势的路径进行观察和分析，借鉴成功经验，吸取失败教训，在制度安排上趋利避害择优而行，尽量降低机会成本和试错成本，最终实现"弯道超车"。例如，苏州大学金螳螂建筑与城市环境学院、顺德职业技术学院设计学院，就是得益于所在地的产业优势而后来居上的典型代表。另外，办学制度、学科设置、评价体系等方面的改革，以及教师队伍中的人员流动，都会导致课程结构和教学内容的调整，改变设计知识和技术信息的流向和速度。这些因素的动态性转换，直接对室内设计专业教育的输出效果和输出能力构成一定的影响。

3.3.2　中国室内设计专业教育竞争力的构成要素

室内设计专业教育是我国高等学校教育系统的一个组成部分，相对于高等教育这个大系统而言，室内设计专业教育是子系统。从系统论的角度来看，室内设计专业教育也可以被视为一个独立的系统，拥有自己的特殊结构和组成要素。

1978 年以来，我国高等教育的办学体制、管理体制、投资体制都经历了翻天覆地的变革，尽管这一系列的改革没有把高校办学彻底推向市场，但在国家调整财政公共拨款结构、实行高等专业教育成本分担补偿制度、引导社会力量投资创办高等教育，以及学生选择学校和专业的权利逐步扩大等多种因素的作用下，高等专业教育机构的类企业属性日益凸显，经济学、教育经济学以及管理学的基本规律和基本逻辑，也在高等教育机构的竞争过程中逐步反映出来并发挥作用。

我国室内设计专业教育能有今天的成就，首先是与办学资源的持续投入和不断增加分不开的，其次是与城镇住宅建设和室内装修行业的高速发展分不开的。需求与投入，是推动室内设计专业教育发展的两股主要动力。一般来说，投入规模决定着产出规模，产出质量取决于投入质量，而投入和产出都会受到需求的刺激和制约。需求越大对产出的要求越大，对投资的吸引力也越大；需求越小对产出的要求越小，对投资的吸引力也越小。假如行业对专门人才需求的规模太小，或者专业设置不能与行业要求相衔接，那么专业教育的产出就会变得没有价值，甚至会导致结构性失业。宋立民等（2019 年）指出在 1975 年以前，中央工艺美术学院是全国唯一开办室内设计专业教育的高等院校，每年招生总数不到 20 人，但是该专业的毕业生却"竟然难以对口分配"，究其根本原因，就是当年设置这个专业的时候，中国室内设计行业还没有形成，还没有出现对室内设计专门人才的规模性行业需求。

室内设计专业教育机构虽然不是完整意义上的经济体，但它的投入产出流程与企业的投入产出流程是基本相同的，大致可分为输入和输出两个过程。在科学表征上，两者具有十分相似的同构关系。在现实社会中，投入与产出之间，或者输入与输出之间，并不是一个简单的线性关系。有时候，即使投入再大或者输入再大，若是效率不高，那么产出的结果或者输出的结果也不一定大；有时候，投入或输入虽小，但效率较高，那么产出的结果或输出的结果也不一定差。因此，在投入与产出之间，或者在输入与输出之间，应该还存在一个变量，那就是转换效率。假设输入和输出是室内设计专业教育流程的两端，那么转换环节就是连接这两端必不可少的重要环节。这样一来，就可以把室内设计专业教育的全流程归纳为"输入—转换—输出"三个环节，还可以将室内设计专业教育实施主体在这三个环节所分别表现出来的竞争能力表征，抽象为构成该主体竞争力的三个要素，即"输入要素""转换要素"和"输出要素"。

根据扎根理论提供的程序和方法，同样可以从现有公开的资料中重构室内设计专业教育竞争力的组成要素。例如，通过对国家教育管理部门发布的《合格评估指标》和《基本办学条件指标》，教育部学位与研究生教育发展中心发布的《全国学科评估指标体系》，中国科教网发布的《中国本科院校竞争力评价指标体系》和《中国大学本科专业评价指标体系》，上海软科教育信息咨询有限公司（简称软科）发布的《软科中国大学专业排名评价体系》和《中国最好学科排名指标体系》等资料公开的一级指标进行汇总分析，可以将这些指标分别归类到输入、转换、输出三个环节。具体分析结果详见表3-6~ 表3-12。

《普通高等学校本科教学工作合格评估指标体系》一级指标[①]　　表3-6

指标名称	作用阶段	分属类型
办学思路与领导作用	教学准备阶段	输入要素、转换要素
教师队伍	教学准备与实施阶段	输入要素、转换要素
教学条件与利用	教学准备阶段	输入要素
专业与课程建设	教学准备与实施阶段	转换要素
质量管理	教学实施阶段	转换要素
学风建设与学生指导	教学实施阶段	转换要素
教学质量	成果输出阶段	输出要素

《普通高等学校基本办学条件指标》部分指标[②]　　表3-7

指标名称	作用阶段	分属类型
生师比	教学准备与实施阶段	输入要素、转换要素
研究生学位教师占比	教学准备与实施阶段	输入要素、转换要素
生均教学行政用房面积	教学准备阶段	输入要素
生均教学科研仪器设备值	教学准备阶段	输入要素
生均图书（册 / 生）	教学准备阶段	输入要素

《全国学科评估指标体系》一级指标[③]　　表3-8

指标名称	作用阶段	分属类型
师资队伍与资源	教学准备与实施阶段	输入要素、转换要素
人才培养质量	成果输出阶段	输出要素
科学研究水平	成果输出阶段	输出要素
社会服务贡献与学科声誉	成果输出阶段	输出要素

① 根据教育部 2012 年 1 月 10 日发布的普通高等学校本科教学工作合格评估指标体系整理绘制。
② 根据教育部 2004 年印发的《普通高等学校基本办学条件指标（试行）》整理绘制。
③ 根据全国 1~4 轮学科评估指标体系整理绘制（http://www.cdgdc.edu.cn/）。

3.3　中国室内设计专业教育竞争力评价理论的探索性构建

《中国本科院校竞争力评价指标体系》一级指标[①]　　　表3-9

指标名称	作用阶段	分属类型
政治标准	教学准备与实施阶段	输入要素、转换要素
业务标准	教学实施与成果阶段	转换要素、输出要素
效益标准	成果输出阶段	输出要素

《中国大学本科专业评价指标体系》一级指标[②]　　　表3-10

指标名称	作用阶段	分属类型
师资队伍	教学准备与实施阶段	输入要素、转换要素
教学水平	教学准备、实施、输出阶段	输入要素、转换要素、输出要素
科研水平	教学准备与输出阶段	输入要素、输出要素
学科声誉	成果输出阶段	输出要素

《软科中国大学专业排名评价体系》一级指标[③]　　　表3-11

指标名称	作用阶段	分属类型
学校条件	教学准备与实施阶段	输入要素、转换要素
学科支撑	成果输出阶段	输出要素
专业生源	教学准备阶段	输入要素
专业条件	教学准备与输出阶段	转换要素、输出要素
专业就业	成果输出阶段	输出要素

《中国最好学科排名指标体系》一级指标分类[④]　　　表3-12

指标名称	作用阶段	分属类型
人才培养	成果输出阶段	输出要素
科研项目	成果输出阶段	输出要素
成果获奖	成果输出阶段	输出要素
学术论文	成果输出阶段	输出要素
高端人才	教学准备与实施阶段	输入要素、转换要素

①　根据中国科教评价网相关指标体系整理绘制（http：//www.nseac.com/html/216/684737.html）。
②　根据中国科教评价网相关指标体系整理绘制（http：//www.nseac.com/html/216/681871.html）。
③　根据软科网相关指标体系整理绘制（https：//www.shanghairanking.cn/methodology/bcmr/2021?event=YmNtci9 1X21ldGhvZA）。
④　根据软科网相关指标体系整理绘制（https：//www.shanghairanking.cn/rankings/bcsr/2021）。

3　中国室内设计专业教育竞争力评价理论模型探索

3.3.3 中国室内设计专业教育竞争力评价理论模型构建

基于投入产出的底层逻辑以及层次分析法的基本原则，本书拟将中国室内设计专业教育的竞争力构成，分解为输入、转换、输出三个环节要素，并以此为框架进一步搭建中国室内设计专业教育竞争力评价三级指标体系。从表3-6~表3-12可以发现，不同评价体系对输入、转换、输出的评价指标占比是不同的，表3-6~表3-8的国家政策性评估较重视输入和转换指标，第三方评价表3-9~表3-12则较重视输出指标。本章节的理论模型构建主要建立初步框架和整体评价标准，理论模型框架的权重将在第4章调研后确定。

这个由流程环节要素所构成的中国室内设计专业教育竞争力评价模型，又可称为"ICO动态三角评价模型"，或简称"ICO模型"，其中I（Input）表示输入环节要素，C（Conversion）表示转换环节要素，O（Output）表示输出环节要素。ICO三个要素的权重均有可能因为政策调整、法规修订、文化潮流、技术趋势等外因的影响而发生改变，竞争主体自身的内因也可能促使各要素的改变。

假设"ICO"三角形底边由输入要素与转换要素的轴长顶点连线构成，三角形的两个腰分别由输入要素与输出要素轴长顶点的连线，以及转换要素与输出要素轴长顶点的连线构成。三角形的底边代表构成竞争力的基础，三角形的两腰代表投入对产出的效率和转换对产出的效率。三角形的面积代表综合竞争力的大小。三个要素的轴长数值越大，构成三角形边长的数值越大，构成三角形的面积也越大，表示主体的竞争能力越全面，综合竞争力水平越高，反之则表示主体的竞争力水平越低（图3-2）。三角形两腰的数值越大，构成的三角形越高，表示主体的竞争效率水平越高。任意一轴长明显优于其他两轴，表示主体单项竞争力水平较为突出（图3-3）。

运用ICO模型进行实证研究或现实评价时，可以将某竞争主体经过归一化处理并赋予权重的竞争力要素指标数据，直接导入Excel办公软件计算出其各项竞争力的基本状态。也可以先把全部评价对象的要素数值进行加权平均处理，然后以平均数值构建一个作为对照标准的室内设计专业教育竞争力样本。大于标准样本数值的，表示竞争力水平较高；小于标准样本数值的，表示竞争力水平较低。

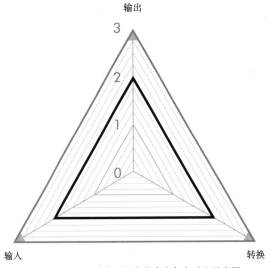

图 3-2　室内设计专业教育综合竞争力对比示意图

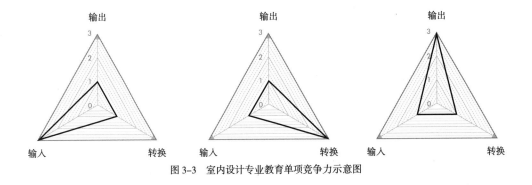

图 3-3　室内设计专业教育单项竞争力示意图

　　评价结果可以按高于或低于平均水平或标准样本进行分类，也可以按照实际得分数值的大小进行排名。假设有 50 个室内设计专业教育机构参加竞争力水平评估，ICO 的平均分值分别为 2.18、3.38、2.78，A 院校和 B 院校的 ICO 分值分别为 3.53/1.13、4.23/2.52、3.79/1.95，将这些数值导入软件分析，即可获得如图 3-4 所示结果。蓝色三角形为竞争主体的标准样本（平均值样本），红色三角形为 A 院校的竞争力水平状况，绿色三角形为 B 院校的竞争力水平状况。通过这三个三角形的比对，可以清晰地看到 A 院校的综合竞争力水平高于竞争力平均水平，其输出竞争力和输入竞争力比转换竞争力突出。B 院校的综合竞争力水平明显低于平均水平，ICO 各项指标数值也明显低于平均水平。

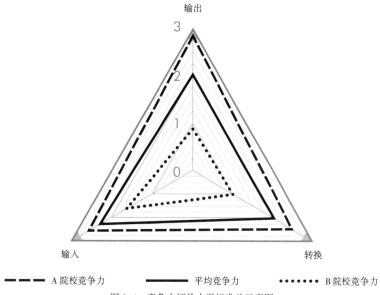

输出

3

2

1

0

输入　　　　　　　　　　　　转换

- - - - A 院校竞争力　　　——— 平均竞争力　　　·········· B 院校竞争力

图 3-4　竞争力评价水平标准差示意图

3.3　中国室内设计专业教育竞争力评价理论的探索性构建

3.4 本章小结

（1）通过对不同竞争场景的观测，找到具有决定性影响力的评价因素及其评价逻辑。

准确分析竞争力构成的关键性要素和指标，把握竞争场景变化的规律和趋势，是探索与构建中国室内设计专业教育竞争力评价理论和评价体系的重要前提，也是探索中国室内设计专业教育竞争力评价的现实依据。对人力资源、财力资源、物力资源的竞争，是所有教育主体之间最为重要、最为常见的竞争。各种教育评估活动是教育实施主体首先要面对的竞争场景。中国室内设计专业教育的实施主体在教育实践中，至少面临着四种评价的竞争场景，即政府部门主导的评估场景、行业协会主办的评价场景、民间机构主导的评价场景，此外还有国际教育竞争力的评价场景。教育评价就是对教育竞争力的检验手段和方式，学科专业在这些评价场景中胜出的能力即是专业教育竞争力，直接影响到教育资源的配置、教育投入和高校的社会声誉。

由政府主导的评估项目和评估活动，其评估范围已从宏观的综合评估拓展到微观的课程评估，大多具有激励性和约束性，评估作为教育"指挥棒"，其结果往往与财政拨款、招生计划、资源配置、专项扶持直接挂钩，关系到教育实施主体的生存与发展。行业协会或行业学会对室内设计专业教育的评价，主要通过举办专业设计竞赛和在校生设计竞赛的形式进行表达。民间机构评价则主要以大学排行榜、学科排行榜和专业排行榜的形式出现，在一定程度上影响着院校的社会声誉。中国高等专业教育的国际化趋势，要求各专业教育实施主体积极参与国际教育竞争，接受国际教育标准认证和国际学术标准检验，正在成为中国专业教育主体必须面对的国际竞争场景，须根据国际认证标准进行专业建设和课程建设。

竞争力评价与教育评价在方法论上有着明显的区别。竞争力评价是以竞争结果为导向，以显性定量指标为基础。教育评价的指标不能直接等同于竞争力评价指标，而教育评价的结果则是竞争力评价需要考虑的因素。政府主导的高等教育学科评估、一流专业建设点等教育评价场景，对公立院校具有重要意义，是实现专业教育竞争力的前提，为考察专业教育竞争力提供了一个独特视角和分析指标。

（2）通过对趋势的预判，找到左右竞争力发展的影响因素。

社会发展的大趋势不仅会导致办学定位和评估体系的改变，也可能加速竞争场景和竞争格局的变化。因此，从政策动向、技术创新、需求升级和国际竞争的视角，分析和预判未来可能影响中国室内设计专业教育竞争力发展的因素，对于构建中国室内设计专业教育竞争力评价指标体系是非常有益的。影响中国室内设计专业竞争力评价的有四大趋势：教育评估改革不断深化的趋势、数字信息技术快速创新的趋势、社会经济高质量发展的趋势、教育标准国际实质等同的趋势。了解这四大趋势的发展轨迹，有助于中国室内设计专业教育更好地服务于社会发展并推进教育改革深化；顺应这些发展趋势，中国室内设计专业教育就更具有可持续的竞争力。

（3）基于专业教育的基本流程和规律，探索构建具有前瞻性的中国室内设计专业教育竞争力评价理论框架。

本章从高等教育标准化的视角，对中国室内设计专业教育竞争力的评价理论进行观察与研究，探索构建中国室内设计专业教育竞争力评价理论模型。评价指标体系可以按照实施教育的基本流程，归纳为办学资源输入、教学管理转化、专业知识和人才输出三个环节来确定其要素指标。探索构建中国室内设计专业教育竞争力评价理论模型，目的是更加清晰地描述和展示中国室内设计专业教育竞争力各构成要素之间的作用关系，为中国室内设计专业教育竞争力评价的实践提供理论依据和技术路径。

3.4 本章小结

4

中国室内设计专业
教育竞争力评价
指标体系构建

本书的研究属于第三方评价研究范畴，与政府主导的教学审核评估和院校主导的内部教学质量评估有着本质上的区别。第三方评价无论在评价目的和评价标准上都应该有自己鲜明的态度和倾向。当然，在强调第三方评价应该具有特色的同时，也不能忽视第三方评价与政府评估和院校评估的逻辑关系。一些具有政策约束性的办学基本条件指标，以及已有标准规范的指标，不应该被排除在第三方评价的指标体系之外，因为这些指标是决定高等教育实施主体是否能够合法办学和招生的基本前提。换言之，不符合要求的院校根本不可能进行办学和招生。

另外，教育竞争力评价与一般教育评价在内涵上也有着根本的区别。竞争力虽然具有动态变化的特征，但竞争力评价是着眼于当下竞争结果和竞争优势的评价。为保证中国室内设计专业教育竞争力评价指标体系的逻辑性和严谨性，本章拟对涉及室内设计专业教育竞争力构成的诸多因素展开调研，通过信息收集分析和征询专家意见后，再确定最终的指标体系。

4.1　中国室内设计专业教育竞争力的构成

　　竞争是一个普遍存在而又相当复杂的社会现象，其复杂性在于竞争主体的竞争力水平和竞争力状态，不仅会受到竞争主体内部因素的制约，也会受到竞争环境外部因素的影响，面对同样的竞争标的、竞争对象、竞争场景，不同竞争主体所表现出来的竞争力不同；同一竞争主体在面对不同竞争标的、竞争对象、竞争场景时，所表现出来的竞争力也会有所不同。犹如在体育竞技中，即使一支具有明显竞争优势的球队，也未必能够在每一场比赛中胜出，最终在决赛中胜出的冠军球队，不一定是最被看好的球队，而很有可能是在某个单项能力上非常突出的球队。当然，综合实力较强的球队，其比赛成绩往往会明显优于综合实力较弱的球队。因此，进行竞争力评价时，可以设定一个基本的监测标准，但基于这个基本监测标准而作出的判断，通常只能代表竞争主体当下竞争力的相对优势，竞争力的最终评价还是要以竞争结束时的结果为最高准则。概括而言，关于竞争力的研究主要有两个热点，一是对竞争力水平的评价，二是对竞争力来源的探索。从本质上来说，竞争力溯源和竞争力评价属于竞争力问题研究的一体两面。竞争力溯源是竞争力评价的基础，竞争力评价是竞争力溯源的目的。准确把握室内设计专业教育竞争力的来源和构成，科学构建竞争力的评价指标体系，才能为竞争力建设实践提供可对标的理论性指导。

4.1.1　中国室内设计专业教育竞争力的来源与构成

　　本书对中国室内设计专业教育竞争力概念的定义是，室内设计专业教育实施主体在竞争场景下所表现出来的相对优势和胜出能力，也就是在办学和教学全过程中，室内设计专业高等教育实施主体所具备的、能够比其他室内设计专业高等教育实施主体更有效率地获得和整合办学资源和教育资源，向社会提供室内设计专业人才和室内设计专业知识，并且能够保持自身持续发展的相对优势和相对能力。室内设计专业教育竞争力是决定室内设计专业教育实施主体生存和发展的长期因素。那么，中国室内设计专业教育竞争力究竟从何而来呢？

　　中国室内设计专业教育是中国高等教育的一个组成部分，室内设计专业教育竞争力是高等专业教育竞争力在室内设计专业方向上的具体表现，其竞争力来源与教育竞争力来源有着密切的关系。早在1985年，《教育体制改革决定》就作出了"发展教育事业不增加投资是不行的"的基本论断，明确要求"在今后一定时期内，中央和地方政府的教育拨款的增长要高于财政经常性收入的增长，并使之按在校学生人数平均的教育费用逐步增长"。中共中央、国务院1993年印发的《中国教育改革和发展纲要》更是把增加教育投资提高到落实国家教育战略的高度，并作出了通过立法来保证教育经费来源稳定增长的制度安排。此后，我国高等教育的投入规模和普通高校的招生规模一直保持着较快的增长。从1999年开始，随着《面向21世纪教育振兴行动计划》（简称《21世纪振兴计划》）的贯彻执行，我国高等教育规模更是开启了快速扩张的模式。基于教育部官网公开的《全国教育经费执行情况统计公告》数据和《全国教育事业发展统计公报》数据，截至2020年12月底，全国教育经费总投入超过5.3万亿元，国家财政性教育经费支出超过4.29万亿元，全国普通高等学校生均教育事业费支出比2000年增加2.86倍，招生人数增长了2.57倍。1997—2020年招生人数与生均经费支出变化对比详见图4-1。高等教育投入持续不断的增长，不仅保障了高等教育规模从稳步发展到急剧扩张的转变，使我国高等教育"实现了跨越式发展和历史性突破，从精英高等教育阶段过渡到大众化高等教育阶段"，而且为"211工程""985工程""双一流"等重点建设奠定了良好基础，有效提高了我国高等

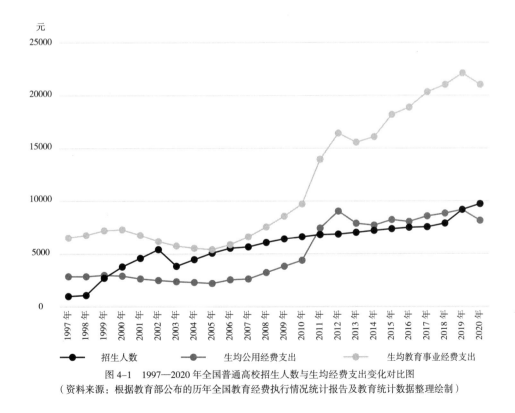

图4-1　1997—2020年全国普通高校招生人数与生均经费支出变化对比图
（资料来源：根据教育部公布的历年全国教育经费执行情况统计报告及教育统计数据整理绘制）

4.1　中国室内设计专业教育竞争力的构成

教育的竞争力水平，为我国高等教育参与国际竞争，争取国际专业教育实质等效互认，提供了条件和底气。中国室内设计专业教育也随着教育规模的扩大和市场经济的发展，由当初的小众专业发展成为开设院校最多和招生人数最多的热门专业之一。

《教育体制改革决定》对教育资源投入重要性的基本论断，与传统生产要素学说和现代竞争优势学说在理论上具有高度重合性。传统生产要素理论认为，生产资源是社会创造价值时不可或缺的关键性要素。威廉·配第（1662 年）指出"土地是财富之母，而劳动则为财富之父和动能要素"，亚当·斯密（1776 年）将配第创立的"二元论"发展为"三元论"（即劳动、资本和土地），马歇尔（1890 年）后来又将"三元论"拓展为"四元论"（即土地、劳动、资本和组织）。随着时代的变迁，生产要素学说继续朝着多元化的方向发展，但是关键性资源在要素理论创新过程中的价值和地位始终得到肯定。被誉为竞争力理论之父的迈克尔·波特（1990 年）在其竞争优势理论中，将天然资源和教育资源等关键性要素视为国家竞争力的主要来源，而且还在其著名的"钻石模型"中，将生产要素作为构成竞争力的重要关联因素之一。我国学者赵彦云（2008 年）在对普通高等学校的竞争力进行研究时也提出，"借助要素分析方法，从投入—产出角度，可以将高等学校教育竞争力这一复杂的动态问题归并为三个主要的竞争力内容，即高等学校人力资本的竞争力、高等学校基础环境的竞争力和高等学校产出的竞争力"，同时他还认为："高等学校的教育资源竞争力与高等学校产出竞争力之间存在显著的正相关关系。"

从资源观的角度来看，高等专业教育若要产生社会价值，显然离不开人力、财力、物力等资源的投入，没有高质量的教育资源投入，就不会有高质量的教育成果产出。由此可见，教育资源对于高等专业教育来说是一个非常重要的竞争力来源和竞争力要素。持资源禀赋观点的竞争力学者甚至认为，有些基础资源和核心资源带有非常明显的禀赋性特征。换句话说，竞争主体在某个时空节点上所拥有的资源优势，或者对资源所拥有的吸引力，都会明显优于其他竞争主体。这些禀赋性资源是构成高等专业教育核心竞争力的关键性要素。例如，一些具有先入优势的专业教育实施主体，可以凭借着自己先行建立和积累起来的教师队伍、教学经验、学术成果、学术声誉，在社会教育资源分配上，天然会比其他竞争主体拥有更大吸引力，拥有更多的机会获得更多的教育投入，形成相对的竞争力优势，进入可持续发展的良性循环。禀赋性资源还可以体现在地理区位上。处于经济发展中心区域，或者处于相关产业聚集区域的专业教育机构，也会比其他区域的专业教育机构更容易获得财政拨款、行业资助、社会捐赠，对优质师资和优质生源也更有吸引力。

然而，也有不少研究高等专业教育竞争力的学者认为，人财物资源并不是构成专业教育竞争力唯一的要素来源。他们的理论观点概括起来主要有性格观和综合观。例如，刘继青、邓薇（2003年）认为，大学的核心竞争力来源于大学的文化性格，它"不是物质实体，而是功能属性"。孟方圆（2021年）也认为，"大学竞争的根本并不在于资源或能力本身，而在于大学独特的文化品味，即大学的一种文化性格"。刘尧（2008年）指出，"大学核心竞争力是一个复杂和多元系统，包括多个层面，其形成既不是个别因素之间的简单组合，也不是影响大学竞争力的所有要素的集合"。中央教科所国际比较教育研究中心（2010年）在其建立的教育竞争力评价火箭模型（图4-2）中，虽然把教育资源投入视为启动火箭的关键要素，认为"有了教育投入，教育系统的火箭才会发射升空"，但该中心也强调"教育投入是火箭的启动级，对火箭的升空有影响，但不直接决定火箭飞行的高度和距离""教育投入只作为教育竞争力的影响因素，而不参与教育竞争力的直接构成运算"。由此可见，高等专业教育竞争力的来源和构成是多方面和多层次的，任何单一因素都不可能决定室内设计专业教育实施主体的最终竞争结果。

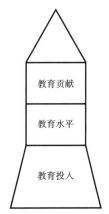

图4-2　教育竞争力评价火箭模型

（资料来源：中央教科所国际比较教育研究中心. 中国教育竞争力：
评价模型构建与国际比较 [J]. 教育发展研究，2010（7））

4.1.2　中国室内设计专业教育竞争力的表现与特征

竞争力总是与竞争活动联系在一起的，并在具体的竞争活动中表现出来。各竞争主体在竞争过程中所表现出来的竞争力水平通常有所不同，竞争力的水平差异会直接影响到竞争的效率和结果。室内设计专业教育作为普通高等专业教育的一个组成部分，其运行和发展的总体规律，以及所要面对的竞争场景是基本一致的。在现行的高等教育办学制度和高等教育评估制度下，办学基本条件评估活动、本科教学质量评估活动、本科教学水平评估活动，以及"双万计划"评优活动，是我国每一个专业教育实施主体都不可回避的竞争场景。基本办学条件指标能否符合国家相关要求，决定着专业教育实施主体的生死存亡；专业教育实施主体能否在教学质量评估活动、教学水平评估活动、"双万计划"评优活动中胜出，决定着专业教育实施主体的层次等级，进而对其在财政拨款、社会捐赠、社会声誉、生源质量和人才招聘等方面产生影响。除政府主导的评估活动外，专业教育实施主体还需要面对民间机构评估，以及相关行业协会认证和国际教育实质等效认证等竞争场景。虽然民间评估和专业认证的结果不会对专业教育实施主体的存亡产生直接影响，但专业教育实施主体在民间评估和专业认证场景下的竞争力表现，对其社会声誉和未来发展的影响则是不可忽视的。专业教育竞争力的表现通常具有以下特征。

1. 结果导向特征

竞争在本质上是一种以结果为导向的零和博弈活动。为了赢得竞争，每个竞争主体一定会千方百计地努力展示自己的竞争能力和发挥自己的竞争优势，但在面对同一竞争标的时，或者在同一竞争场景下，必定会出现一个零和性的最终结果。竞争主体要么处于优势，要么处于劣势；要么达标，要么不达标；要么在竞争中胜出，要么在竞争中被淘汰。因此，所有竞争力建设和竞争力表现，都是以结果为导向的。

2. 标准差异特征

教育领域的竞争与经济领域的竞争都有一个非常重要的共同点，它们不是一种完全无序的竞争，而是在一定标准或规范范围内的竞争。目前，国内外的高等专业教育竞争活动，大多是围绕课程认证和专业认证展开的，或者是围绕教学评估来展开的。有认证就有认证标准，有评估就有评估体系。专业教育实施主体的竞争力水平，往往就体现在符合标准的程度和认证达标的程度上，或者体现在综合评估和分类评估的级差上。具体表现为或高于标准要求或低于标准要求，或高于平均水平或低于平均水平。

3. 动态转换特征

任何事物都是发展变化的。竞争优势也不是恒定不变的。专业教育实施主体在某个竞争活动或者某项评估活动中表现出来的相对优势，也许在另外一个竞争活动，或者另一项评估活动中，就不再保有原来的相对优势了。专业教育竞争力的动态转换特征不仅会表现在时间节点上，同时也会表现在空间场景上。内部条件的改变或者外部因素的影响，都有可能导致专业教育主体竞争力发生此消彼长的强弱转换。

4.1.3 中国室内设计专业教育竞争力的监测逻辑

通过概念辨析和理论探索，本书已经对室内设计专业教育竞争力内涵和来源有了最基本的认知，但采用什么样的方法才能够客观而准确地把各室内设计专业教育实施主体的竞争力强弱水平表述出来，也是一项十分有意义而又充满挑战性的研究工作。

目前，专业教育竞争力评价研究主要有两个方向，一是综合竞争力评价，二是核心竞争力评价。在一些关于大学核心竞争力评价的研究中，评价者往往会把一些不可量化或者难以对比的因素，例如办学理念、办学特色、大学文化、大学性格等，作为判断竞争力强弱的决定性指标，认为它们就是不可替代的大学核心竞争力。而在另一些关于大学综合竞争力评价的研究中，评价者虽然没有把某项因素作为决定竞争力强弱的关键性指标，但是经常会把一些具有法律地位的强制性行政要求或者标准规范排除在其建立的评价指标体系之外。这两种带有明显倾向性的评估体系，在判断逻辑上是值得商榷的。按照现有的政策和法规要求，没有教育资源的基本投入，或者基本办学条件指标不合格，大学根本就办不起来，什么办学理念、大学性格、大学文化、大学特色、大学竞争力也就根本无从谈起。由此可见，对竞争力构成指标进行监测和选取的方法正确与否，逻辑是否严谨，是决定竞争力评价指标体系合理性和可靠性的基本前提。为了避免在构建中国室内设计专业教育竞争力评价体系过程中出现逻辑性错误，本书将按照以下三项原则进行室内设计专业教育竞争力的要素判断和指标选取。

（1）同场景原则：室内设计专业教育实施主体之间的竞争，其实就是在争取教育资源、人才资源、优质生源、社会赞助、学术声誉、评优评级等场景中，力图胜过对方或优于对方从而达成最终目标的行为。室内设计专业教育实施主体之间的竞争活动，往往是在同一时段内的同一场景下展开的，不在同一时段和同一场景下的主体不会发生竞争。不参与同一时段同一场景竞争的主体，其竞争力不可以与参与竞争的主体进行互相比较，如同没有参与竞赛的球队不可能获得比赛成绩或比赛排名。

（2）可量化原则：所谓竞争，事实上就是竞争主体相互之间比优势和比结果的活动过程，所以评价室内设计专业教育实施主体的竞争力构成要素与竞争力表现水平的指标，必须具有可计量和可比较的特征，不可计量的指标不具备可比性，不利于建立和维护评价活动的公正性和公平性。办学理念、大学性格、大学文化和大学特色等不可计量指标，在评价工具和评价方法完善之前，不纳入本书建立的室内设计专业教育竞争力评价指标体系。

（3）标准化原则：室内设计专业教育实施主体之间的竞争，与其他专业教育竞争一样，并非完全无标准的无序竞争。基本办学条件达标评估和监测、一流专业建设点和一流课程评估、教学质量水平评估、本科专业类教学质量达标评估、学生满意度和雇主满意度，以及国际教育实质等效互认等，都是我国室内设计专业教育实施主体必须直面的重大竞争场景，能否在这些竞争中胜出，直接影响着室内设计专业教育实施主体的财政拨款和社会声誉，甚至关系到存亡与发展。这些竞争活动均设置一定的规则和标准，并以达标程度对竞争主体进行级差分类。因此，标准化也是专业教育竞争力评价最基本的监测逻辑之一。部分学者认为教育需要形成特色，但特色也只能是在同一标准体系下某个指标与众不同，在评估视野或认证视野下，不可能存在超越标准和规范的所谓特色。

4.2 室内设计专业教育竞争力相关评价指标体系的调研与借鉴

由于目前尚无现成的室内设计专业教育评价指标系统或室内设计专业教育竞争力评价指标体系可供借鉴，因此本书只能通过对其相关学科的评价指标体系和相关专业的评价指标体系进行调研和剖析，以期获得有益的启发和参照。

在现代大学功能的语境下，专业与学科是大学基本职能的两个载体。专业教育承载的是大学培养应用型人才的职能，学科教育承载的是大学培养研究型人才的职能。学科知识是专业知识的支撑，专业知识是学科知识的集合。有时候一个学科可以成为一个专业，但一个专业往往是多个学科的交叉和综合，或一个专业需要多个学科的知识体系作为支撑。专业通常依托学科进行设置，并根据社会用人需求制定专门人才的培养方案和培养规格，在相关学科门类中选取若干一级学科的知识体系或二级学科的知识体系来组织专业主干课程，通过有效率的教学活动实现专业教育的最终目标。因此，在进行专业教育评价时，不能完全忽视学科评价体系中的一些关键性指标。黄宝印等（2018 年）学者认为："学科评价是学科内涵建设管理闭环的重要节点，科学评价学科内涵建设成效，推动高校科学合理定位、准确把握学科发展态势、合理布局学科整体发展至关重要。"[①]

为确保中国室内设计专业教育竞争力评价体系的严谨性和逻辑性，本书拟基于现代大学培养人才和科学研究的两大功能，采用网络调研的方法，选取国内外一些主流的教育评价指标体系作为调研和分析对象，并从中选取一些具有约束性和不可替代性的关键指标，用于构建中国室内设计专业教育竞争力评价体系。

4.2.1 调研对象一：学科评估指标体系

2015 年起，建设世界一流学科正式纳入我国高等教育质量发展长期战略。国务院印发的

[①] 黄宝印、林梦泉、任超等在 2018 年《中国高等教育》杂志发表了《努力构建中国特色国际影响的学科评估体系》论文，文中强调需要构建中国标准的评价体系、中国模式的评价方法以及中国方式的评估结果发布方式。

《统筹推进世界一流大学和一流学科建设总体方案》（简称《"双一流"统筹方案》）明确提出，要在"211工程""985工程""优势学科创新平台"以及"特色重点学科项目"等重点建设项目已取得重大进展的基础上，把"双一流建设"作为突破重点大学和重点学科身份固化，鼓励不同类型的大学和学科差别化发展，切实提升我国高等教育国际竞争力的重要措施，要求"到2030年，更多的大学和学科进入世界一流行列，若干所大学进入世界一流大学前列，一批学科进入世界一流学科前列，高等教育整体实力显著提升；到本世纪末，一流大学和一流学科的数量和实力进入世界前列，基本建成高等教育强国"。"双一流建设"的政策出台，不仅向高校教育提出了新的标准要求，也向社会评估释放了新的改革信号。在"双一流建设"的大背景下，培养一流人才，产出一流成果，参与国际教育规则制定，推动国际教育实质等效认证，提高国际竞争力和话语权，将成为未来我国学科评估的重要内容。

通过基础文献调研已知，目前在我国具有较高知名度的学科评估活动，主要有由中央政府主导的一流学科建设高校遴选，由教育部学位与研究生教育发展中心（简称学位中心）主导的全国学科评估，由上海软科教育信息咨询有限公司主导的软科中国最好学科排名，由Quacquarelli Symonds主导的QS世界大学学科排名等。关于这些评价指标体系的基本构成和调整趋势的分析具体如下。

1. 世界一流学科建设高校遴选要求分析

为践行习近平总书记提出的"四个全面"治国理政战略布局，促进我国高等教育的内涵发展，国务院于2015年印发了《"双一流"统筹方案》，教育部、财政部、国家发展改革委于2017年联合印发了《统筹推进世界一流大学和一流学科建设实施办法（暂行）》（简称《统筹实施办法》），详细列出了"双一流"的遴选条件，明确要求"一流建设大学建设高校应是经过长期重点建设、具有先进办学理念、办学实力强、社会认可度较高的高校""一流学科建设高校应具有居于国内前列或国际前沿的高水平学科，学科水平在有影响力的第三方评价中进入前列，或者国家急需、具有重大的行业或区域影响、学科优势突出、具有不可替代性"[①]。"双一流"的遴选条件，对构建我国新时期学科评价指标体系和专业评价指标体系有着非常重要的指导意义，将会成为第三方学科评价和专业评价的重要参照。根据层次分析法原则，这些遴选条件可分解为目标层和原则层两类指标，具体指标体系构成如表4-1所示。

① 教育部，财政部，国家发展改革委. 统筹推进世界一流大学和一流学科建设实施办法：教研[2017]2号[EB/OL].（2017-01-25）[2021-03-06].http://www.moe.gov.cn/srcsite/A22/moe_843/201701/t20170125_295701.html.

目标层指标	原则层指标
人才培养	坚持立德树人，培育和践行社会主义核心价值观，在拔尖创新人才培养模式、协同育人机制、创新创业教育方面成果显著；积极推进课程体系和教学内容改革，教学成果丰硕；资源配置、政策导向体现人才培养的核心地位；质量保障体系完善，有高质量的本科生教育和研究生教育；注重培养学生社会责任感、法治意识、创新精神和实践能力，人才培养质量得到社会高度认可
科学研究	科研组织和科研机制健全，协同创新成效显著。基础研究处于科学前沿，原始创新能力较强，形成具有重要影响的新知识、新理论；应用研究解决了国民经济中的重大关键性技术和工程问题，或实现了重大颠覆性技术创新；哲学社会科学研究为解决经济社会发展重大理论和现实问题提供了有效支撑
社会服务	产学研深度融合，实现合作办学、合作育人、合作发展，科研成果转化绩效突出，形成具有中国特色和世界影响的新型高端智库，为国家和区域经济转型、产业升级和技术变革、服务国家安全和社会公共安全作出突出贡献，运用新知识新理论认识世界、传承文明、普及科学、资政育人和服务社会成效显著
传承创新	传承弘扬中华优秀传统文化，推动社会主义先进文化建设成效显著；增强文化自信，具有较强的国际文化传播影响力；具有师生认同的优秀教风、学风、校风，具有广阔的文化视野和强大的文化创新能力，形成引领社会进步、特色鲜明的大学精神和大学文化
师资队伍	教师队伍政治素质强，整体水平高，潜心教书育人，师德师风优良；一线教师普遍掌握先进的教学方法和技术，教学经验丰富，教学效果良好；有一批活跃在国际学术前沿的一流专家、学科领军人物和创新团队；教师结构合理，中青年教师成长环境良好，可持续发展后劲足
国际交流与合作	吸引海外优质师资、科研团队和学生能力强，与世界高水平大学学生交换、学分互认、联合培养成效显著，与世界高水平大学和学术机构有深度的学术交流与科研合作，深度参与国际或区域性重大科学计划、科学工程，参加国际标准和规则的制定，国际影响力较强

资料来源：根据教育部、财政部、国家发展改革委发布的《统筹推进世界一流大学和一流学科建设实施办法》整理绘制

截至2021年年底，根据"一流学科"遴选条件，各有3所院校分别入围一流建筑学科建设高校和一流设计学科建设高校（图4-3）。其中清华大学和同济大学同时入围一流建筑学科和一流设计学科建设高校。

2. 全国学科评估指标体系分析

全国学科评估是由学位中心主导的第三方非行政性评估活动，目的是为建立符合国情的学科评价标准和学科评价模式服务，为促进高等学校学科的内涵建设服务，为满足社会对大学学科水平和教育质量的知情需求服务。2002年开始，学位中心迄今已完成了四轮全国性学科评估，第五轮全国学科评估正在紧锣密鼓地进行中。目前，由学位中心

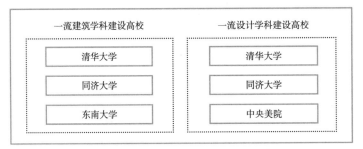

图 4-3　一流建筑学科建设高校和一流设计学科建设高校
（资料来源：根据一流学科建设高校名单整理绘制）

主导的全国学科评估已成为我国最重要的学科评估活动之一。全国学科评估指标体系除一级指标保持基本稳定外，其他指标都有所调整以适应新时代的发展需求，具体指标及变化详见图 4-4。从历次全国学科评估指标体系的对比结果可以清晰地看到，全国学科评估活动的发展呈现出三个主要趋势。

1）学科评估向现代大学基本功能回归的趋势

在第一轮和第二轮全国学科评估活动中，评估机构均把"学术队伍"作为一项重要的一级指标。从第三轮评估活动开始，这项指标被调整为"师资队伍与资源"。虽然"学术队伍"与"师资队伍"只有两字之差，但评估重心明显由学术研究转向教学与学术并重。资源要素与师资队伍并列为一级指标，也再次说明教育离不开资源投入。第二轮评估对"学术队伍"指标进行归类和补充，在"学术队伍"下设置了"教师情况"和"专家情况"2 个二级指标和 5 个三级指标。从第三轮评估开始，"学术队伍"指标被调整为"师资队伍与资源"指标，二级指标和三级指标也进行了修订，原有二级指标"教师情况"被调整为"师生情况"，"专家情况"被调整为"专家团队"，并增设了"学科资源"指标。三级指标中的"专职教师及研究人员总数"被调整为"专职教师数"，"具有博士学位人员占专职教师及研究人员比例"也调整为"生师比"。第四轮评估的最大改变，就是将"专家团队"从二级指标中删除，将"重点学科数"从三级指标中删除，对"专任教师数"设置了上限，凸显了破除"五唯顽瘴痼疾"、让学科评估回归到大学基本功能评估、实现深化新时期学科评估改革目标的坚强决心。

2）学科评估从规模评估向内涵评估回归的趋势

全国学科评估的第二项一级指标"科学研究"在前三轮评估中保持不变，从第四轮评估开始，"科学研究"被调整为"科学研究水平"。在前三轮评估中基本维持不变的二级指标"论文"，在第四轮评估开始，被合并为"科研成果"指标。在第三级计量指标中，对论文的统计口径也从发布数量、被引次数、人均数转向高被引和代表性。其他二级指标，如"科研条件""科研基础""获奖情况""科研项目""发明专利"等，在第四轮评估中全部被合并为"科研获奖"指标。简而言之，关于科学研究的二级指标，在第四轮评估中，被压缩至"科研成果"和"科研获奖"两项结果性指标，充分显示了全国学科评估已从规模评估向内涵评估和绩效评估回归，以适应高等教育高质量发展的国家战略。

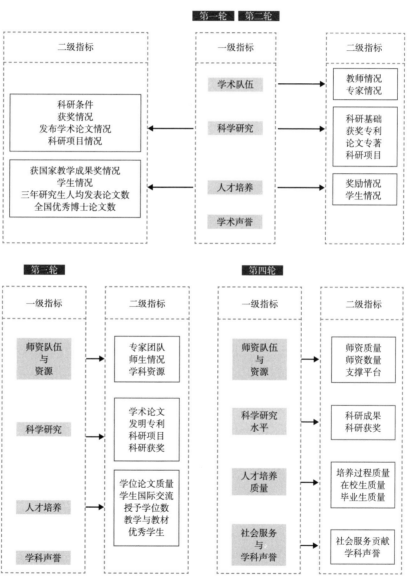

图4-4　历次全国学科评估指标体系对照分析
（资料来源：根据全国一至四轮学科评估指标体系整理绘制）

4.2　室内设计专业教育竞争力相关评价指标体系的调研与借鉴

3）学科评估引入外部非官方评价的趋势

全国学科评估关于人才培养的一级指标在前三轮基本保持不变。从第四轮开始"人才培养"调整为"人才培养质量"。二级指标也完全摆脱前三轮的评估框架，重新调整为"培养过程质量""在校生质量""毕业生质量"等三个评价维度，并首次将"用人单位评价"引入第三级可计量指标，将人才培养质量评价交到使用者手中，打破了人才质量只有内部评价和专家评价的局限性。

根据全国学科评估的历次结果，在开设室内设计专业教育的院校中，相关依托学科入选前五位的名单如图4-5所示。

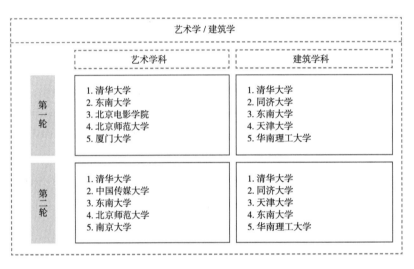

图4-5 室内设计相关学科入选历次全国学科评估前五位的院校名单
（资料来源：根据全国一至四轮学科评估结果整理绘制）

4 中国室内设计专业教育竞争力评价指标体系构建

3. 软科中国最好学科排名指标体系分析

中国最好学科排名是由上海软科公司主导的第三方学科评估活动，其评价指标体系由五个一级指标组成，指标名称一直保持稳定不变。从 2020 年起，"高端人才"指标由排序第一调整为排序第五，"人才培养"指标由排序第五调整为排序第一，其他指标排序不变。2021 年，"高端人才"指标变更为学术人才，该指标下的二级指标增设"文科学术骨干"指标，其他二级指标没有发生变化。"人才培养"指标下的二级指标于 2020 年开始增设"树德立人典型""精品课程教材"和"教学成果奖励"指标，原有二级指标"造就学科人才"保持不变，具体指标调整情况详见图 4-6。

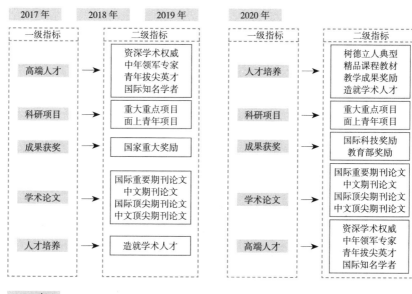

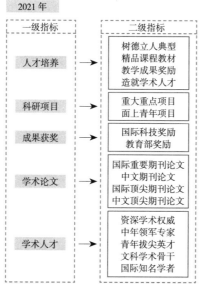

图 4-6 历年软科中国最好学科排名指标对比图

（资料来源：根据软科 2017—2021 年相关指标体系调整情况整理绘制）

4.2 室内设计专业教育竞争力相关评价指标体系的调研与借鉴

截至 2021 年，软科共发布了五次中国最好学科年度排名，具体排名结果详见表4-2。

软科2017—2021年中国最好学科排名前五名院校结果一览　　表4-2

年度	设计学科	建筑学科
2017 年	清华大学 南京艺术学院 江南大学 山东工艺美术学院 同济大学	清华大学 天津大学 西安建筑科技大学 同济大学 东南大学
2018 年	清华大学 江南大学 南京艺术学院 中国美术学院 同济大学	清华大学 天津大学 西安建筑科技大学 同济大学 东南大学
2019 年	清华大学 南京艺术学院 中国美术学院 同济大学 江南大学	清华大学 东南大学 同济大学 西安建筑科技大学 天津大学
2020 年	清华大学 中国美术学院 江南大学 同济大学 南京艺术学院	清华大学 西安建筑科技大学 东南大学 同济大学 华南理工大学
2021 年	清华大学 中国美术学院 江南大学 浙江理工大学 山东工艺美术学院	清华大学 同济大学 西安建筑科技大学 东南大学 华南理工大学

资料来源：软科中国最好学科排名（https：//www.shanghairanking.cn/rankings/bcsr/2021）

4. QS 世界大学学科排名指标体系分析

QS 世界大学学科排名，是由英国夸夸雷利·西蒙兹（Quacquarelli Symonds）公司主导的一项全球大学学科评估活动，评估范围涵盖建筑和设计在内的 51 个科目。早在 2004 年，夸夸雷利·西蒙兹公司就与《泰晤士报》属下的《泰晤士高等教育增刊》（*The Times Higher Education Supplement*）合作，首次共同发布了 THE-QS 世界大学排名。2010 年，夸夸雷利·西蒙兹公司终止与《泰晤士高等教育增刊》的合作，开始独立发布 QS 世界大学排名和 QS 世界大学学科排名等多项与高等教育相关的评价排名。目前，QS 公司已成为世界高等教育评价领域三大非官方机构之一，其排名结果在我国高等教育领域也具有颇为广泛的影响力。QS世界大学学科排名，主要从学术、雇主、学生、国际等四个维度展开评价，具体指标体系详见表4-3。

QS世界大学学科排名评价指标体系　　　　　　　　表4-3

维度指标	权重	计分指标	说明
学术 Academic Indicators	40%	学术声誉	基于机构的声誉计分
		H指数	高引用次数
		教师人均被引率	单位教职引用率
		博士研究生占比	博士研究生占教师人数比例
雇主 Employer Indicators	30%	雇主评价	基于对雇主评价的统计
		雇主参与校园活动频次	参与大学活动的雇主人数
		毕业生受雇率	毕业后12个月内的毕业生受雇率
		校友成就	各院校校友成功程度
学生 Student Indicators	20%	师生比	全职教职人数与全日制学生人数的比例
		国际生占比	学生群体中的国际生占比
国际 International Indicators	10%	国际教师占比	国际教师在教师队伍的占比
		国际留学生占比	国际学生的比例

资料来源：根据 QS 世界大学学科排名艺术与设计排名指标整理绘制（https://www.qschina.cn/university-rankings/university-subject-rankings/2021/art-design）

QS世界大学排名和世界大学学科排名的基本逻辑，是基于现代大学的教育功能和科研功能，以及高等教育全球化趋势展开的。把学术声誉作为核心指标，在学术声誉评价中引入雇主意见，以雇主满意度代替毕业生就业率，是QS排名评价指标体系的主要特色。在QS评价体系中，学术声誉的权重高达40%，具体计分由真实数据、同行打分和雇主打分三部分组成，在一定程度上提高了评价结果的客观性。另外，顶尖大学的毕业生就业率普遍都很高，采用毕业生就业率作为评价指标，在排名前10的院校中没有明显的辨析度。因此，QS公司以雇主满意度代替毕业生就业率，这在国际高等教育评价中属于比较有特色的评价方法。由于QS排名的底层逻辑一直没有改变，所以其评价指标体系迄今保持不变。

在以往四年的QS世界大学学科排名中，上榜设计学科和建筑学科排名的中国大学排序详见表4-4。

4.2　室内设计专业教育竞争力相关评价指标体系的调研与借鉴

表4-4

上榜QS设计学科和建筑学科排名的中国大学名单

年度	艺术与设计	建筑与建造环境
2018年	同济大学（18） 清华大学（23） 北京大学（47） 中央美术学院（51~100） 上海交通大学（51~100）	清华大学（11） 同济大学（18） 上海交通大学（51~100） 哈尔滨工业大学（101~150） 南京大学（101~150）
2019年	同济大学（14） 清华大学（18） 中央美术学院（27） 北京大学（51~100） 上海交通大学（51~100）	清华大学（10） 同济大学（18） 上海交通大学（50） 天津大学（51~100） 浙江大学（51~100）
2020年	同济大学（13） 清华大学（19） 中央美术学院（28） 北京大学（51~100） 上海交通大学（51~100）	清华大学（11） 同济大学（18） 上海交通大学（47） 浙江大学（51~100） 重庆大学（101~150）
2021年	同济大学（13） 清华大学（23） 中央美术学院（24） 北京大学（51~100） 上海交通大学（101~150）	清华大学（8） 同济大学（13） 北京大学（44） 上海交通大学（48） 天津大学（50）

资料来源：根据 QS 艺术与设计、建筑与建造环境 2021 年排名结果整理绘制（https://www.qschina.cn/university-rankings/university-subject-rankings/2021/art-design）

5. 学科评估指标体系的比较和启发

对上述四个学科评估指标体系进行比较后可以发现，它们都是基于现代大学功能进行评价的。如果要说它们之间有什么区别，那就是立足点有多有少，观察维度有宽有窄，直接计量指标占比有大有小，指标权重或偏向人才培养或偏向科学研究。具体差异详见图 4-7。

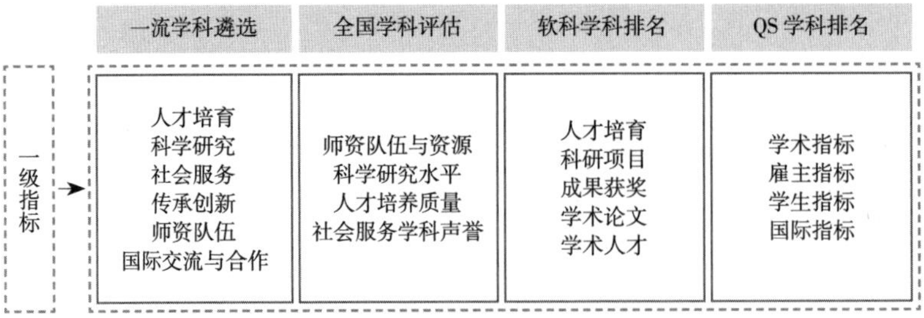

图 4-7 四大学科评估活动现行一级指标对比
（资料来源：根据相关评估指标体系整理绘制）

本书从这四个学科评价指标体系获得的最大启发是，学科评价属于高等教育评价的一个组成部分，任何形式的评价均应该围绕高等教育的基本功能和基本目的而展开，评价指标也应该基于高等教育办学和发展的基本规律进行构建。

4.2.2 调研对象二：专业评估指标体系

目前，与我国室内设计专业教育相关的高等专业教育评价活动，主要有由教育部主导的"双万计划"，由上海软科主导的"中国大学专业排名"，由中国科教评价网主导的"中国大学本科教育专业排行榜"，以及由艾瑞深校友会网主导的"中国大学专业排名"等。由于这些评价活动完全是依据《本科专业目录》开展的，而《本科专业目录》尚未涉及专业方向细分，所以国内已有的专业评估只涉及室内设计所依托的相关专业——环境设计专业和建筑专业。

1. "双万计划"报送条件分析

"双万计划"是继"双一流"之后，我国高等教育质量建设的又一个重点项目，其目标是在 2019 年至 2021 年，建设"10000 个左右国家级一流本科专业点和 10000 个左右省级一流本科专业点"[①]，鼓励高校分类发展和特色化发展，优化高校专业结构，全面振兴本科教育，实现高等教育的内涵式发展。基于面向各类高校、面向全部专业、突出示范领跑、分"赛道"建设，以及"两步走"实施的建设原则，教育部对报送"国家级一流本科专业建设点"和"省级一流本科专业建设点"的条件设置了明确要求，详见表4-5。

报送一流本科专业的条件　　　　　　　　　　　　　　　　表4-5

目标层	原则层
专业定位明确	服务面向清晰，适应社会发展需求，符合办学定位和发展方向
专业管理规范	落实本科专业标准，人才培养方案科学合理，教育教学管理规范
改革成效突出	深化教育教学改革，教育理念先进，教学内容更新及时，方法手段不断创新
师资力量雄厚	加强师资队伍和教学组织建设，专业教学团队结构合理，整体素质水平高
培养质量一流	坚持以学生为中心，促进学生全面发展，行业认可度高，社会整体评价好

资料来源：根据教育部办公厅《关于实施一流本科专业建设"双万计划"的通知》整理绘制

---

① 教育部办公厅. 关于实施一流本科专业建设"双万计划"的通知：教高厅函〔2019〕18 号 [EB/OL].（2019-04-04）[2021-01-04]. http://www.moe.gov.cn/srcsite/A08/s7056/201904/t20190409_377216.html.

截至 2020 年年底，符合报送条件并获得教育部认定的"国家级一流本科专业建设点"合计 8031 个，经各省教育行政部门确定的"省级一流本科专业建设点"合计 10658 个。

从条件设置的基本逻辑来看，一流专业认定条件设置的底层逻辑，与一流学科遴选条件设置的底层逻辑并不是一致的。一流本科专业的认定条件不是完全基于现代大学功能进行设置的，更像是针对专业教育流程分环节而设置。如果把产品生产流程投射到专业人才培养教育的各个环节，那么"专业定位明确"就是产品设计质量指标，"师资力量雄厚"就是生产工人素质指标，"专业管理规范"就是工艺流程规范指标，"改革成效突出"就是生产技术优化指标，"培养质量一流"就是产品质量合格指标。尽管"双万计划"的认定条件尚未构成完善的评价指标体系，但其观察逻辑和设置逻辑是非常值得借鉴的。

2. 软科中国大学专业排名指标体系分析

上海软科教育信息咨询有限公司主导的中国大学专业排名于 2021 年首次发布，覆盖全部 92 个专业类别的 500 多个本科专业，目的是为学生和家长在选择本科专业时提供参考，也为高校提供本科专业建设的对标依据和基本信息。该排名采用竞争力评价常用的框架进行指标体系构建，评价的维度分为学校—学科—专业三个层次，共设置学校条件、学科支撑、专业生源、专业就业、专业条件 5 个指标类别和 19 项可计量指标（表 4-6）。如果将这些指标投射到专业教育流程，显然可以分为教育资源投入（学校条件、学科支撑、专业生源）、教学转换保障（专业条件）、专业人才输出（专业就业）三个环节。从指标权重设置上看，人才培养指标的比重明显偏低，未能体现专业教育应以学生为核心和以培养结果为导向的现代高等教育评价理念，而且仅以毕业生就业率一个指标来衡量人才质量也是明显不足的。

软科中国大学专业排名评价指标体系　　　　　　　　　　表4-6

指标类别	权重	测量指标
学校条件	10	生均经费、生师比、教授授课率、教师学历结构、教师职称结构
学科支撑	20	教育部学位中心学科评估排名、软科中国最好学科排名
专业生源	20	新生高考成绩
专业就业	5	毕业生就业率
专业条件	0~30	模范先进教师、模范先进学生、国家教学名师、国家级教学平台、国家级教学成果奖、规划与"马工程"教材、国家一流本科课程、品牌示范课程、国家级认证专业、省级认证专业

资料来源：根据软科 2021 年中国大学专业排名方法整理绘制（https://www.shanghairanking.cn/rankings/bcmr/2021/130503）

根据软科 2021 年发布的中国大学专业排名，与室内设计相关的有环境设计专业和建筑专业，上榜院校名单详见图 4-8。

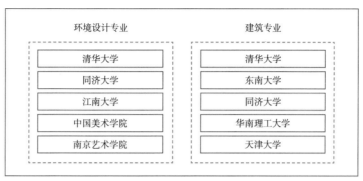

图 4-8　软科 2021 年度室内设计相关专业排名前五
（资料来源：根据软科 2021 年相关专业排名结果整理绘制）

3. 中国大学本科教育专业排行榜指标体系分析

中国大学本科教育专业排行榜（金平果排行榜），又称为中国大学本科教育分专业排行榜，是我国最早发布大学本科专业年度排名的榜单之一。自 2011 年起，中国大学本科教育专业排行榜已连续发布超过 10 年，在社会上拥有一定的知名度。2021 年，中国科教评价网联合杭州电子科技大学中国科教评价研究院、浙江高等教育研究院、武汉大学中国科学评价研究中心，在对我国本科院校开设的 435 个专业进行综合竞争力评价和发布排名榜单的同时，也对我国大学专业开设的现状和趋势进行介绍，公开了当年高校开设数量最多的十大专业、增长率最快的十大热门专业、下降最快的十大专业以及新增专业等研究信息。中国大学本科教育专业排名评价指标体系自 2011 年以来共公开发布四次，一级指标在 2019 年进行了调整，二级指标在 2017 年和 2019 年做了微调，其具体构成与发展详见图 4-9。

从一级指标和二级指标的具体构成来看，中国大学本科教育专业排行榜的评价体系，显然不是基于现代大学的基本功能或专业教育的基本流程来进行构建的，而是借鉴学科评价的部分指标进行构建。中国科教评价网构建的 2019 年中国研究生教育评价指标体系与 2019 年中国大学本科专业评价指标体系的部分一级指标和二级指标有多项重叠。在中国大学本科专业评价体系中，"师资队伍"一级指标下的"博导数"和"院士数"二级指标，一级指标中的"科研水平"和"学科声誉"，二级指标中的"学位点数""重点学科""百篇优博""科研获奖""科研项目""发明专利""国家一流学科""ESI 全球前 1% 学科""上

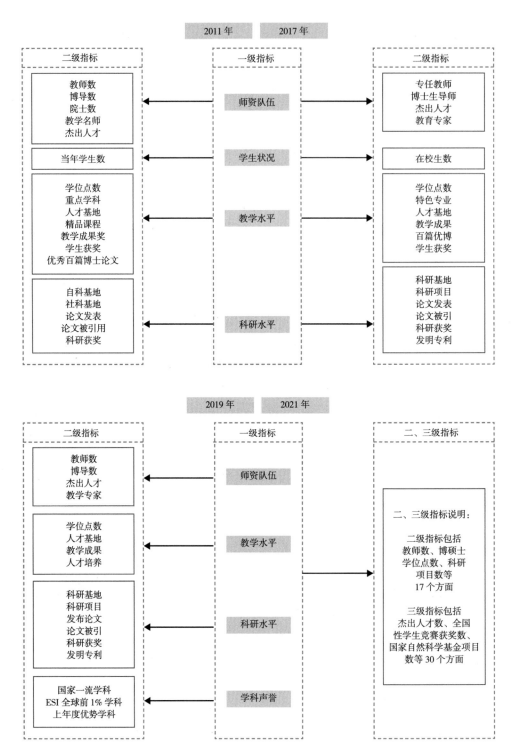

图 4-9 中国大学本科教育专业排行榜评价指标体系
（资料来源：根据中国科教评价网相关评价指标体系历年调整情况整理绘制）

4 中国室内设计专业教育竞争力评价指标体系构建

年度优势学科""博硕士学位点数""国家自然科学基金项目数"等指标，与大学本科专业教育并没有直接关系。

中国大学本科专业排行榜近五年环境设计专业和建筑专业的排名情况详见图4-10。

	2021 年	2020 年	2019 年	2018 年	2017 年
环境设计专业	西安美术学院 清华大学 西安建筑科技大学 天津大学 大连工业大学	清华大学 西安建筑科技大学 天津大学 大连工业大学 南京林业大学	清华大学 西安建筑科技大学 大连工业大学 西安美术学院 天津大学	清华大学 西安美术学院 西安建筑科技大学 郑州轻工业学院 德州学院	清华大学 温州大学 武汉理工大学 华东师范大学 西安建筑科技大学
建筑专业	同济大学 浙江大学 清华大学 东南大学 西安建筑科技大学	清华大学 东南大学 同济大学 华南理工大学 哈尔滨工业大学	清华大学 东南大学 同济大学 西安建筑科技大学 华南理工大学	清华大学 同济大学 东南大学 重庆大学 西安建筑科技大学	同济大学 清华大学 东南大学 西安建筑科技大学 华南理工大学

图4-10 中国大学本科专业排行榜近5年环境设计和建筑专业排名（前五）
（资料来源：根据金平果中国科教评价网历年评价结果整理绘制）

4. 校友会中国一流专业排名评价指标体系分析

校友会中国一流专业排名是由艾瑞深校友会网（cuaa.net）发布的大学专业评价年度榜单。校友会中国大学排名是我国最早出现的民间排行榜之一，据艾瑞深校友会官网声称，已连续19年发布中国大学排名、中国一流学科排名和中国一流专业排名，具有一定的社会知名度。对其网站及公众号进行检索调研后发现，目前其网站上只有2021年的大学分专业排名结果，而没有该年度的排行榜评价指标体系的相关信息；在其公众号上则只有2019年的评价指标体系信息，而没有大学分专业排名信息。校友会2019年中国一流专业排名评价体系构成详见表4-7。

校友会2019年中国一流专业排名评价指标体系 表4-7

一级指标	二级指标
学科水平	国家双一流学科、教育部学科排名
培养质量	杰出校友
师资水平	杰出师资

4.2 室内设计专业教育竞争力相关评价指标体系的调研与借鉴

一级指标	二级指标
专业水平	国家级一流本科专业建设点、省级一流本科专业建设点、省级特色重点专业
专业影响	（无）

资料来源：根据校友会网校友会2021年中国一流专业排名发布的信息整理编制

从上述评价体系的指标构成来看，一级指标覆盖了学科依托、教学资源、专业水平、毕业生质量等方面，投射到专业教育流程，基本涵盖了投入、转换、输出全部环节；二级指标的设置以结果为导向，大多选择其他评价结果作为计量指标，具有竞争力评价特征，但有些指标也明显超出专业教育的目标。专业教育的本质和使命，是为行业发展培养专门人才，而"文体杰出人才""中央委员等政要""市长等杰出校友""福布斯胡润富豪""上市公司总裁""公益慈善模范"等指标，则已完全偏离专业教育的基本功能，脱离专门人才的培养范围。关于师资的二级指标设置也明显带有唯帽子论的倾向，并不符合专业教育的实际情况。2021年校友会中国设计学类环境设计专业和建筑学类建筑专业排名详见图4-11。

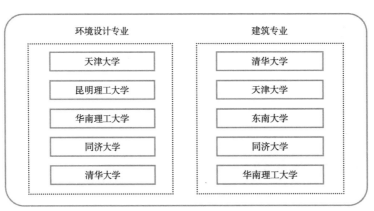

图4-11　2021年校友会环境设计和建筑专业排名前五
（资料来源：根据校友会2021年中国一流专业排名结果整理绘制）

5. 专业评估指标体系的比较和启发

对上述四个专业评估指标体系进行比较后可以发现，它们的构建逻辑虽然有差异，但大多是基于专业教育管理流程环节进行构建的。评价的焦点是输入环节的办学条件和师资质量，转换环节的教学管理和教学成效，输出环节的人才质量和社会声誉。各指标体系的具体差异对比详见表4-8。

评估指标 体系名称	一级指标					
双万计划 报送条件	专业定 位明确	专业管 理规范	改革成 效突出	师资力 量雄厚	培养质 量一流	—
软科排名 指标体系	学校条件	学科支撑	专业生源	专业就业	专业条件	—
金平果排名 指标体系	师资队伍	教学水平	科研水平	学科声誉	—	—
校友会排名 指标体系	优势学科	优势专业	杰出校友	专业资源	杰出师资	专业评价

资料来源：根据相关评估指标体系整理绘制

　　本书从这四个专业评价指标体系获得的最大启发是，专业评价与学科评价同属于高等教育评价的组成部分，但专业评价与学科评价的基本逻辑不同，评价的对象也不同。学科评价主要是基于现代大学的科学研究、培育人才、社会贡献等三个功能展开的，专业评价主要是基于现代大学培育人才的基本功能，结合教学流程和管理质量展开的。专业教育评价具有明显的流程和环境特征。

4.2.3　调研对象三：美国 CIDA 和 NCIDQ 认证体系

　　尽管室内设计专业活动和室内设计专业教育在许多国家已经成为经济社会和高等教育的一个重要组成部分，但是国际上迄今尚未形成统一的室内设计专业认证体系。目前，建立了室内设计专业认证体系的只有少数发达国家，如美国、英国、日本以及欧洲少数国家，大部分国家还没有建立或健全相关体系。在这些发达国家中，美国是最早建立室内设计教育认证体系和室内设计执业认证体系的国家之一。基于信息的可及性和完整性，本书拟选取美国的室内设计专业认证体系作为调研对象，以期通过对美国室内设计专业认证体系信息的收集和分析，为构建中国室内设计专业教育竞争力评价指标体系找到一些有益的启迪和参照。

　　根据美国玛丽蒙特大学布丽姬特·梅博士（Bridget A.May，Ph.D，2016 年）的研究，1870 年至 1930 年，即美国室内装饰协会（American Institute of Interior Designers，简称 AID）成立的前一年，是美国室内装饰教育的萌芽期。如果要用一个词来形容这个时期美国室内装饰教育的特点，那就是"多样性"（Diversity）。这种多样性不仅体现在教育机构的多样化和培训方法的多样化（例如：师徒制培训、美术培训、函授课程以及艺术与设计学校；大学室内装饰专业、大学家政专业、大学建筑专业、大学艺术或美术专业、大学师范专业以及夜校等），而且还体现在课程的多样化和概念的多样化，包括"房屋装饰、家具装饰、室内装饰、室内建筑和室内设计"等。多样性通常是专业教育的早期特征，虽然有利于专业知识和专业技术的汇集，但也容易造成教育质量参差不齐，无法形成广泛的认同感和凝聚力，阻碍专业教育的顺利发展和快速壮大。因此，制定室内设计教育和执业标准，便成为室内设计学界和业界迫切需要解决的重大理论和实践问题。

1962 年，在 AID 召开的芝加哥会议上，辛辛那提大学的罗伯特·史蒂文斯提议成立一个由室内设计专业教育工作者组成的独立委员会，并将委员会名称、章程、资格、会费、目标和概念等信息，以征询信函的方式向同行征求意见。史蒂文斯的提议得到北美各地室内设计专业教育工作者的广泛认同和支持。1963 年 5 月，美国室内设计教育工作者委员会（The Interior Design Educators Council，简称 IDEC）在宾夕法尼亚州费城博物馆艺术学院举行了第一届年会。为了确认有多少学校在提供室内设计专业课程教育，IDEC 于 1964 年在北美地区进行了一次具有里程碑意义的重大调研，为后续更全面深入的调查研究留下了宝贵的经验。1965 年，IDEC 就建立室内设计专业教育统一认证标准的可行性进行了讨论，并达成拟议标准课程的决议，发布了第一份四年制室内设计专业本科标准课程提案，为日后建立室内设计课程标准认证体系打下了基础。1968 年 3 月，IDEC 对北美 286 所学校的室内设计专业课程进行了全面的调查研究，调研报告《室内设计教育批判性研究》于同年 8 月公开出版。IDEC 在调研报告中提议：①建立一个正式的课程认证机构，并用两年时间对申请课程认证的院校进行考察；②建立一个由 IDEC 主持，由 AID 和全美室内设计师协会（National Society of Interior Designers，简称 NSID）派出代表参与的全国性室内设计资格考试机构；③建立一个由室内设计领域的主要专业机构组成的永久性联盟机构，以负责教育认证、专业考试、资格考核、国际认证、政府和国际基金项目运作等事务。IDEC 的提议获得了 AID、NSID、纽约装饰俱乐部，以及众多厂商和设计公司的支持。1970 年，AID、NSID 和 IDEC 共同成立室内设计教育研究基金会（Foundation for Interior Design Education Research，简称 FIDER）。1972 年，AID 和 NSID 共同组建全国室内设计资格委员会（National Council of Interior Design Qualifications，简称 NCIDQ）。1973 年，IDEC 开始派代表参与 NCIDQ 运作。至 1974 年，美国室内设计专业领域终于形成了由 FIDER 负责课程认证和由 NCIDQ 负责资格考试的认证体系①。

2016 年，FIDER 更名为室内设计认证委员会（Council for Interior Design Accreditation，简称 CIDA），但其认证功能和认证范围维持不变，依然是北美地区唯一获得高等教育认证委员会（Council for Higher Education Accreditation，简称 CHEA）认可的室内设计教育认证机构。CHEA 是一个在美国享有较高公信力的全国性高等教育认证机构。CHEA 认可 CIDA 为室内设计学位课程建立评价标准，并认可 CIDA 为美国境内外可授予学士学位和硕士学位的室内设计专业教育机构进行课程认证②。CIDA 认为，制定室内设计教育质量标准对室内设计行业和社会消费大众都是非常有价值的，课程标准必须与职业密切相关，以保证学生毕业时能够具备基本就业技能，从业人员和专业教师参与标准制定可以有效提高专业课程认证工作水平。CIDA 课程认证标准的修订流程由八个环节构成，课程认证标准分为 2 个大项和 16 个小项。有关 CIDA 课程认证体系的基本情况，可通过以下图表获得更加清晰的相关信息。从 FIDER 到 CIDA 历时 50 年的沿革变迁详见图 4-12，CIDA 认证标准修订流程详见图 4-13，CIDA 专业课程认证标准体系详见图 4-14。

美国 FIDER/CIDA 认证体系自建立以来，经历了 50 多年的历史发展，基于其专业性和公信力，美国和加拿大地区许多开设室内设计专业学位课程的院校都自愿申请了认证，部分在国外开设分校的美国院校也申请了认证。值得注意的是，并非所有申请认证或申请再认证的课程都会获得批准，已经获得 CIDA 认证的专业学位课程，也不可以自动扩展到申请院校分校校区内提供的同一学位课程，或者扩展到同一校区或同一部门内的其他学位课程。这充分体现了 CIDA 认证的严谨性和公平性。CIDA 认证是具有时效性的认证，认证到期后需要重新提出申请和重新进行认证，课程认证有效期会在 CIDA 网站上进行公示。目前，CIDA 认证的课程均为与室内设计相关的学士学位课程和硕士学位课程。③

根据 CIDA 官网公布的认证课程数据，截至 2021 年 12 月 31 日，美国共有 153 所院校的 159 个室内设计专业学位课程在认证有效期内，加拿大共有 20 所院校的 21 个室内设计专业学位课程在认证有效期内。从现有的统计结果来看，经济发展和教育基础较为发达

① CIDA. 美国室内设计教育 CIDA 官方认证及其发展历史概述：[EB/OL]. [2021-01-12]. https：//www.accredit-id.org/program-accreditation-history#new-page-11.
② CIDA 官方网站 . [2021-01-12]. https：//www.accredit-id.org.
③ CIDA 认证步骤 [EB/OL]. [2021-01-12]. https：//www.accredit-id.org/accreditationprocess.

4.2　室内设计专业教育竞争力相关评价指标体系的调研与借鉴

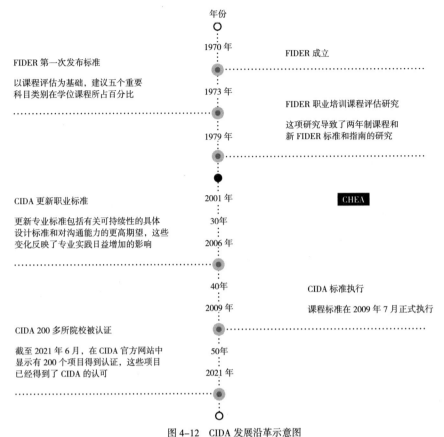

图 4-12　CIDA 发展沿革示意图

（资料来源：根据美国室内设计认证委员会官网信息整理绘制（https：//www.accredit-id.org/cida-history））

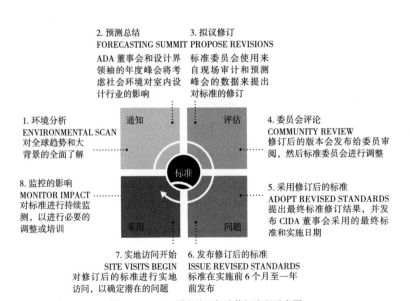

图 4-13　CIDA 课程认证标准修订流程示意图

（资料来源：美国室内设计认证委员会，https：//www.accredit-id.org/standards-development-v2）

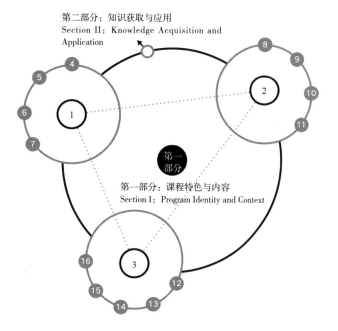

第二部分：知识获取与应用
Section II: Knowledge Acquisition and Application

第一部分：课程特色与内容
Section I: Program Identity and Context

第一部分

1. 教学特色与课程
Program Identity and
Curriculum
2. 教职队伍
Faculty and Administration
3. 教学环境与资源
Learning Environments and
Resource
4. 全球化
Global Context
5. 合作能力
Collaboration

6. 商业实务与专业水平
Business Practices and
Professionalism
7. 人本设计
Human-Cenlered Design
8. 设计流程
Design Process
9. 人际沟通
Communication
10. 历史知识
History

11. 设计基础与原则
Design Elements and
Principles
12. 灯光与色彩
Light and Color
13. 产品与材料
Products and Materials
14. 环境系统与人类福祉
Environmental Systems and
Human Wellbeing
15. 工程结构
Construction
16. 法规与规范
Regulations and Guidelines

图 4-14　CIDA 专业课程认证 16 项标准
（资料来源：根据美国室内设计认证委员会官网信息整理绘制）

的区域，获得认证的院校数量明显要多于其他地区。以美国为例，获得课程认证的院校数量在 5 所以上的州分别为：得克萨斯州（Texas）18 所，纽约州（New York）10 所，加利福尼亚州（California）8 所，宾夕法尼亚州（Pennsylvania）7 所，密歇根州（Michigan）7 所，南卡罗来那州（South Carolina）6 所，佐治亚州（Georgia）6 所，俄亥俄州（Ohio）6 所，弗吉尼亚州（Virginia）6 所。CIDA 认证有效期内的美国室内设计专业（截至 2021 年）158 所认证院校名单详见附录 B。

CIDA 不仅提供线下课程认证，也提供线上课程认证。截至 2021 年年底，线上课程认证在有效期内的院校共有 4 所：旧金山艺术大学（San Francisco Academy of

4.2　室内设计专业教育竞争力相关评价指标体系的调研与借鉴

Art University）、纽约室内设计学院（New York School of Interior Design）、落基山艺术与设计学院（Rocky Mountain College of Art and Design）、约克维尔大学（Yorkville University），具体详见表4-9。获准认证的线上课程不仅有学位课程，也有入门普及课程，如纽约室内设计学院提供的室内设计基础课程（Basic Interior Design Certificate Program），这是专门为那些尚未正式选择室内设计专业，但想通过课程了解室内设计专业是一门什么样的专业、有什么专业课程和需要什么专业技能的学生而开设的基础课程。线上课程也包括学士学位课程和硕士学位课程。线上硕士学位课程主要是为那些在职而又有学位提升需求的设计师提供的灵活的课程。线上课程既包括传统的课程讲授，也提供了助教及辅导课程。CIDA为有不同学习需求的学生提供了多样化的室内设计认证课程，

2020年美国获得CIDA专业教育标准认证的院校线上课程[①]　　　　表4-9

院校所在城市	认证院校名称	认证课程内容
旧金山 San Francisco	旧金山艺术大学 San Francisco Academy of Art University, San Francisco, CA	室内建筑与设计 Interior Architecture & Design 室内建筑与设计专业美术学士 Bachelor of Fine Arts in Interior Architecture and Design 室内建筑与设计艺术硕士 Master of Fine Arts in Interior Architecture and Design
纽约 New York	纽约室内设计学院 New York School of Interior Design, New York[②]	基本室内设计证书课程 Basic Interior Design Certificate Program 室内设计应用科学副学士 Associate in Applied Science in Interior Design 可持续室内环境设计专业研究硕士 Master of Professional Studies in Sustainable Interior Environments 照明设计专业硕士 Master of Professional Studies in Lighting Design 艺术学士 Bachelor of Fine Arts
丹佛 Denver	落基山艺术与设计学院 Rocky Mountain College of Art and Design, Denver, CO	室内设计艺术学士 Bachelor of Fine Arts in Interior Design
康科德 Concord	得克萨斯州康科德市约克维尔大学（原名阿萨斯科技大学）Yorkville University（Formerly RCC Institute of Technology）, Concord, ON	室内设计艺术学士 Bachelor of Fine Arts in Interior Design

---

①表格根据CIDA网站公开认证的线上课程整理绘制（https://www.accredit-id.org/accredited-programs）。

②纽约室内设计学院官方网站详细介绍了线上课程及学位课程的上课方式，为学生提供了灵活的学制（https://www.nysid.edu/online-learning）。

丰富了室内设计专业教育的形式，使室内设计专业的学历教育和学位教育不再受限于学校场所，也不再受限于教学时间。[①]

经过 CIDA 认证的课程，不仅为室内设计专业教育提供基本的教学质量保证，也为学生的就业质量和职业发展提供了保障。完成 CIDA 认证课程学习的学生，在毕业时即可自动获得北美室内设计师考试资格，直接参加 NCIDQ 资格认证考试。CIDA 和 NCIDQ 是美国室内设计专业领域的两大认证体系，CIDA 是对室内设计专业教育质量的课程认证，NCIDQ 是对室内设计专业人才水平的资格认证。

NCIDQ 的考核范围主要分为基础考试、专业考试和实务考试三大部分。基础部分共有 100 道计分考题和 25 道不计分的试考题，专业部分共有 150 道计分考题和 25 道不计分的试考题，实务部分包括大型商业、小型商业和家庭住宅等三种设计类型。NCIDQ 试题开发的具体流程详见表 4-10，考试内容详见图 4-15~ 图 4-17。

NCIDQ试题开发的9个流程[②]　　　　　　　　表4-10

具体步骤	流程说明
1. Practice Analysis（实务分析）	通过对室内设计实务进行分析，确定当前行业所需要的知识和技能，以及从业人员的最低技能
2. Development a Test Blueprint（考题规划）	根据室内设计实务分析结果进行考试规划，将实务要点转化为多选题，并确定不同内容的占比和得分权重
3. Item Development and Validation（考题开发与验证）	所有考题均由经过出题培训的专家进行撰写和审核，以确保试题具有公认原则，并符合语法和用法惯例，排除出现疑义和分歧
4. Pretesting Test Questions（考题测试）	为了验证考题的有效性和质量，NCIDQ 会对新试题预先进行评分测试，以确保每次考试的难度基本一致
5. Examination Assembly（考题构成）	考核内容根据考题规划设定比例，试题组合和验证由室内设计师和出题专家共同确定，以确保最高质量
6. Examination Review and Revision（审查与修订）	室内设计师和出题专家对试卷再次进行审核，以确保其准确性和完整性
7. Passing Point（考试通过点）	考试应该设立一个合理的标准参照和合格分数，而合格或不合格的分界点，必须以室内设计师在无监管的情况下，能否确保公众的健康、安全和福祉为底线原则

[①] 表格根据 CIDA 网站公开认证的线上课程进行梳理总结，每个院校的线上课程可以在列表中点击链接进行详细的了解：https://www.accredit-id.org/accredited-programs。

[②] 根据以下资料来源整理：https://www.cidq.org/exam-development。

4.2　室内设计专业教育竞争力相关评价指标体系的调研与借鉴

具体步骤	流程说明
8. Test Administration（考试管理）	编制考试管理指南，确保所有考生的考试条件一致，考试环境安静舒适，通风采光设施齐全，所有监考人员经全面培训后方可上岗
9. Psychometric Analysis（心理测量分析）	在每次考试后，CIDQ顾问都会对每个问题和难题进行系统性分析研究，以确保整个考试功能顺利运作。心理测量分析包括可靠性分析和考试质量评估

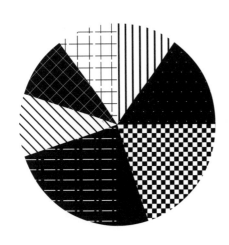

1. 规划和场地分析
Programming and Site Analysis — 10%

2. 人因行为与设计环境的关系
Relationship between Human Behavior
and the Designed Environment — 10%

3. 设计沟通技巧
Design Communication Techniques — 10%

4. 生命安全、通用设计
Life Safety and Universal Design — 20%

5. 室内建筑材料和饰面
Interior Building Materials and Finishes — 10%

6. 家具、固定装置、设备及照明技术规范
Technical Specifications for Furniture,
Fixtures, Equipment and Lighting — 15%

7. 施工图纸、施工进度和明细清单
Construction Drawings, Schedules
and Specifications — 20%

8. 专业发展及道德规范
Professional Development and Ethics — 5%

图 4-15　NCIDQ 基础部分的考试内容及内容构成
（资料来源：根据 CIDQ 官网公开信息整理绘制 https://www.cidq.org/idfx-idpx）

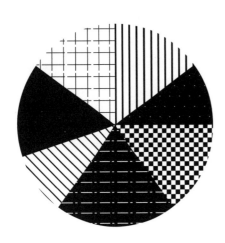

1. 项目评估与可持续性
Project Assessment and Sustainability — 15%

2. 项目过程、角色和协调
Project Process, Roles and Coordination — 15%

3. 专业商业惯例
Professional Business Practices — 10%

4. 规范要求、法律、标准和法规
Code Requirements, Laws, Standards
and Regulations — 20%

5. 建筑系统与施工一体化
Integration with Building Systems and
Construction — 15%

6. 家具、工装、设备一体化
Integration of Furniture, Fixtures,
Equipment — 10%

7. 合同管理
Contract Administration — 15%

图 4-16　NCIDQ 专业部分的考试内容及内容构成
（资料来源：根据 CIDQ 官网公开信息整理绘制 https://www.cidq.org/idfx-idpx）

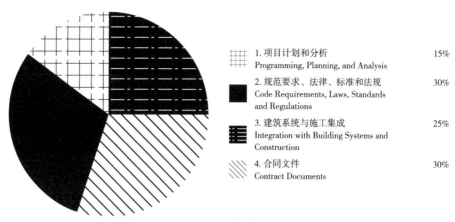

1. 项目计划和分析 Programming, Planning, and Analysis		15%
2. 规范要求、法律、标准和法规 Code Requirements, Laws, Standards and Regulations		30%
3. 建筑系统与施工集成 Integration with Building Systems and Construction		25%
4. 合同文件 Contract Documents		30%

图 4-17 NCIDQ 实务部分的考试内容及内容构成
（资料来源：根据 CIDQ 官网公开信息整理绘制 https：//www.cidq.org/practicum）

目前，已有 35000 人通过 NCIDQ 考试并获得室内设计师资格认证。持有 NCIDQ 认证的室内设计师，不仅在本专业领域内享有较高的社会声誉，而且也实实在在地分享到资格认证的好处，在同业竞争中表现出明显的竞争力优势。美国半数以上的州，以及加拿大各省均制定了关于室内设计行业准入的法律法规和标准规范，NCIDQ 认证完全可以满足这些地区对室内设计师执业的法定要求。CIDA 和 NCIDQ 认证体系的既有标准，对本书构建中国室内设计专业教育竞争力评价指标体系，有着重要的参考价值。

4.2.4 调研对象四：美国 DI 室内设计专业排名评价体系

设计情报排行榜（Design Intelligence Ranking，简称 DI Ranking）是目前世界上唯一涉及室内设计专业教育评估的第三方排名榜单，由美国设计情报研究所（Design Intelligence Research，简称 DI）主导发布。设计情报排行榜每年会按本科和研究生两个层次，对全美国开设建筑设计专业、景观设计专业和室内设计专业的院校，分别进行赞誉度最高学校排名（Most Admired Interior Design Schools）、受雇率最高学校排名（Most Hired from Interior Design Schools）、分领域最佳学校排名（Top Ranked Interior Design Schools——Focus Areas）。设计情报排行榜公布的 2018—2020 年赞誉度最高的学校排名详见表 4-11、表 4-12。

校名	2018—2019年排名	2019—2020年排名
萨凡纳艺术与设计学院 Savannah College of Art & Design	2	1
普瑞特艺术学院 Pratt Institute	1	2
罗德岛设计学院 Rhode Island School of Design	2	3
帕森斯设计学院 Parsons School of Design	4	4
纽约室内设计学院 New York School of Interior Design	5	5
康奈尔大学 Cornell University	6	6
堪萨斯州曼哈顿堪萨斯州立大学 Kansas State University，Manhattan，KS	7	7
奥本大学 Auburn University	——	8
波士顿建筑学院 Boston Architecture College	——	9
佛罗里达州立大学 Florida State University	8	10

资料来源：https：//www.di-rankings.com/most-admired-schools-interior-design/

2018—2020年赞誉度最高的室内设计专业院校（本科层次）　　表4-12

校名	2018—2019年排名	2019—2020年排名
萨凡纳艺术与设计学院 Savannah College of Art & Design	1	1
普瑞特艺术学院 Pratt Institute	2	2
罗德岛设计学院 * Rhode Island School of Design*	3	3
帕森斯设计学院 * Parsons School of Design*	4	4
纽约室内设计学院 New York School of Interior Design	5	5
康奈尔大学 Cornell University	7	6
辛辛那提大学 University of Cincinnati	6	7
堪萨斯州曼哈顿堪萨斯州立大学 Kansas State University，Manhattan，KS	10	8
奥本大学 Auburn University	9	9
纽约州立大学时装技术学院 Fashion Institute of Technology，SUNY	11	10
弗吉尼亚理工学院与州立大学 Virginia Polytechnic Institute and State University	8	11

校名	2018—2019年排名	2019—2020年排名
纽约视觉艺术学院 School of Visual Arts，New York	16	12
佛罗里达州立大学 Florida State University	12	13
雪城大学 Syracuse University	21	14
亚利桑那州立大学 Arizona State University	—	15
爱荷华州立大学 Iowa State University	17	15

注：* 代表该课程未接受 CIDA 认证。

设计情报排行榜评价体系主要基于雇主、专家、学生等三个视角进行指标选取和分级。雇主视角下的指标要素，主要用于评估各院校毕业生的专业能力能否满足相应岗位的需求，如就业准备、专业认知、业务能力、个人素质、录用原因等。专家视角下的指标要素，主要评估各院校的课程设置和教学规划能否满足未来专业需要和职业需要。学生视角下的指标要素，主要评估学生是否已经在心理上、知识上、技能上做好就业的充分准备。关于指标要素的计量数据，主要通过电子邮件向具有招聘经验的雇主、具有教育经验的专家以及室内设计专业毕业学生直接征询获得。电子问卷调研期限为 3 个月。美国设计情报研究所员工会对每一个回复的邮件进行核实，最终按得分高低进行排名。2019—2020 年室内设计专业赞誉度最高学校排名评价指标详见表4-13。

设计情报排行榜室内设计赞誉度最高学校评价指标（2019—2020年） 表4-13

分类指标	计分指标
1 雇主视角 Professional Insights	
1.1 就业素质（quality of preparedness）	就业准备是否充分
1.2 专业知识（adequate understanding）	社会活动、可行性设计、材料与环保、工艺与环保、功能分析、设备寿命、资源利用、材料寿命、MEP 系统、设计编程、项目类型、循环工艺、场地分析、勘测设计、建筑结构
1.3 行业认知（business of design fundamentals）	服务意识、团队精神、客户沟通、建筑规范、关系维护、时效观念、采购流程、相关法规
1.4 个人素质（important attributes）	合作能力、说服能力、适应能力、互动能力、敬业精神、人际交往、个人情商、换位思考
1.5 录用原因（hiring decisions factors）	学习成绩、研究能力、院校背景、设计能力、留学经历、执行能力、专业服务意识、可持续设计知识、技术能力、健康设计、工作经验

4.2 室内设计专业教育竞争力相关评价指标体系的调研与借鉴

分类指标	计分指标
2 专家视角 Deans' Insights	
2.1 课程改革（course reformation）	是否开展可持续和健康设计教学、是否关注设计新技术、是否重视社会服务及跨学科研究水平、是否开设沟通与表达课程、是否开设研究方法论课程、国际问题视野、理论联系实际的能力、是否为学生创造留学机会、是否重视材料与工艺教学、是否重视项目规划教学、是否关注都市化对设计的影响、跨学科毕业设计协同机制、是否重视实习管理、是否重视工程基础教学
2.2 教学设想（future conceive）	未来专业建设是否关注气候变化、专业实务化繁为简、非传统教育竞争能力、入学率下降等问题，以及如何增强社会责任意识、如何开展人工智能替代研究、工程技术与人力关系研究、设计技术与人力关系研究等问题。是否对公众态度取向、学校教学质量、国家资金支持等问题进行关注
3 学生视角 Students' Insights	
3.1 职业规划（plan for graduation）	是否打算在公司工作、是否愿意在私企工作、暂时未能确定职业方向、是否计划攻读更高学位、是否打算攻读其他专业学位、是否打算自雇、是否打算从事研究工作、是否打算到非营利或社区组织工作、是否打算从事室内设计以外的工作、是否打算到政府机构工作
3.2 就业信心（will you be prepared）	是否已做好毕业后从事本专业工作的准备
3.3 课程质量（program preparedness）	所学的课程是否有助于培养你的沟通表达能力、社区服务活动能力、设计技术能力、理论与实践结合能力、实务管理能力；是否有助于提高你的材料与工艺知识、工程基础知识、国际时事知识、跨学科知识、规划与项目方法论知识、研究方法论知识、可持续与健康设计知识、都市化背景下的设计知识；是否提供了出国留学机会
3.4 教学条件（quality of studio facilities）	设备使用情况、专用实验室情况、自然采光状况、空间开发程度、空间舒适程度，可否使用先进软件和硬件，是否有充足的时间与教师接触
3.5 教学综合（overall quality of program）	对专业课程的总体评价
3.6 实习经历（internship participation）	是否有机会参与项目实习课程
3.7 执业资格（qualification exam）	是否准备参加室内设计师资格考试

注：以上要素内容根据美国设计情报研究所[①]2019年室内设计专业统计结果整理[②]。

———————————

① 美国设计情报研究所每年会对建筑、室内、景观设计进行年度排名，官方排行榜网站为 https：//www.di-rankings.com。

② 美国设计情报研究所室内院校前十排行榜：最受赞赏室内设计院校 [EB/OL].[2021-01-12].https：//www.di-rankings.com/most-admired-schools-interior-design/.

4 中国室内设计专业教育竞争力评价指标体系构建

1. 雇主评价

雇主评价在典型的教育评价排行榜中都作为重要的评判要素，其评判逻辑的重点在于以输出人才的培养质量为结果导向，从社会及用人单位的视角，对教育机构的人才培养质量，在现实社会和职业环境中，对人才的执业能力和职业发展进行全面的考量。美国设计情报研究所设计的统计指标中涵盖了五大板块：①是否有足够的能力进入设计岗位；②是否对专业知识有相应的掌握；③是否对设计商业实务有基本的认识；④个性特点是否能够适应设计师工作；⑤作为雇主哪些因素影响了你对毕业生的录用[1]。评判逻辑的制定，主要针对毕业生毕业时所达到的能力进行要素统计,通过问卷调查的方法评判要素的重要性，并通过对各院校的毕业生进行打分的方式，选出当年度得分最高的前十所院校。

2. 专家评价

专家评价方式在教育评价中是较为常见、权重较大的参照标准，由于教育专家较为熟悉与专业教育相关的制度难点、组织难点和课程难点，因此专家对课程的评价具有相对权威、综合和系统的评判。美国设计情报研究所作为一个持续追踪室内设计、景观设计和建筑设计的第三方评价机构，区别于 CIDA 的官方认证以同行专家评价为主体，DI 以专家（Dean，院校或专业负责人）对自身课程建设和未来改革进行自评，通过差异化路线避免了两个评价系统的重复建构。

美国设计情报研究所评价指标设计的专家指标并不多，仅选取"过去三年课程改革因素"和"未来影响课程因素"两个类型 29 个指标由专家进行打分，并把影响课程的环境因素、社会因素、技术因素、建造因素和学习者因素进行分类统计分析，为美国的室内设计教育者提供专家视角和同行参照。

第一类指标，由专家重点针对过往三年本校课程作了何种有意义的改变进行统计，分别对以下 17 种影响因素进行统计和排序：①是否增加可持续设计或健康设计（76% 的院校符合统计要求）；②是否增加对设计技术的关注，如 BIM、AI、VR、AR 等（71% 的院校符合统计要求）；③是否增加了社区参与，强调设计要介入社区，如导师项目、志愿者项目和市政改造等机会（57% 的院校符合统计要求）；④强调跨学科学习，如对跨学科的合作、跨专业对建造环境的影响（57% 的院校符合统计要求）；⑤增加沟通和汇报技巧的

---

① 美国设计情报研究所室内设计教育洞察调研报告：职业设计师视角 [EB/OL].[2021-01-12].https：//www.di-rankings.com/professional-insights- interior-design/.

训练（46%的院校符合统计要求）；⑥增加研究方法的课程（46%的院校符合统计要求）；⑦对国际性议题和国际实践的关注（32%的院校符合统计要求）；⑧增加设计理论和设计（29%的院校符合统计要求）；⑨增加海外学习（26%的院校符合统计要求）；⑩增加对建造材料和建造方法的学习（25%的院校符合统计要求）；⑪增加平面布局和项目类型的训练（15%的院校符合统计要求）；⑫增加城市化影响的课程（15%的院校符合统计要求）；⑬强制要求毕业设计需要跨学科学生和团队作业（10%的院校符合统计要求）；⑭更强调设计管理（9%的院校符合统计要求）；⑮更加强调工程基础（1%的院校符合统计要求）；⑯更加强调建造材料和建造方法（0%的院校符合统计要求）；⑰更加强调设备知识基础（0%的院校符合统计要求）。通过统计可以较为准确地判断各院校对何种议题和知识点给予共同关注，并对共同关注的内容进行从高到低的排序①。

第二类指标，重点对影响未来课程走向的12个因素进行权重判定：①日趋恶化的气候灾害现象（51%高度关注）；②职业复杂性的增加（25%高度关注）；③非传统教育的竞品关注（14%高度关注）；④就业率下降（30%高度关注）；⑤社会责任的意识增长（59%高度关注）；⑥AI对建造过程和劳动力的影响（23%高度关注）；⑦AI对设计过程和劳动力的影响（23%高度关注）；⑧技术对建造过程和劳动力的影响（35%高度关注）；⑨技术对设计过程和劳动力的影响（36%高度关注）；⑩设计职业和专家对公众的影响（54%高度关注）；⑪入学申请者的质量（20%高度关注）；⑫政府资助程度的关注（47%高度关注）。

3. 学生评价

学生作为教育的对象、本科教育的主体，其专业认知的塑造、专业实操能力的培养、执业资格和职业规划的建立，都需要经过系统专业课程、实验实训、实习实践而获得，学生的评判也是对专业教育质量评价的重要反馈回路。因此，不同院校都建立了学生评价反馈、毕业生评价反馈和校友评价反馈的机制，以促进专业教育的良性循环。美国设计情报研究所围绕毕业去向、就业信心、专业课程对相关就业能力的支撑、硬件设施、课程综合评分、实习统计和是否具有参加职业资格考试意向等7类、35个要素，对学生进行调研统计②。以下将对就业去向、课程对学生能力的支撑这两个重要要素的评判逻辑进行分析。这两项的要素设置非常细致、覆盖较为全面，同时回应了专家视角、雇主视角所共同关注的一些问题。

---

① 美国设计情报研究所室内设计教育洞察调研报告：专家视角 [EB/OL].[2021-01-12].https://www.di-rankings.com/deans-insights-interior-design/.

② 美国设计情报研究所室内设计教育洞察调研报告：学生视角 [EB/OL].[2021-01-12].https://www.di-rankings.com/students-insights-interior-design/.

从就业统计结果而言，美国室内设计专业的毕业生中，有37%去室内设计公司就业、29%去小型私人设计事务所、10%就业去向未定、9%在本专业继续升学深造、6%在非本专业升学深造、3%自主创业、1%在院校工作、1%去非营利机构工作、1%跨专业就职、0%去政府就业。这较为全面地统计了室内设计专业学生的就业方向，能够为院校职业规划课程的多路径职业规划提供较为客观的参考依据。就职业信心而言，96%的学生表示已经在职业上做好准备，71%的学生有意愿参加NCIDQ的室内设计执业考试。

关于专业课程对相关就业能力支撑的统计结果如下：62%的学生认为课程对沟通和演讲技巧有非常好的支撑，46%的学生认为课程对社区介入有非常好的支撑，49%的学生认为对建造材料和工艺方法有较好的支撑，48%的学生认为课程对设计技术有非常好的帮助，67%的学生认为课程对设计理论和设计实践有非常好的帮助，29%的学生认为课程对基础的工程知识有非常好的支撑，41%的学生认为课程对国际议题和国际性设计有较好的支撑，52%的学生认为课程对跨专业学习有较好的支撑，57%的学生认为课程对不同项目的设计方法有非常好的支撑，47%的学生认为课程对设计过程管理有较好的支撑，63%的学生认为课程对海外学习有非常好的支撑，56%的学生认为课程对研究方法有非常好的支撑，61%的学生认为课程对可持续设计和健康设计有非常好的支撑，50%的学生认为课程对城市化进程下的设计有非常好的支撑。

4. 美国设计情报研究所未来的评估改革

根据美国设计情报研究所官网披露，从2022年起，美国设计情报研究所会对相关评估进行改革，将以分级评估（Rating）代替排名评估（Ranking）。美国设计情报研究所分级评估结果于2022年年初在其网站上发布。美国设计情报研究所分级评估的主要亮点包括：①根据每所院校的课程属性和特点进行评分。②按本科和研究生两个阶段进行评估的方式不变。③继续向教育专家、专业人士和学生征求意见。④课程评估分为五个不同的类别：院校产出、校友成果、学习环境、相关性和优缺点。⑤继续保留"受雇率最高排名"。⑥继续保留"赞誉度最高排名"。

本书认为，美国设计情报研究所的评估理念具有较强的合理性和公正性，在其评价指标的三大构成中，雇主评价和学生评价的比重占到三分之二，克服了教育者既当运动员又当裁判员的不公正性，使教育评估回归到教育以学生为本和为行业服务的基本理念上。美国设计情报研究所的评价理念为本书构建中国室内设计竞争力评价指标体系提供了有价值的参考。

4.3 中国室内设计专业教育竞争力 "ICO 评价模型" 指标体系构建

通过上述调研和分析发现，目前国内外一些主流的学科评价指标体系和专业评价指标体系，大多是基于教育本质，或大学功能，或教育流程进行构建的，又或是基于教育、行业、学生这三个维度构建的。现代流行的教育评估大多会以教育主体的同质性为前提，即假定学科教育实施主体和专业教育实施主体都是按照一定的法规和标准进行办学，按照一定的标准和规范实施教学和培养人才的。然而，专业教育竞争力评价的目的则是要解释教育主体的异质性问题，即为什么某些专业教育主体的竞争力会相对较强，某些专业教育主体的竞争力会相对较弱，某些专业教育主体甚至不具备某些方面的竞争力。中国企业竞争力研究学者金碚（2006 年）指出："在经济学领域内，竞争力的实质就是经济效率或者生产效率的差异。"金碚这个观点同样适用于对专业教育竞争力本质的描述，如果将这个观点直接投射到中国室内设计专业教育竞争力评价研究，其核心就是教育投入与教育产出的效率，又或者是教育投入和教育产出之间的教学转换效率差异。在生产流程的视野下，室内设计专业教育的人才产出流程与生产企业的成品产出流程具有高度的相似性，完全可以分解和概括为三个既相互独立又相互联系的关键性环节，即教育投入（生产投入）环节、教学转换（组织生产）环节，以及教育产出（成品产出）环节。输入（Input）环节、转换（Conversion）环节、输出（Outcome）环节，可合并简称为"ICO"三个环节。"ICO"的各个环节都拥有各自的构成要素和结构因子，这些要素和因子对室内设计专业教育的整体竞争力构成产生决定性影响。有鉴于此，本书决定以"投入—产出"流程的基本原理，以及层次分析方法的基本原则作为最底层的判断逻辑，分环节分层次地选取一些可计量和可比较的关键性指标，进行中国室内设计专业教育竞争力评价指标体系——"ICO 动态三角评价模型"的搭建。

4.3.1 "ICO 动态三角评价模型" 基本框架和指标筛选

基于上述逻辑，中国室内设计专业教育的全流程可以分解和概括为输入、转换、输出三个关键环节。从时序上，这三个环节可以视为线性的关系；从结构上来看，这三个环节也可以解读为闭环关系，因为每个环节相互关联、每个环节自身也是考核点。因此，中国室内设计专业教育整体竞争力也可以分解和概括为输入竞争力、转换竞争力、输出竞争力三个基本构成要素，并且可以把这三个要素作为"ICO 动态三角评价模型"层次结构中的一级指标。诚然，只有一级指标还不足以对中国室内设计专业教育竞争力的实际状况进行全面而客观的评价，还需要设立更多层次的指标对其进行描述和判断。用于对一级指标进行描述的是二级指标，用于对二级指标进行判断的是三级指标。这三个层次的指标，构成中国室内设计专业竞争力评价体系的基本框架。

那么二级指标和三级指标该如何筛选呢？本书认为，首先要对应"ICO"三个环节，分别找出最能体现室内设计专业教育竞争力特征的描述性因素作为二级指标。输入环节是整个流程的基础。专业教育想要得以顺利开展，必定离不开校舍选址和建设投入，所以地理区位和投入规模，是最能体现输入竞争力的两大因素。当然，即使有了选址和投入，没有授课老师、没有教学管理、没有课程体系，也不可能自动形成教育产出，所以授课教师、教学管理和课程建设就构成了转换竞争力的主要因素。人才输出和知识输出，既是教育投入的目的，也是教学转换的结果，更是衡量教育质量和水平的主要因素。由此可见，"ICO 动态三角评价模型"的二级指标至少涵盖了地理区位、办学基础、生源质量，授课老师、教学管理、课程建设、学生培养，学术成果、雇主评价、社会声誉等因素。虽然二级指标对一级指标作了进一步的描述和界定，但由于二级指标不具备约束和判断功能，所以仍然需要根据二级指标的描述，寻找和筛选出一批可计量和可比较的客观数据作为三级指标，以完成中国室内设计专业教育竞争力"ICO 动态三角评价模型"的最终搭建。

三级指标是具有约束性的指标，是决定评价结果是否公平、合理、科学的基础指标。三级指标选取的方法和逻辑正确与否，将直接影响评价体系和评价结果的客观性乃至公信力。为了提高评价质量水平，降低因主观偏好而可能造成的评价不公风险，本书拟借鉴浙江大学大学评价国际委员会在 2006 年《国际大学创新力客观评价报告》[1]中提出的关于评价指标体系设计的六项原则（又称 SOCIAL 原则），作为筛选"ICO 动态三角评价模型"三级指标的基本原则要求。所谓 SOCIAL 原则，即科学（Scientific）原则、客观（Objectivity）原则、可比（Comparability）原则、创新（Innovation）原则、可得（Availability）原则、合理（Logically）原则。SOCIAL 原则在本书实际运用中的具体指向和要求，详见表 4-14。

---

[1] 浙江大学大学评价国际委员会. 国际大学创新力客观评价报告 [J]. 高等教育研究，2006，27（6）：24.

"ICO动态三角评价模型"指标体系设计原则　　　　表4-14

SOCIAL各项原则	各项原则说明
科学（Scientific）	指标关系逻辑严谨，数据来源合法可靠，样本量符合统计学意义
客观（Objectivity）	指标数据真实，客观存在，不掺杂评价者主观判断
可比（Comparativity）	所有指标数据均可计量比较，或基于同一标准下进行对比
创新（Innovation）	基于竞争视角，以达标和合规等约束性指标数据为优先选项
可得（Availability）	指标数据可通过公开途径直接获得，未依法公开计分减值
合理（Logically）	指标数据分析理性、适度，符合学术规范

资料来源：浙江大学大学评价国际委员会.国际大学创新力客观评价报告[J].高等教育研究，2006，27（6）：24.

在借鉴 SOCIAL 原则的基础上，本书引入以学生为中心、以结果为导向的新评价指标，以及参与国际教育互认与竞争为目标的教育评价新理念，确保三级计量指标的信度和效度。经过初步筛选，本书构建的中国室内设计专业教育竞争力评价指标体系雏形详见表4-15。

中国室内设计专业教育竞争力评价指标体系雏形　　　　表4-15

一级指标	二级指标	三级指标
输入要素	区位资源	城市区位
		产业资源
	办学基础	办学层次
		学科背景
	生源质量	招生分数
		生源背景
转换要素	教师队伍	名师占比
		名誉教授和兼职教授
		博士导师、硕士导师数占比
		教授、副教授占比
	教研转换基础	国家级、省级、校级的实验室
		国家级、省级科研课题
		国家级、省级重大项目
	实践教学管理	国家级、省级、校级的校企合作基地
		大学生创新创业项目
	教学质量管理	课程质量
		教学质量管理制度

一级指标	二级指标	三级指标
输出要素	专业知识	在职教师论文数；在职教师论文被引量
		入选国家级、省级教材数
		入选国家级、省级作品数
	学生成果	中国人居环境设计学年
		国内竞赛获奖
		国际竞赛获奖
	专业人才	毕业人数、毕业率
		升学率
		杰出校友

4.3.2 "ICO 动态三角评价模型"指标体系调研与论证

为了检验初次筛选出来的各层次指标是否符合 SOCIAL 原则，本书采用德尔菲法以定向和网络方式向相关专家发放问卷进行调研和征询意见。定向调研的专家均具有 10 年以上工作经验，以及经济学或教育学背景，专家基本情况及专业背景详见表 4-16。调研内容主要包括一级要素指标的概括是否合理，各层次和各指标之间关系是否合理，同级指标之间的重要性关系等。两轮定向问卷的回收率均达到 100%，专家积极响应系数较高。专家对指标体系的熟悉程度以专家自评价为主（问卷详见附录 A），计算结果显示，权威系数 Cr 等于 0.75，熟悉程度系数 Cs 为 0.81，判断系数 Ca 为 0.69，符合德尔菲法相关要求。

第一轮调研的协调系数为 0.53，在德尔菲专家调研法中属于协调性较高的系数，显示指标评价体系基本合理。本书根据第一轮专家调研收集到的意见，对指标体系进行了调整，并再次以问卷方式进行二次调研。第二轮调研的协调系数增加到 0.71，P 值小于 0.001（见表 4-17），再次证明本书建立的指标体系已达到德尔菲法要求的可采纳标准。专家协调系数及显著性的检验结果如表 4-17 所示。在调研过程中还发现，定向专家较为重视教育竞争力转换因素，行业专家则较为重视教育竞争力输出因素。这也与本书在 3.3.2 节中发现第三方、非院校专家的评价较注重对教学输出结果的评判一致。

德尔菲法调研的专家构成情况　　　　　　　　　　　　表4-16

项目	分类	人数	比例
专业工作年限	10年以下	2	10%
	10年以上	18	90%
学历	大学本科	3	15%
	硕士研究生	9	45%
	博士研究生	8	40%
专业	环境设计（室内设计方向）	12	60%
	环境设计（景观设计方向）	1	5%
	建筑学	2	10%
	设计学（非环境设计专业）	1	5%
	工学	1	5%
	经济学	1	5%
	管理学	1	5%
	教育学	1	5%

两轮调研的协调系数及其显著性检验结果　　　　　　　表4-17

	协调系数	自由度	卡方值	P值
第一轮调查	0.5341	79	843.9435	<0.001
第二轮调查	0.7194	48	1105	<0.001

第二轮调研的变异系数及拟调整指标　　　　　　　　　表4-18

	指标	评分	变异系数	指标调整	指标设置/调整理由
一级指标	输入要素	6.36 ± 2.18	0.34	不变	基于教学流程
	转换要素	6.68 ± 2.12	0.32	不变	
	输出要素	7.04 ± 2.30	0.33	不变	
三级指标	城市区位	6.51 ± 1.84	0.28	不变	资源竞争力
	企业资源	7.26 ± 1.64	0.23	实践教学资源	
	办学类型	6.33 ± 2.06	0.33	不变	
	办学层次	6.90 ± 1.40	0.20	不变	
	生均教学行政用房面积	5.52 ± 2.09	0.38	不变	法定基本办学条件
	生均教学仪器设备值	7.04 ± 1.78	0.25	不变	
	生均纸质图书拥有量	6.56 ± 2.03	0.31	不变	

	指标	评分	变异系数	指标调整	指标设置/调整理由
三级指标	生均教学运行支出	6.93 ± 1.69	0.24	不变	法定基本办学条件
	生均实践教学支出	7.68 ± 1.56	0.20	不变	
	本科生师比	5.96 ± 2.09	0.35	不变	
	研究生学位教师占比	6.70 ± 2.09	0.31	不变	
	高级职务教师占比	6.98 ± 2.08	0.30	不变	
	专业建设水平	7.53 ± 1.69	0.22	不变	标杆性指标
	课程设置达标率	6.84 ± 1.73	0.25	不变	国标匹配
	NCIDQ 匹配度	7.15 ± 1.71	0.24	不变	国际对标
	实践课程占比	7.40 ± 1.58	0.21	不变	国标匹配
	学生参评率	6.60 ± 1.70	0.26	不变	教学质量监督
	学生评价满意度	7.14 ± 1.66	0.23	不变	
	发表论文总数	6.01 ± 1.66	0.28	不变	知识输出及质量衡量
	论文 H 指数	7.28 ± 1.52	0.21	不变	
	国内学年奖获奖数	6.74 ± 1.66	0.25	不变	学生竞争能力考察
	金银铜奖总数	7.00 ± 1.75	0.25	不变	
	就业率	6.86 ± 1.99	0.29	就业率	兼顾学生创业
	深造率	6.41 ± 2.15	0.33	不变	学术人才输出
	毕业生就业满意度	7.22 ± 1.71	0.24	专业推荐率	学生满意度
	雇主满意度	7.49 ± 1.73	0.23	第三方排名	第三方声誉

与此同时，本书还以第一批入围国家级环境设计专业的院校为样本，根据初步建立的评价指标体系雏形进行三级指标数据收集。在收到相关专业人士反馈意见后，本书结合三级指标数据收集过程中发现的问题，对无法获得高度响应的指标和获得性较差的指标进行微调修订，详见表4-18，具体调整内容如下：

（1）输入环节指标的调整和修订。按现行高考制度，原二级指标中的"生源质量"其实已体现或可以体现在"办学层次"指标上，故将"生源质量"指标予以删除；原有二级指标"办学基础"仅设置了"办学层次"和"学科背景"两个三级指标，不足以体现输入环节的基本情况，故将"办学基础"调整为"办学定位"。原二级指标"企业资源"不能体现实践教学全貌，该指标调整为"实践教学资源"。原三级指标"学科背景"调整为"办学类型"；在此基础上，新增了"基础设施"和"教学经费"两个二级指标，以及"生均教学行政用房面积""生均教学仪器设备值""生均纸质图书拥有量""生均教学运行支出""生均实践教学支出"五个三级指标，这五个三级指标均属于具有政策约束力的强制性合格指标和监测指标，直接关系到室内设计专业教育实施主体是否可以顺利办学和招生的根本性问题，同时也隐含了专业教育实施主体的教学容量、教学经费和扩容潜力等信息。

（2）转换环节指标的调整和修订。二级指标"教师队伍"下的"名誉教授和兼职教授"和"名师占比"两项三级指标，数据的可获得性和可比性较差，且有"唯帽子"嫌疑，也与本科专业教育质量和基本办学条件无重大关联，故将这两项指标予以剔除。原有4个三级指标调整缩减为"本科生师比""研究生学位教师占比"和"高级职务教师占比"3个基础性、普遍性指标，这3个三级指标同样属于具有政策约束力的强制性合格指标和监测指标。二级指标"教研转换基础"及其三级指标，因与学科教育相关而与专业教育无重大直接关系，故调整为以结果为导向、以标准为规范的"专业建设"指标，并在其下设置"专业建设水平"和"课程设置达标率"2个三级指标，"专业建设水平"以是否入围"双万计划"建设点为评价标准，"课程设置达标率"以是否符合《本科教学质量标准》的程度作为评价标准。二级指标"实践教学管理"及其三级指标因数据难以获得且可比性较差予以删除，调整为"能力培养"二级指标以及"NCIDQ匹配度""实践课程占比"2个三级指标，具体修订理由有两条：①室内设计专业属于应用型专业，实践动手能力是专业室内设计师最基本的技能之一，这种能力往往需要通过实践课程获得，因此实践课程占比对教学效果和质量影响甚大。②NCIDQ是国际上最具影响力的室内设计师资格考试之一，引入"NCIDQ匹配度"指标，不仅有利于衡量我国室内设计专业教育水平差距，也符合我国高等教育应该参与国际教育竞争和教育标准制定的政策导向。原二级指标"教学质量管理"及其三级指标，因可比性和获得性较差故予剔除，调整为"教学效果"，以及"学生参评率"和"学生评价满意度"2个三级指标；这2个三级指标均为教育部要求各教育实施主体须在本科教学质量年度报告中公开的重要内容，反映师生教学互动质量，也体现了以学生为本的教育转变。"学生参评率"与"学生评价满意度"属于相互佐证的指标关系，没有参评率的满意度通常缺乏信度。

（3）输出环节指标的调整和修订。原二级指标"专业知识"的概念未能对输出竞争力要素作出准确描述，且因其下三级指标的可对比性和可获得性较差故予删除，调整为"知识输出"及其下"发表论文总数""论文 H 指数"指标。论文发表数量及其 H 指数，是衡量新知识输出能力和传播能力的重要指标，破"五唯"不等于完全放弃科研论文统计，引入"论文 H 指数"指标，可以对唯论文数量的错误评价倾向进行制约，增加对论文质量评价的比重。二级指标"学生成果"下的"国际竞赛获奖"三级指标，因数据获得性较差故予以删除，三级指标"国内竞赛获奖"调整分拆为"国内学年奖获奖数"和"金银铜获奖数"，校际间的设计竞赛是专业教育主体展示教学成果和教学能力的重要竞争场景之一。二级指标"专业人才"的概念未能满足对输出竞争力描述的需求，且其下三级指标"毕业人数、毕业率"未能体现人才培养质量的特征，"杰出校友"指标也缺乏定性和定量依据，故将这两个三级指标删除，二级指标调整为"人才输出"，三级指标调整为"就业率"和"深造率"。"深造率"包括国内外升学深造的比率，反映出输出人才知识水平和研究能力的相对优势，以及国内外院校对院校培养人才的认可度。从现实调研数据来看，专家问卷中本指标变异系数 0.33 属于变异系数较大的指标，专家对专业教育是否应该关注升学率还存在不同的见解，后续可以考虑将本指标权重适当降低。二级指标"社会声誉"下的"教育部评价"指标属于政府评价范畴，"行业评价"和"校友评价"指标数据的可获得性较差，故这 3 个三级指标调整为以学生为导向和社会整体评价为导向的"专业推荐指数"和"第三方排名"，改变以往仅以政府评价和专家评价为主导的评价模式，兼顾教育的社会声誉。

经调整和新修订的指标指向更加清晰，指标关系更加合理，指标体系详见图 4-18。"ICO 动态三角评价模型"的指标总数由 43 个减至 41 个，指标体系结构依然按照输入、转换、输出三个环节设置，其中一级指标 3 个、二级指标 12 个、三级指标 26 个。在德尔菲法调研过程中发现，专家评分变异性较低的一项为办学层次，其变异性系数小于 0.2，意味着专家对此指标认同度较高，认为办学层次与竞争力有正相关作用；专家评分变异性系数最大的是"生均教学行政用房面积"，其变异系数为 0.38，意味着专家对此指标的认同存在较大差异，但考虑到该指标属于教育部规定的约束性办学指标，因此决定将其保留，虽然其数值不是越大越好，不能盲目追求校园规模，但指标具有最低限度的约束要求，以保证教学的正常开展及为院校未来发展提供相应空间。另外一项变异系数较大的是"本科生师比"，这个指标也是教育部办学条件的约束性指标，在建筑学评估中有明确要求，也是衡量教学质量非常重要的参考指标，尤其在设计类专业中该指标决定了教师给予学生的辅导时间并一定程度上反映了辅导质量，因此本书保留该指标。

4.3 中国室内设计专业教育竞争力"ICO 评价模型"指标体系构建

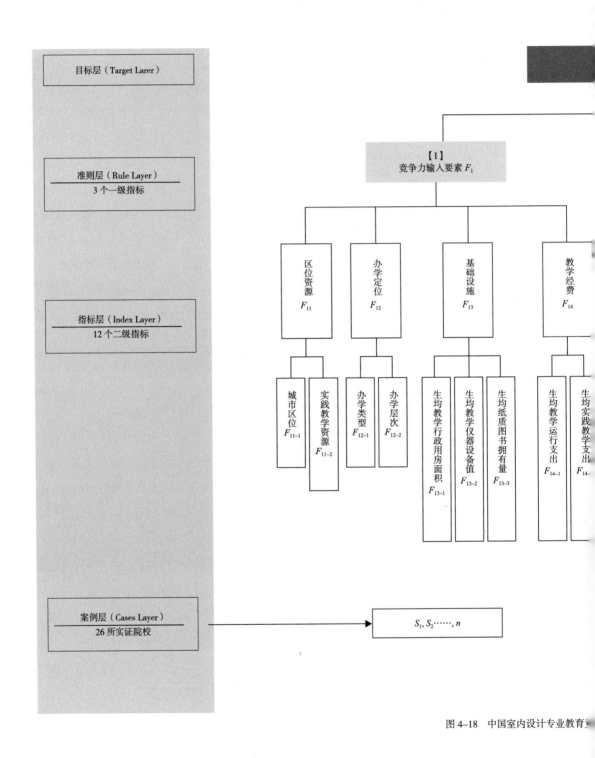

目标层（Target Larer）

准则层（Rule Layer）
3 个一级指标

指标层（Index Layer）
12 个二级指标

案例层（Cases Layer）
26 所实证院校

【I】
竞争力输入要素 F_1

区位资源 F_{11}

办学定位 F_{12}

基础设施 F_{13}

教学经费 F_{14}

城市区位 F_{11-1}

实践教学资源 F_{11-2}

办学类型 F_{12-1}

办学层次 F_{12-2}

生均教学行政用房面积 F_{13-1}

生均教学仪器设备值 F_{13-2}

生均纸质图书拥有量 F_{13-3}

生均教学运行支出 F_{14-1}

生均实践教学支出 F_{14-}

$S_1, S_2 \cdots\cdots, n$

图 4–18　中国室内设计专业教育

154

4　中国室内设计专业教育竞争力评价指标体系构建

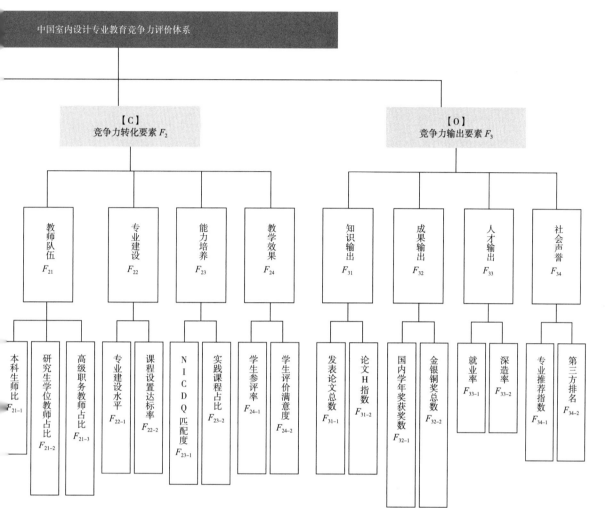

中国室内设计专业教育竞争力评价体系

【C】
竞争力转化要素 F_2

【O】
竞争力输出要素 F_3

教师队伍 F_{21}

专业建设 F_{22}

能力培养 F_{23}

教学效果 F_{24}

知识输出 F_{31}

成果输出 F_{32}

人才输出 F_{33}

社会声誉 F_{34}

本科生师比 F_{21-1}

研究生学位教师占比 F_{21-2}

高级职务教师占比 F_{21-3}

专业建设水平 F_{22-1}

课程设置达标率 F_{22-2}

NICDQ 匹配度 F_{23-1}

实践课程占比 F_{23-2}

学生参评率 F_{24-1}

学生评价满意度 F_{24-2}

发表论文总数 F_{31-1}

论文 H 指数 F_{31-2}

国内学年奖获奖数 F_{32-1}

金银铜奖总数 F_{32-2}

就业率 F_{33-1}

深造率 F_{33-2}

专业推荐指数 F_{34-1}

第三方排名 F_{34-2}

动态三角评价模型"指标体系

4.3 中国室内设计专业教育竞争力"ICO 评价模型"指标体系构建

4.3.3　"ICO 动态三角评价模型"指标体系合理性确认

为了进一步确认新修订模型指标体系的合理性和科学性，本书采用定向咨询与网络调研相结合的方式，在更大的范围内再次向相关领域的专家学者征询意见，由他们对新修订的指标体系和指标关系的合理性作出最终判断。此次咨询调研的设想和结果如下：

（1）定向咨询和网络调研均使用统一问卷，问题主要包括各项指标设置是否合理、指标对室内设计专业教育竞争力是否产生影响、对指标的重要性程度进行打分三方面的内容。

（2）定向问卷数据为小样本数据，平台问卷数据为大样本数据。两个样本之间相互佐证和相互补充。小样本是数据分析的基础，大样本是对小样本客观性和典型性的补充和校准。

（3）回收问卷按有效问卷和无效问卷分类处理。答题完整的问卷为有效问卷，答题缺项的问卷为无效问卷。无效问卷的数据不纳入数据统计。

（4）通过问卷星专业线上调研平台发起为期两周人数不限的网络问卷调研，调研对象必须为室内设计相关的企业高管或副高以上职称的专业人士。回收答卷 205 份，剔除回复不全的问卷，有效问卷 169 份，占比 82%。

（5）本次咨询调研共回收有效问卷 189 份，其中定向专家问卷 20 份、线上问卷 169 份。通过对这 189 份有效问卷进行数据统计，结果发现有 65% 的定向咨询对象和 94.67% 的平台调研对象，认为问卷中的指标体系设置具有合理性，综合比例接近 80%，具有统计学意义。初步判断，经过修订后的中国室内设计专业教育竞争力"ICO 动态三角评价模型"具有较高的认可度，不存在重大的结构性缺陷，可探索性地应用于中国室内设计专业教育竞争力评价活动。

4.3.4　"ICO 动态三角评价模型"体系的指标权重计算

关于"ICO 动态三角评价模型"各指标的相对重要性判断，采用层次分析法，由定向咨询专家和网络调研对象按照两两比较的原则进行打分决定，并经归一化处理和一致性检验后作为最终的权重系数。本书不对权重计分加以主观判断,以确保评价结果的客观性和公平性。

"ICO 模型"各指标之间的重要性程度,按照两两比较的原则可分为 9 个分值,1= 很不重要,3= 不太重要,5= 同样重要,7= 比较重要,9= 非常重要,2、4、6、8 为相邻分值的中间值。多人对同一指标进行打分时,最终得分按照加权平均方法进行处理,即总得分 / 总人数。在得到专家打分均值后,再根据方根法计算各级指标权重并进行一致性检验。为方便阅读以下将按一至三级指标的排序进行推算演示。

1. 一级指标权重系数的归一化处理和一致性检验

1)根据 189 份有效问卷的打分,输入要素的总得分为 1202 分,平均分值为 6.36 分;转换要素的总得分为 1263 分,平均分值为 6.68 分;输出要素的总得分为 1331 分,平均分值为 7.04 分。详见表 4–19~ 表 4–21。

一级指标输入要素重要性专家打分一览表　　　　　　　表4–19

输入要素重要性(专家打分)																	合计	平均分值
7	7	8	7	8	6	9	4	9	5	9	3	7	9	8	7	3	8	124	
6	8	4	5	1	5	2	8	3	8	9	2	5	2	2	7	6	4	87	
4	7	5	6	9	9	7	8	7	3	8	2	5	8	7	4	6	3	107	
4	8	9	7	3	7	4	8	7	3	8	2	5	8	7	4	6	8	128	
2	6	7	9	5	8	4	8	9	9	9	9	8	4	8	6	8	9	128	
6	3	5	7	7	3	3	7	7	8	1	8	8	7	9	7	3	7	106	
3	8	8	8	9	7	7	9	3	7	6	8	8	4	9	2	4	4	114	
7	7	9	5	7	8	6	7	7	8	8	8	4	6	5	7	8	7	124	
7	8	8	8	7	9	2	9	6	5	5	4	4	8	8	8	4	4	120	
8	8	6	3	8	7	9												49	
8	7	9	8	4	3	8	4	9	4	6	2	2	6	9	6	2	5	102	
5	8																	13	
																		1202	6.36

注:深灰部分是定向专家打分结果。

一级指标转换要素重要性专家打分一览表　　　　　　表4-20

转换要素重要性（专家打分）																		合计	平均分值
9	6	9	7	9	8	9	5	3	7	9	5	6	7	9	9	4	7	128	
6	9	3	6	5	7	3	9	3	9	8	3	7	3	5	8	5	3	102	
3	8	6	7	8	5	6	6	8	4	8	3	6	8	9	4	6	3	108	
6	7	8	9	3	8	7	5	1	9	7	6	8	9	7	5	8	8	121	
4	7	9	8	4	9	2	7	9	8	9	8	9	7	9	8	7	8	132	
9	2	8	8	8	3	4	8	8	7	2	7	7	6	8	9	5	7	116	
4	8	7	8	7	8	8	8	2	8	6	9	6	2	9	5	4	2	111	
8	8	7	8	9	7	8	6	7	8	9	5	3	9	9	8	9	5	133	
7	6	8	9	9	8	7	8	8	4	9	6	7	6	9	7	6	3	127	
7	9	7	3	7	9	9												51	
8	9	9	4	6	3	9	5	9	5	9	2	3	8	9	8	5	7	118	
8	8																	16	
																		1263	6.68

注：深灰部分是定向专家打分结果。

一级指标输出要素重要性专家打分一览表　　　　　　表4-21

输出要素重要性（专家打分）																		合计	平均分值
8	7	7	9	9	7	9	4	2	8	9	2	9	7	9	8	2	9	125	
8	8	5	6	3	5	5	8	3	9	8	1	8	4	3	9	8	2	103	
2	9	8	7	7	8	8	9	8	2	9	4	5	9	9	4	9	3	120	
6	7	9	8	5	8	9	8	4	9	9	7	8	9	9	3	8	9	135	
4	6	9	8	7	9	3	7	9	9	9	9	9	9	6	8	8	8	134	
8	4	5	9	9	3	2	9	9	9	3	9	9	9	8	9	9	9	132	
2	8	9	9	8	9	9	9	4	9	7	9	3	9	9	2	9	3	127	
7	8	8	6	9	9	7	9	8	8	6	8	9	8	8	9	8	8	139	
8	7	8	9	9	9	8	9	9	6	9	8	8	7	8	8	6	2	138	
9	8	8	3	9	7	8												52	
8	8	9	2	8	3	8	6	9	5	8	3	3	9	9	7	2	5	112	
6	8																	14	
																		1331	7.04

注：深灰部分是定向专家打分结果。

2）采用各指标的平均分值构建一级指标的判断矩阵 A，即表 4-22 的 FMA（First level indicators matrix A）矩阵。

一级指标判断矩阵（FMA）   表4-22

一级指标	输入要素（F_{1j}）	转换要素（F_{2j}）	输出要素（F_{3j}）
输入要素（F_{1i}）	6.36/6.36	6.36/6.68	6.36/7.04
转换要素（F_{2i}）	6.68/6.36	6.68/6.68	6.68/7.04
输出要素（F_{3i}）	7.04/6.36	7.04/6.68	7.04/7.04

3）将 FMA 判断矩阵中的三项指标用代号进行简化后，其数学表达式为：

$$\text{FMA}= \begin{matrix} F_{1i}/F_{1j}, & F_{1i}/F_{2j}, & F_{1i}/F_{3j} \\ F_{2i}/F_{1j}, & F_{2i}/F_{2j}, & F_{2i}/F_{3j} \\ F_{3i}/F_{1j}, & F_{3i}/F_{2j}, & F_{3i}/F_{3j} \end{matrix} \qquad (4-1)$$

4）运用乘积法计算出一级指标矩阵（FMA）的每行分值乘积，建立包含行乘积的判断矩阵 B，见表 4-23 的 FMB（First level indicators matrix B）矩阵。

一级指标判断矩阵（FMB）   表4-23

一级指标	F_{2j}	F_{3j}	行乘积
F_{1i}	6.36/6.68	6.36/7.04	0.8601
F_{2i}	6.68/6.68	6.68/7.04	0.9966
F_{3i}	7.04/6.68	7.04/7.04	1.1666

假设 FMB 矩阵每一行的分值乘积为 F_j，其数学表达式为：

$$F_j= \prod_{j=1}^{n} F_{ij}= \begin{matrix} F_{1i}/F_{1j} \cdot F_{1i}/F_{2j} \cdot F_{1i}/F_{3j} =0.8601 \\ F_{2i}/F_{1j} \cdot F_{2i}/F_{2j} \cdot F_{2i}/F_{3j} =0.9966 \\ F_{3i}/F_{1j} \cdot F_{3i}/F_{2j} \cdot F_{3i}/F_{3j} =1.1666 \end{matrix} \qquad (4-2)$$

5）运用方根法对 FMB 矩阵的行乘积进行几何平均处理，并计算出每行的几何平均值以及每行几何平均值的总和，建立包含行几何平均值和行几何平均值总和的判断矩阵 C，即表 4-24 的 FMC（First level indicators matrix C）矩阵。

一级指标	F_{1j}	F_{2j}	F_{3j}	行乘积	行几何平均值
F_{1i}	1	0.9521	0.9034	0.8601	0.9510
F_{2i}	1.0503	1	0.9489	0.9966	0.9989
F_{3i}	1.1069	1.0539	1	1.1666	1.0527
行几何平均值总和					3.0026

设 FMC 矩阵的行几何平均值为 $\overline{X_i}$，行几何平均值总和为 Sum，其数学表达式及计算结果为：

$$\overline{X_i}=\sqrt[n]{F_j}=\sqrt[3]{F_j}= \begin{array}{l} \sqrt[3]{(1\times0.9521\times0.9034)}=\sqrt[3]{0.8601}=0.9510 \\ \sqrt[3]{(1.0503\times1\times0.9489)}=\sqrt[3]{0.9966}=0.9989 \\ \sqrt[3]{(1.1069\times1.0539\times1)}=\sqrt[3]{1.1666}=1.0527 \end{array} \tag{4-3}$$

$$\text{Sum}=\sqrt[3]{0.9510}+\sqrt[3]{0.9989}+\sqrt[3]{1.0527}=3.0026 \tag{4-4}$$

6）对 FMC 矩阵的行几何平均值进行归一化处理，获得每个指标权重，建立包含指标权重的判断矩阵 D，即表 4-25 的 FMD（First level indicators matrix D）矩阵。

一级指标	F_{1j}	F_{2j}	F_{3j}	行乘积	行几何平均值	指标权重
F_{1i}	1	0.9521	0.9034	0.8601	0.9510	0.3167
F_{2i}	1.0503	1	0.9489	0.9966	0.9989	0.3327
F_{3i}	1.1069	1.0539	1	1.1666	1.0527	0.3506
行几何平均值总和					3.0026	—

设 FMD 矩阵的指标权重为 X_i，其数学表达式及计算结果为：

$$X_i=\frac{\overline{X_i}}{\sum_{i=1}^{n}\overline{X_i}}= \begin{bmatrix} F_{1i}/F_{1j}, & F_{1i}/F_{2j}, & F_{1i}/F_{3j} \\ F_{2i}/F_{1j}, & F_{2i}/F_{2j}, & F_{2i}/F_{3j} \\ F_{3i}/F_{1j}, & F_{3i}/F_{2j}, & F_{3i}/F_{3j} \end{bmatrix} \begin{bmatrix} 0.9510 \\ 0.9989 \\ 1.0527 \end{bmatrix} = \begin{bmatrix} 0.3167 \\ 0.3327 \\ 0.3506 \end{bmatrix} \tag{4-5}$$

7）计算 FMD 矩阵的最大特征根，建立包含最大特征根的判断矩阵 E，即表 4-26 的 FME（First level indicators matrix E）矩阵。

一级指标判断矩阵（FME） 表4-26

一级指标	F_{1j}	F_{2j}	F_{3j}	行乘积	行几何平均值	指标权重	最大特征根
F_{1i}	1	0.9521	0.9034	0.8601	0.9510	0.3167	
F_{2i}	1.0503	1	0.9489	0.9966	0.9989	0.3327	3.0095
F_{3i}	1.1069	1.0539	1	1.1666	1.0527	0.3506	
行几何平均值总和					3.0026	—	

FME 矩阵最大特征根（λ_{max}）的数学表达式及计算结果为：

$$\lambda_{max}=1/n\sum_{i=1}^{n}=1/3\sum_{i=1}^{3}\begin{bmatrix}0.9502\\0.9980\\1.0518\end{bmatrix}\Bigg/\begin{bmatrix}0.3167\\0.3327\\0.3506\end{bmatrix}=3.0095 \qquad (4-6)$$

8）对 FME 矩阵进行一致性检验，具体计算步骤如下：

（1）一致性指标的误差值（CI 值）的数学表达式及计算结果为：

$$CI=\frac{\lambda_{max}-n}{n-1}=\frac{\lambda_{max}-3}{3-1}=\frac{0.003}{2}=0.0048 \qquad (4-7)$$

（2）基于中国科学院软件所 GSL 实验室洪志国和中国科学技术大学计算机系李炎算法而形成的高阶（$n>15$，≤ 30）平均随机一致性指标（RI）取值表（表4-27）[136]，可查得与 FMD 矩阵指标阶数（$n=3$）相对应的 RI 值为 0.52。

洪志国/李炎高阶平均随机一致性指标 RI 取值表[①] 表4-27

序号	1	2	3	4	5	6	7	8	9	10	11	12	13	14	15
RI	0	0	0.52	0.89	1.12	1.26	1.36	1.41	1.46	1.49	1.52	1.54	1.56	1.58	1.59
序号	16	17	18	19	20	21	22	23	24	25	26	27	28	29	30
RI	1.594	1.606	1.613	1.621	1.629	1.636	1.640	1.646	1.650	1.656	1.656	1.663	1.667	1.669	1.672

---

① 洪志国，李炎.层次分析法中高阶平均随机一致性指标（RI）的计算 [J].计算机工程与应用，2002（12）：45-48.

（3）根据随机一致性比率公式，计算出 FME 矩阵指标的一致性比率（CR）值，具体数学表达式为：

$$CR = \frac{CI}{RI} = \frac{0.0048}{0.52} = 0.0092 < 0.1 \tag{4-8}$$

（4）根据层次分析法一致性判断原则，当 CR 值小于 0.1 时，可判断矩阵指标符合一致性评价。依据上述运算结果，可得出 FME 矩阵通过一致性检验的结论。符合一致性评价的一级指标权重的最终判断矩阵如表 4-28 所示。

一级指标权重及一致性检验结果　　　　　　　　　　　表4-28

一级指标	F_{1j}	F_{2j}	F_{3j}	指标权重	一致性检验结果
F_{1i}	1	0.9521	0.9034	0.3167	$\lambda_{max}=3.0095$, $CI=0.0048$, $RI=0.52$, $CR=CI/RI=0.0092 < 0.1$
F_{2i}	1.0503	1	0.9489	0.3327	
F_{3i}	1.1069	1.0539	1	0.3506	

2. 二级指标权重归一化处理和一致性检验

按照一级指标的处理方法和处理流程，分别对本书构建的中国室内设计专业教育竞争力评价体系中各二级指标的权重进行归一化处理和一致性检验。

1）采用 189 份有效问卷打分的平均分值构建各个二级指标的判断矩阵，即如表 4-29~表 4-31 所示的 SMA（Second level indicators matrix A）、SMB（Second level indicators matrix B）、SMC（Second level indicators matrix C）三个二级指标判断矩阵。

二级指标判断矩阵（SMA）　　　　　　　　　　　表4-29

二级指标	区位资源（F_{11j}）	办学定位（F_{12j}）	基础设施（F_{13j}）	教学经费（F_{14j}）
区位资源（F_{11i}）	6.89/6.89	6.89/6.68	6.89/6.37	6.89/7.31
办学定位（F_{12i}）	6.68/6.89	6.68/6.68	6.68/6.37	6.68/7.31
基础设施（F_{13i}）	6.37/6.89	6.37/6.68	6.37/6.37	6.37/7.31
教学经费（F_{14i}）	7.31/6.89	7.31/6.68	7.31/6.37	7.31/7.31

二级指标判断矩阵（SMB）　　　　　　表4-30

二级指标	教师队伍（F_{21j}）	专业建设（F_{22j}）	能力培养（F_{23j}）	教学效果（F_{24j}）
教师队伍（F_{21i}）	6.55/6.55	6.55/7.19	6.55/7.28	6.55/6.87
专业建设（F_{22i}）	7.19/6.55	7.19/7.19	7.19/7.28	7.19/6.87
能力培养（F_{23i}）	7.28/6.55	7.28/7.19	7.28/7.28	7.28/6.87
教学效果（F_{24i}）	6.87/6.55	6.87/7.19	6.87/7.28	6.87/6.87

二级指标判断矩阵（SMC）　　　　　　表4-31

二级指标	知识输出（F_{31j}）	成果输出（F_{32j}）	人才输出（F_{33j}）	社会声誉（F_{34j}）
知识输出（F_{31i}）	5.98/5.98	5.98/6.87	5.98/6.32	5.98/6.58
成果输出（F_{32i}）	6.87/5.98	6.87/6.87	6.87/6.32	6.87/6.58
人才输出（F_{33i}）	6.32/5.98	6.32/6.87	6.32/6.32	6.32/6.58
社会声誉（F_{34i}）	6.58/5.98	6.58/6.87	6.58/6.32	6.58/6.58

采用指标代号简化后，SMA矩阵、SMB矩阵、SMC矩阵数学表达式如下：

$$SMA=\begin{bmatrix} F_{11i}/F_{11j}, & F_{11i}/F_{12j}, & F_{11i}/F_{13j}, & F_{11i}/F_{14j} \\ F_{12i}/F_{11j}, & F_{12i}/F_{12j}, & F_{12i}/F_{13j}, & F_{12i}/F_{14j} \\ F_{13i}/F_{11i}, & F_{13i}/F_{12j}, & F_{13i}/F_{13j}, & F_{13i}/F_{14j} \\ F_{14i}/F_{11i}, & F_{14i}/F_{12j}, & F_{14i}/F_{13j}, & F_{14i}/F_{14j} \end{bmatrix} \qquad (4-9)$$

$$SMB=\begin{bmatrix} F_{21i}/F_{21j}, & F_{21i}/F_{22j}, & F_{21i}/F_{23j}, & F_{21i}/F_{24j} \\ F_{22i}/F_{21j}, & F_{22i}/F_{22j}, & F_{22i}/F_{23j}, & F_{22i}/F_{24j} \\ F_{23i}/F_{21i}, & F_{23i}/F_{22j}, & F_{23i}/F_{23j}, & F_{23i}/F_{24j} \\ F_{24i}/F_{21i}, & F_{24i}/F_{22j}, & F_{24i}/F_{23j}, & F_{24i}/F_{24j} \end{bmatrix} \qquad (4-10)$$

$$SMC=\begin{bmatrix} F_{31i}/F_{31j}, & F_{31i}/F_{32j}, & F_{31i}/F_{33j}, & F_{31i}/F_{34j} \\ F_{32i}/F_{31j}, & F_{32i}/F_{32j}, & F_{32i}/F_{33j}, & F_{32i}/F_{34j} \\ F_{33i}/F_{31i}, & F_{33i}/F_{32j}, & F_{33i}/F_{33j}, & F_{33i}/F_{34j} \\ F_{34i}/F_{31i}, & F_{34i}/F_{32j}, & F_{34i}/F_{33j}, & F_{34i}/F_{34j} \end{bmatrix} \qquad (4-11)$$

2）运用乘积法分别计算二级指标SMA矩阵、SMB矩阵、SMC矩阵的每行分值乘积，分别建立包含行乘积的SMA-1矩阵、SMB-1矩阵、SMC-1矩阵，如表4-32~表4-34所示。

4.3　中国室内设计专业教育竞争力"ICO评价模型"指标体系构建

二级指标判断矩阵（SMA-1）

表4-32

二级指标	F_{11j}	F_{12j}	F_{13j}	F_{14j}	行乘积
F_{11i}	1	1.0314	1.0816	0.9425	1.0515
F_{12i}	0.9695	1	1.04867	0.9138	0.9291
F_{13i}	0.9245	0.943	1	0.8714	0.7683
F_{14i}	1.0610	1.0943	1.1476	1	1.3323

二级指标判断矩阵（SMB-1）

表4-33

二级指标	F_{21j}	F_{22j}	F_{23j}	F_{24j}	行乘积
F_{21i}	1	0.9110	0.8997	0.9534	0.7815
F_{22i}	1.0977	1	0.9876	1.0466	1.1346
F_{23i}	1.1115	1.0125	1	1.0597	1.1925
F_{24i}	1.0489	0.9555	0.9437	1	0.9457

二级指标判断矩阵（SMC-1）

表4-34

二级指标	F_{31j}	F_{32j}	F_{33j}	F_{34j}	行乘积
F_{31i}	1	0.8705	0.9462	0.9088	0.7485
F_{32i}	1.1488	1	1.0870	1.0441	1.3038
F_{33i}	1.0569	0.9199	1	0.9605	0.9338
F_{34i}	1.1003	0.9578	1.0411	1	1.0972

设 SMA 矩阵、SMB 矩阵、SMC 矩阵的每行分值乘积为 F_j，其数学表达式及计算结果分别为：

$$\text{SMA 矩阵的 } F_j = \prod_{j=1}^{n} F_{ij} = \begin{bmatrix} F_{11i}/F_{11j} \cdot F_{11i}/F_{12j} \cdot F_{11i}/F_{13j} \cdot F_{11i}/F_{14j} \\ F_{12i}/F_{11j} \cdot F_{12i}/F_{12j} \cdot F_{12i}/F_{13j} \cdot F_{12i}/F_{14j} \\ F_{13i}/F_{11i} \cdot F_{13i}/F_{12j} \cdot F_{13i}/F_{13j} \cdot F_{13i}/F_{14j} \\ F_{14i}/F_{11i} \cdot F_{14i}/F_{12j} \cdot F_{14i}/F_{13j} \cdot F_{14i}/F_{14j} \end{bmatrix} = \begin{bmatrix} 1.0515 \\ 0.9291 \\ 0.7683 \\ 1.3323 \end{bmatrix} \quad (4-12)$$

$$\text{SMB 矩阵的 } F_j = \prod_{j=1}^{n} F_{ij} = \begin{bmatrix} F_{21i}/F_{21j} \cdot F_{21i}/F_{22j} \cdot F_{21i}/F_{23j} \cdot F_{21i}/F_{24j} \\ F_{22i}/F_{21j} \cdot F_{22i}/F_{22j} \cdot F_{22i}/F_{23j} \cdot F_{22i}/F_{24j} \\ F_{23i}/F_{21i} \cdot F_{23i}/F_{22j} \cdot F_{23i}/F_{23j} \cdot F_{23i}/F_{24j} \\ F_{24i}/F_{21i} \cdot F_{24i}/F_{22j} \cdot F_{24i}/F_{23j} \cdot F_{24i}/F_{24j} \end{bmatrix} = \begin{bmatrix} 0.7815 \\ 1.1346 \\ 1.1925 \\ 0.9457 \end{bmatrix} \quad (4-13)$$

$$\text{SMC 矩阵的 } F_j = \prod_{j=1}^{n} F_{ij} = \begin{bmatrix} F_{31i}/F_{31j} \cdot F_{31i}/F_{32j} \cdot F_{31i}/F_{33j} \cdot F_{31i}/F_{34j} \\ F_{32i}/F_{31j} \cdot F_{32i}/F_{32j} \cdot F_{32i}/F_{33j} \cdot F_{32i}/F_{34j} \\ F_{33i}/F_{31i} \cdot F_{33i}/F_{32j} \cdot F_{33i}/F_{33j} \cdot F_{33i}/F_{34j} \\ F_{34i}/F_{31i} \cdot F_{34i}/F_{32j} \cdot F_{34i}/F_{33j} \cdot F_{34i}/F_{34j} \end{bmatrix} = \begin{bmatrix} 0.7485 \\ 1.3038 \\ 0.9338 \\ 1.0972 \end{bmatrix} \quad (4-14)$$

3）运用方根法对SMA-1矩阵、SMB-1矩阵、SMC-1矩阵的每行分值乘积进行几何平均处理，建立包含行几何平均值和行几何平均值总和的新矩阵，即SMA-2矩阵（表4-35）、SMB-2矩阵（表4-36）、SMC-2矩阵（表4-37）。

二级指标判断矩阵（SMA-2） 表4-35

二级指标	F_{11j}	F_{12j}	F_{13j}	F_{14j}	行乘积	行几何平均值
F_{11i}	1	1.0314	1.0816	0.9425	1.0515	1.0126
F_{12i}	0.9695	1	1.04867	0.9138	0.9291	0.9818
F_{13i}	0.9245	0.943	1	0.8714	0.7683	0.9362
F_{14i}	1.0610	1.0943	1.1476	1	1.3323	1.1543
行几何平均值总和						4.0849

二级指标判断矩阵（SMB-2） 表4-36

二级指标	F_{21j}	F_{22j}	F_{23j}	F_{24j}	行乘积	行几何平均值
F_{21i}	1	0.9110	0.8997	0.9534	0.7815	0.9402
F_{22i}	1.0977	1	0.9876	1.0466	1.1346	1.0321
F_{23i}	1.1115	1.0125	1	1.0597	1.1925	1.0450
F_{24i}	1.0489	0.9555	0.9437	1	0.9457	0.9861
行几何平均值总和						4.0034

二级指标判断矩阵（SMC-2） 表4-37

二级指标	F_{31j}	F_{32j}	F_{33j}	F_{34j}	行乘积	行几何平均值
F_{31i}	1	0.8705	0.9462	0.9088	0.7485	0.9301
F_{32i}	1.1488	1	1.0870	1.0441	1.3038	1.0686
F_{33i}	1.0569	0.9199	1	0.9605	0.9338	0.9830
F_{34i}	1.1003	0.9578	1.0411	1	1.0972	1.0235
行几何平均值总和						4.0052

设SMA-2矩阵、SMB-2矩阵、SMC-2矩阵的行几何平均值为$\overline{X}_i$，其数学表达式及计算结果分别为：

4.3 中国室内设计专业教育竞争力"ICO评价模型"指标体系构建

$$\text{SMA-2 矩阵的 } \overline{X_i} = \sqrt[n]{F_j} = \sqrt[4]{F_j} = \begin{bmatrix} 1.0126 \\ 0.9818 \\ 0.9362 \\ 1.1543 \end{bmatrix} \qquad (4-15)$$

$$\text{SMB-2 矩阵的 } \overline{X_i} = \sqrt[n]{F_j} = \sqrt[4]{F_j} = \begin{bmatrix} 0.9402 \\ 1.0321 \\ 1.0450 \\ 0.9861 \end{bmatrix} \qquad (4-16)$$

$$\text{SMC-2 矩阵的 } \overline{X_i} = \sqrt[n]{F_j} = \sqrt[4]{F_j} = \begin{bmatrix} 0.9301 \\ 1.0686 \\ 0.9830 \\ 1.0235 \end{bmatrix} \qquad (4-17)$$

4）对 SMA-2 矩阵、SMB-2 矩阵、SMC-2 矩阵的行几何平均值进行归一化处理，获得各指标权重，建立包含指标权重的 SMA-3（表 4-38）、SMB-3（表 4-39）、SMC-3（表 4-40）矩阵。

二级指标判断矩阵（SMA-3）　　　　表4-38

二级指标	F_{11j}	F_{12j}	F_{13j}	F_{14j}	行乘积	行几何平均值	指标权重
F_{11i}	1	1.0314	1.0816	0.9425	1.0515	1.0126	0.2479
F_{12i}	0.9695	1	1.04867	0.9138	0.9291	0.9818	0.2403
F_{13i}	0.9245	0.943	1	0.8714	0.7683	0.9362	0.2292
F_{14i}	1.0610	1.0943	1.1476	1	1.3323	1.1543	0.2826
行几何平均值总和						4.0849	—

二级指标判断矩阵（SMB-3）　　　　表4-39

二级指标	F_{21j}	F_{22j}	F_{23j}	F_{24j}	行乘积	行几何平均值	指标权重
F_{21i}	1	0.9110	0.8997	0.9534	0.7815	0.9402	0.2349
F_{22i}	1.0977	1	0.9876	1.0466	1.1346	1.0321	0.2578
F_{23i}	1.1115	1.0125	1	1.0597	1.1925	1.0450	0.2610
F_{24i}	1.0489	0.9555	0.9437	1	0.9457	0.9861	0.2463
行几何平均值总和						4.003	—

4　中国室内设计专业教育竞争力评价指标体系构建

二级指标	F_{31j}	F_{32j}	F_{33j}	F_{34j}	行乘积	行几何平均值	指标权重
F_{31i}	1	0.8705	0.9462	0.9088	0.7485	0.9301	0.2322
F_{32i}	1.1488	1	1.0870	1.0441	1.3038	1.0686	0.2668
F_{33i}	1.0569	0.9199	1	0.9605	0.9338	0.9830	0.2454
F_{34i}	1.1003	0.9578	1.0411	1	1.0972	1.0235	0.2555
行几何平均值总和						4.0052	—

设 SMA-2 矩阵、SMB-2 矩阵、SMC-2 矩阵的指标权重为 X_i，其数学表达式及计算结果分别为：

SMA-2 矩阵的 X_i=

$$\frac{\overline{X}_i}{\sum_{i=1}^{n}\overline{X}_i}=\begin{bmatrix} F_{11i}/F_{11j}, & F_{11i}/F_{12j}, & F_{11i}/F_{13j}, & F_{11i}/F_{14j} \\ F_{12i}/F_{11j}, & F_{12i}/F_{12j}, & F_{12i}/F_{13j}, & F_{12i}/F_{14j} \\ F_{13i}/F_{11j}, & F_{13i}/F_{12j}, & F_{13i}/F_{13j}, & F_{13i}/F_{14j} \\ F_{14i}/F_{11j}, & F_{14i}/F_{12j}, & F_{14i}/F_{13j}, & F_{14i}/F_{14j} \end{bmatrix}\begin{bmatrix} 1.0126 \\ 0.9818 \\ 0.9362 \\ 1.1543 \end{bmatrix}=\begin{bmatrix} 0.2479 \\ 0.2403 \\ 0.2292 \\ 0.2826 \end{bmatrix} \quad (4-18)$$

SMB-2 矩阵的 X_i=

$$\frac{\overline{X}_i}{\sum_{i=1}^{n}\overline{X}_i}=\begin{bmatrix} F_{21i}/F_{21j}, & F_{21i}/F_{22j}, & F_{21i}/F_{23j}, & F_{21i}/F_{24j} \\ F_{22i}/F_{21j}, & F_{22i}/F_{22j}, & F_{22i}/F_{23j}, & F_{22i}/F_{24j} \\ F_{23i}/F_{21j}, & F_{23i}/F_{22j}, & F_{23i}/F_{23j}, & F_{23i}/F_{24j} \\ F_{24i}/F_{21j}, & F_{24i}/F_{22j}, & F_{24i}/F_{23j}, & F_{24i}/F_{24j} \end{bmatrix}\begin{bmatrix} 0.9402 \\ 1.0321 \\ 1.0450 \\ 0.9861 \end{bmatrix}=\begin{bmatrix} 0.2349 \\ 0.2578 \\ 0.2610 \\ 0.2463 \end{bmatrix} \quad (4-19)$$

SMC-2 矩阵的 X_i=

$$\frac{\overline{X}_i}{\sum_{i=1}^{n}\overline{X}_i}=\begin{bmatrix} F_{31i}/F_{31j}, & F_{31i}/F_{32j}, & F_{31i}/F_{33j}, & F_{31i}/F_{34j} \\ F_{32i}/F_{31j}, & F_{32i}/F_{32j}, & F_{32i}/F_{33j}, & F_{32i}/F_{34j} \\ F_{33i}/F_{31j}, & F_{33i}/F_{32j}, & F_{33i}/F_{33j}, & F_{33i}/F_{34j} \\ F_{34i}/F_{31i}, & F_{34i}/F_{32j}, & F_{34i}/F_{33j}, & F_{34i}/F_{34j} \end{bmatrix}\begin{bmatrix} 0.9301 \\ 1.0686 \\ 0.9830 \\ 1.0235 \end{bmatrix}=\begin{bmatrix} 0.2322 \\ 0.2668 \\ 0.2454 \\ 0.2555 \end{bmatrix} \quad (4-20)$$

5）运用最大特征根的计算公式，求出 SMA-3 矩阵、SMB-3 矩阵、SMC-3 矩阵的最大特征根，建立包含最大特征根的 SMA-4 矩阵（表4-41）、SMB-4 矩阵（表4-42）、SMC-4 矩阵（表4-43）。

4.3　中国室内设计专业教育竞争力"ICO评价模型"指标体系构建

二级指标判断矩阵（SMA-4） 表4-41

二级指标	F_{11j}	F_{12j}	F_{13j}	F_{14j}	行乘积	行几何平均值	指标权重	最大特征根
F_{11i}	1	1.0314	1.0816	0.9425	1.0515	1.0126	0.2479	
F_{12i}	0.9695	1	1.04867	0.9138	0.9291	0.9818	0.2403	4.0039
F_{13i}	0.9245	0.943	1	0.8714	0.7683	0.9362	0.2292	
F_{14i}	1.0610	1.0943	1.1476	1	1.3323	1.1543	0.2826	
行几何平均值总和						4.0849		—

二级指标判断矩阵（SMB-4） 表4-42

二级指标	F_{21j}	F_{22j}	F_{23j}	F_{24j}	行乘积	行几何平均值	指标权重	最大特征根
F_{21i}	1	0.9110	0.8997	0.9534	0.7815	0.9402	0.2349	
F_{22i}	1.0977	1	0.9876	1.0466	1.1346	1.0321	0.2578	4.0217
F_{23i}	1.1115	1.0125	1	1.0597	1.1925	1.0450	0.2610	
F_{24i}	1.0489	0.9555	0.9437	1	0.9457	0.9861	0.2463	
行几何平均值总和						4.003		—

二级指标判断矩阵（SMC-4） 表4-43

二级指标	F_{31j}	F_{32j}	F_{33j}	F_{34j}	行乘积	行几何平均值	指标权重	最大特征根
F_{31i}	1	0.8705	0.9462	0.9088	0.7485	0.9301	0.2322	
F_{32i}	1.1488	1	1.0870	1.0441	1.3038	1.0686	0.2668	4.0109
F_{33i}	1.0569	0.9199	1	0.9605	0.9338	0.9830	0.2454	
F_{34i}	1.1003	0.9578	1.0411	1	1.0972	1.0235	0.2555	
行几何平均值总和						4.0052		—

SMA-4、SMB-4、SMC-4矩阵最大特征根的数学表达式及计算结果分别为：

SMA-4矩阵的最大特征根 =

$$\frac{1}{4}\Sigma_{i=1}^{n}[\,(SMA\text{-}4x)\,{}_i/X_i]=\frac{1}{4}\Sigma_{i=1}^{4}\begin{bmatrix}1.0100\\0.9792\\0.9338\\1.0716\end{bmatrix}\Bigg/\begin{bmatrix}0.2479\\0.2403\\0.2292\\0.2826\end{bmatrix}=4.0039 \qquad (4\text{-}21)$$

SMB-4 矩阵的最大特征根 =

$$\frac{1}{4}\Sigma_{i=1}^{n}[\ (SMB\text{-}4x\ )\ _i/X_i]=\frac{1}{4}\Sigma_{i=1}^{4}\begin{bmatrix}0.9394\\1.0312\\1.0441\\0.9853\end{bmatrix}\Bigg/\begin{bmatrix}0.2349\\0.2578\\0.2610\\0.2463\end{bmatrix}=4.0217 \qquad (4\text{-}22)$$

SMC-4 矩阵的最大特征根 =

$$\frac{1}{4}\Sigma_{i=1}^{n}[\ (SMC\text{-}4x\ )\ _i/X_i]=\frac{1}{4}\Sigma_{i=1}^{4}\begin{bmatrix}0.9289\\1.0672\\0.9817\\1.0221\end{bmatrix}\Bigg/\begin{bmatrix}0.2322\\0.2668\\0.2454\\0.2555\end{bmatrix}=4.0109 \qquad (4\text{-}23)$$

6）对 SMA-4 矩阵、SMB-4 矩阵、SMC-4 矩阵进行一致性检验，具体计算和验证步骤如下：

（1）SMA-4、SMB-4、SMC-4 三个矩阵的指标一致性差值（CI 值）的数学表达式及计算结果分别为：

SMA-4 矩阵的

$$CI=\frac{\lambda_{\max}-n}{n-1}=\frac{4.0039-4}{4-1}=0.0013 \qquad (4\text{-}24)$$

SMB-4 矩阵的

$$CI=\frac{\lambda_{\max}-n}{n-1}=\frac{4.0217-4}{4-1}=0.0072 \qquad (4\text{-}25)$$

SMC-4 矩阵的

$$CI=\frac{\lambda_{\max}-n}{n-1}=\frac{4.0109-4}{4-1}=0.0036 \qquad (4\text{-}26)$$

（2）基于洪志国 / 李炎高阶平均随机一致性指标（RI）取值表（见表 4-27），查得 4 阶矩阵的 RI 值为 0.89。

4.3 中国室内设计专业教育竞争力"ICO 评价模型"指标体系构建

（3）SMA-4、SMB-4、SMC-4 三个矩阵的指标一致性比值（ CR 值）数学表达式及计算结果分别为：

$$SMA-4 \text{ 矩阵的 } CR=\frac{CI}{RI}=\frac{0.0013}{0.89}=0.0014<0.1 \qquad (4-27)$$

$$SMB-4 \text{ 矩阵的 } CR=\frac{CI}{RI}=\frac{0.0072}{0.89}=0.0081<0.1 \qquad (4-28)$$

$$SMC-4 \text{ 矩阵的 } CR=\frac{CI}{RI}=\frac{0.0036}{0.89}=0.0041<0.1 \qquad (4-29)$$

（4）根据层次分析法一致性判断原则，当 CR 值小于 0.1 时，可判断矩阵指标符合一致性。依据上述运算结果，可作出 SMA-4、SMB-4、SMC-4 三个矩阵均通过一致性检验的结论，符合一致性评价的最终二级指标权重判断矩阵如表4-44所示。

二级指标权重最终判断矩阵　　　　　　　　　　表4-44

F_1	F_{11j}	F_{12j}	F_{13j}	F_{14j}	指标权重	
F_{11i}	1	1.0314	1.0816	0.9425	0.2479	λ_{max}=4.0039，CI=0.0013，RI=0.89，$CR=CI/RI$=0.0014 < 0.1，通过一致性检验
F_{12i}	0.9695	1	1.04867	0.9138	0.2403	
F_{13i}	0.9245	0.943	1	0.8714	0.2292	
F_{14i}	1.0610	1.0943	1.1476	1	0.2826	
F_2	F_{21j}	F_{22j}	F_{23j}	F_{24j}	指标权重	
F_{21i}	1	0.9110	0.8997	0.9534	0.2349	λ_{max}=4.0217，CI=0.0072，RI=0.89，$CR=CI/RI$=0.0081 < 0.1，通过一致性检验
F_{22i}	1.0977	1	0.9876	1.0466	0.2578	
F_{23i}	1.1115	1.0125	1	1.0597	0.2610	
F_{24i}	1.0489	0.9555	0.9437	1	0.2463	
F_3	F_{31j}	F_{32j}	F_{33j}	F_{34j}	指标权重	
F_{31i}	1	0.8705	0.9462	0.9088	0.2322	λ_{max}=4.0109，CI=0.0036，RI=0.89，$CR=CI/RI$=0.0041 < 0.1，通过一致性检验
F_{32i}	1.1488	1	1.0870	1.0441	0.2668	
F_{33i}	1.0569	0.9199	1	0.9605	0.2454	
F_{34i}	1.1003	0.9578	1.0411	1	0.2555	

3. 三级指标权重归一化处理和一致性检验

采用与一级指标和二级指标一致的数据处理方法和步骤，对中国室内设计专业教育竞争力评价体系的各三级指标进行权重归一化处理和矩阵一致性检验，然后获得三级指标的权重分值。

三级指标群主要由二阶矩阵和三阶矩阵组成，在26个三级指标矩阵中，二阶矩阵占了20个，三阶矩阵只占了6个。为了提高数据处理效率，不再逐一单独列出每个矩阵进行计算，而是在对不同专家给出的三级指标分值进行平均加权处理后，将所有矩阵合并在一个三级指标矩阵表中，并省略计算过程，直接将归一化处理结果和一致性检验结果填入三级指标矩阵表，详见表4-45。

三级指标权重及一致性检验矩阵 表4-45

F_{11}	F_{111j}	F_{112j}		行乘积	行几何平均值	指标权重	一致性检验
F_{111i}	6.51/6.51	6.51/7.26		0.8967	0.9469	0.4728	∵二阶 $RI=0$，∴ $CR=0<0.1$，通过检验
F_{112i}	7.26/6.51	7.26/7.26		1.1152	1.0560	0.5272	
F_{12}	F_{121j}	F_{122j}		行乘积	行几何平均值	指标权重	一致性检验
F_{121i}	6.46/6.46	6.46/6.90		0.9362	0.9676	0.4835	∵二阶 $RI=0$，∴ $CR=0<0.1$，通过检验
F_{122i}	6.90/6.46	6.90/6.90		1.0681	1.0335	0.5165	
F_{13}	F_{131j}	F_{132j}	F_{133j}	行乘积	行几何平均值	指标权重	一致性检验
F_{131i}	5.52/5.52	5.52/7.04	5.52/6.56	0.6598	0.8706	0.2887	$\lambda_{max}=3.0098$，$CI=0.0049$，$RI=0.52$，$CR=0.0094<0.1$，通过检验
F_{132i}	7.04/5.52	7.04/7.04	7.04/6.56	1.3687	1.1103	0.3682	
F_{133i}	6.56/5.52	6.56/7.04	6.56/6.56	1.1074	1.0358	0.3431	
F_{14}	F_{141j}	F_{142j}		行乘积	行几何平均值	指标权重	一致性检验
F_{141i}	6.93/6.93	6.93/7.68		0.9023	0.9499	0.4743	∵二阶 $RI=0$，∴ $CR=0<0.1$，通过检验
F_{142i}	7.68/6.93	7.68/6.93		1.1082	1.0527	0.5257	
F_{21}	F_{211j}	F_{212j}	F_{213j}	行乘积	行几何平均值	指标权重	一致性检验
F_{211i}	5.96/5.96	5.96/6.70	5.96/6.98	0.7596	0.9124	0.3035	$\lambda_{max}=3.0111$，$CI=0.0056$，$RI=0.52$，$CR=0.0107<0.1$，通过检验
F_{212i}	6.70/5.96	6.70/6.70	6.70/6.98	1.0791	1.0257	0.3411	
F_{213i}	6.98/5.96	6.98/6.70	6.98/6.98	1.2201	1.0686	0.3554	
F_{22}	F_{221j}	F_{222j}		行乘积	行几何平均值	指标权重	一致性检验
F_{221i}	7.53/7.53	7.53/6.84		1.1009	1.0492	0.5240	∵二阶 $RI=0$，∴ $CR=0<0.1$，通过检验
F_{222i}	6.84/7.53	6.84/6.84		0.9084	0.9531	0.4760	

4.3 中国室内设计专业教育竞争力"ICO评价模型"指标体系构建

F_{23}	F_{231j}	F_{232j}	行乘积	行几何平均值	指标权重	一致性检验
F_{231i}	7.15/7.15	7.15/7.40	0.9662	0.9830	0.4914	∵二阶 $RI=0$,
F_{232i}	7.40/7.15	7.40/7.15	1.0350	1.0173	0.5086	∴$CR=0 < 0.1$, 通过检验
F_{24}	F_{241j}	F_{242j}	行乘积	行几何平均值	指标权重	一致性检验
F_{241i}	6.60/6.60	6.60/7.14	0.9244	0.9614	0.4803	∵二阶 $RI=0$,
F_{242i}	7.14/6.60	7.14/7.14	1.0818	1.0401	0.5197	∴$CR=0 < 0.1$, 通过检验
F_{31}	F_{311j}	F_{312j}	行乘积	行几何平均值	指标权重	一致性检验
F_{311i}	5.43/5.43	5.43/6.25	0.8328	0.9126	0.4544	∵二阶 $RI=0$,
F_{312i}	6.25/5.43	6.43/6.25	1.2007	1.0958	0.5456	∴$CR=0 < 0.1$, 通过检验
F_{32}	F_{321j}	F_{322j}	行乘积	行几何平均值	指标权重	一致性检验
F_{321i}	6.74/6.74	6.74/7.00	0.9629	0.9813	0.4905	∵二阶 $RI=0$,
F_{322i}	7.00/6.74	7.00/7.00	1.0386	1.0191	0.5095	∴$CR=0 < 0.1$, 通过检验
F_{33}	F_{331j}	F_{332j}	行乘积	行几何平均值	指标权重	一致性检验
F_{331i}	6.86/6.86	6.86/5.77	1.1889	1.0904	0.5432	∵二阶 $RI=0$,
F_{332i}	5.77/6.86	5.77/5.77	0.8411	0.9171	0.4568	∴$CR=0 < 0.1$, 通过检验
F_{34}	F_{341j}	F_{342j}	行乘积	行几何平均值	指标权重	一致性检验
F_{341i}	6.48/6.48	6.48/6.68	0.9701	0.9849	0.4924	∵二阶 $RI=0$,
F_{342i}	6.68/6.48	6.68/6.68	1.0309	1.0153	0.5076	∴$CR=0 < 0.1$, 通过检验

4. 各级指标权重确认

通过以上对各层次指标得分的对比，权重的归一化处理和一致性检验，可以确认中国室内设计专业教育竞争力"ICO 动态三角评价模型"各层次指标的具体权重（表4-46~表4-48）。

一级指标权重 表4-46

一级指标名称	指标权重
输入要素	0.32
转换要素	0.33
输出要素	0.35

二级指标名称	指标权重
区位资源	0.25
办学定位	0.24
基础设施	0.23
教学经费	0.28
教师队伍	0.23
专业建设	0.26
能力培养	0.26
教学效果	0.25
知识输出	0.23
成果输出	0.27
人才输出	0.24
社会声誉	0.26

三级指标权重 表4-48

三级指标名称	指标权重
城市区位	0.47
实践教学资源	0.53
办学类型	0.48
办学层次	0.52
生均教学行政用房面积	0.29
生均教学仪器设备值	0.37
生均纸质图书拥有量	0.34
生均教学运行支出	0.47
生均实践教学支出	0.53
本科生师比	0.30
研究生学位教师占比	0.34
高级职务教师占比	0.36
是否国家级一流专业建设点	0.52
课程设置达标率	0.48
实践课程占比	0.49
NCIDQ 匹配度	0.51
学生参评率	0.48
学生评价满意度	0.52

4.3 中国室内设计专业教育竞争力"ICO评价模型"指标体系构建

三级指标名称	指标权重
发表论文总数	0.45
论文 H 指数	0.55
国内学年奖获奖数	0.49
金银铜奖总数	0.51
就业率	0.54
深造率	0.46
专业推荐指数	0.49
第三方排名	0.51

4.4 中国室内设计专业教育竞争力"ICO评价模型"指标释义

　　"ICO 评价模型"的指标名称在字面上看与教育水平评价的指标名称相似，但其内涵仅限于室内设计专业教育范畴，本节的主要目的是对每个指标的含义、数据来源及指标评判等相关信息进行释义。"ICO 动态三角评价模型"是基于流程逻辑构建起来的。"ICO 模型"将室内设计专业人才的培养过程视同教育实施的基本过程。ICO 由 Input（输入）、Conversion（转换）、Output（输出）三个英文单词的首字母组合而成，对应着输入、转换、输出三个环节，也代表了完整全流程。ICO 在流程上是一种线性时序关系，但在本书中同时也是一种三角形结构关系，因为 ICO 各环节也是教育评价的基本对象和考核内容。ICO 每个字母代表三角形的一个顶点，三条边的总长度决定着三角形的总面，也就是室内设计专业教育竞争力的总体水平。ICO 在指标体系的层次上属于一级指标，整个模型由三个层级的指标构成。"ICO 模型"从评价类型上而言属于竞争力评价模型，无论是指标选取或者是指标赋权，"ICO 模型"都是基于竞争力评价的逻辑和方法展开的，即指标本身是否可以通过数值衡量其质量类指标。

　　尽管室内设计专业教育活动已成为我国高等教育的一个客观存在和构成，但由于室内设计专业行业活动和室内设计专业教育活动尚未列入《国民经济行业分类》《职业分类大典》《普通高等学校本科专业类教学质量国家标准》《普通高等学校本科专业目录》等国家层面的标准或目录，各院校的室内设计专业教育活动，通常只能以专业方向、主干课程、教研室、工作室等不同形式，设置或存在于环境设计专业和建筑专业之下。这种教学安排的结果，必然会导致与室内设计专业直接相关的专任教师人数、招生人数、专业课程均无独立的统计口径，因此，本书只能借助其上级专业或所属院校的信息数据进行模拟统计。另外，近几年大部分院校的室内设计专业教育多采取"1+1+ 专业方向"的教学模式，也导致室内设计专业没有独立的课程体制，只能按照其所依托的环境设计专业或建筑专业的课程体系进行统计和对比。

　　本书建立的中国室内设计专业教育竞争力"ICO 评价模型"的指标虽然与其他学科评估和专业评价的指标在名称上存在一些相似的地方，但指标的内涵和数据是完全不同的。

首先本书的对象是室内设计专业教育主体，而不是其他专业教育实施主体。指标数据也与室内设计专业教育直接相关，或与其所依托的专业教育直接相关。为此，需要对"ICO模型"指标进行必要的释义，为下一阶段的实证研究做好准备。

4.4.1　"ICO 动态三角评价模型"输入竞争力指标释义

输入要素是本书评价中国室内设计专业教育竞争力的第一个要素指标，由 4 个二级指标和 9 个三级指标构成。二级指标为分类指标，三级指标为计分监测指标。表 4-49 所示是 9 个三级指标的数据类型、指标释义和评判标准一览表，具体数据来源见附录 D[1]，具体阐释见后文分指标论述。

输入要素二级及三级指标释义及评判标准概述一览表　　　　表4-49

指标代码	二级指标	三级观测指标	数据来源	指标释义及其评判标准
I_1	区位资源	I_{1-1} 城市区位	教育部公开数据	根据教育经费投入对院校城市区位指标分档计分
		I_{1-2} 实践教学资源	院校官网公开数据	根据有无校企合作平台进行分档计分
I_2	办学定位	I_{2-1} 办学类型	百度百科公开数据	根据综合、理工、艺术等院校类别分档计分
		I_{2-2} 办学层次	教育部公开数据	根据"双一流"与非"双一流"院校分档计分
I_3	基础设施	I_{3-1} 生均教学行政用房面积	院校官网公开数据	根据院校教育质量报告公布的数据分档计分
		I_{3-2} 生均教学仪器设备值	院校官网公开数据	根据院校教育质量报告公布的数据分档计分
		I_{3-3} 生均纸质图书拥有量	院校官网公开数据	根据院校教育质量报告公布的数据分档计分
I_4	教学经费	I_{4-1} 生均教学运行支出	院校官网公开数据	根据院校教育质量报告公布的数据分档计分
		I_{4-2} 生均实践教学支出	院校官网公开数据	根据院校教育质量报告公布的数据分档计分

---

[1] 各院校的教育质量报告来源详见附录 D，附录中注明了每个院校的数据来源及年度信息。

1. 输入构成要素 I_1 区位资源

1) I_{1-1} 城市区位

指标释义： 城市区位是指院校所在城市的区域地位。由于受到经济布局和经济发展的影响，处于不同地理区位的城市，其财政收入规模不同，可支配的教育经费也大不相同。教育经费投入虽然不是决定每所高校专业教育竞争力的唯一因素，但在提供教学基本保障和提升教研基础条件方面则是必不可少的关键要素。

指标用途： 基于专业教育高质量发展必然离不开教育经费持续规模性投入的基本逻辑，本指标主要用于评价室内设计专业教育实施主体是否拥有持续发展的基本能力和相对优势。

数据来源： 各院校所在城市的教育经费投入数据，来自教育部公布的过去五年的《全国教育经费执行情况统计公告》。基于 2015 年至 2019 年《全国教育经费执行情况统计表》披露的数据，我国不同区域的公共预算教育经费支出存在较大差异，最大差值高达 3038.41 亿元。表 4-50 所示为教育部公布的我国大陆地区各省份在过去五年中一般公共预算教育经费的支出总额排序表。

一般公共预算教育经费支出排序表（亿元）　　　　表4-50

地区	2019年	2018年	2017年	2016年	2015年	总额	年均	排名
广东	3217.77	2805.31	2522.55	2243.9	2042.84	12832.37	2566.474	1
江苏	2200.58	2040.47	1979.27	1841.94	1743.57	9805.83	1961.166	2
山东	2154.96	2001.2	1888.83	1823.18	1686.89	9555.06	1911.012	3
浙江	1758.08	1567.41	1413.14	1313.65	1220.87	7273.15	1454.63	4
河南	1773.39	1621.02	1441.41	1245.01	1150.62	7231.45	1446.29	5
四川	1594	1470	1397.19	1277.45	1243.87	6982.51	1396.502	6
河北	1515.72	1354.5	1246.63	1115.58	1001.07	6233.5	1246.7	7
湖南	1273.98	1177.77	1119.83	1027.39	913.89	5512.86	1102.572	8
安徽	1219.37	1111.49	1012.52	910.87	856.73	5110.98	1022.196	9
湖北	1141.25	1050.96	1037.1	979.79	860.2	5069.3	1013.86	10
北京	1125.36	1020.72	955.07	882.29	847.43	4830.87	966.174	11
江西	1133.17	1048.51	939.42	840.16	783.42	4744.68	948.936	12
云南	1067.31	1069.49	988.75	864.12	758.02	4747.69	949.538	13

地区	2019年	2018年	2017年	2016年	2015年	总额	年均	排名
贵州	1061.57	983.86	906.66	840.25	766.05	4558.39	911.678	14
广西	1008.88	927.82	911.92	850.78	789.34	4488.74	897.748	15
福建	965.86	923.84	850.47	789.36	747.25	4276.78	855.356	16
上海	959.38	889.96	835.65	801.98	739.52	4226.49	845.298	17
陕西	944.63	855.68	814.11	776.29	746.79	4137.5	827.5	18
新疆	863.84	815.64	721.7	664.59	641.52	3707.29	741.458	19
辽宁	704.28	653.7	647.42	632.84	609.45	3247.69	649.538	20
山西	691.89	668.96	618.09	607.59	598.8	3185.33	637.066	21
重庆	730.28	678.83	614.54	565.26	519.93	3108.84	621.768	22
黑龙江	612.55	587.2	595.07	595.97	573.04	2963.83	592.766	23
甘肃	636.05	592.96	576.36	548.78	499.85	2854	570.8	24
内蒙古	603.43	566.65	545.77	543.29	518.6	2777.74	555.548	25
吉林	497.16	508.6	503.8	459.92	470.46	2439.94	487.988	26
天津	466.81	448.04	434.61	425.8	464.23	2239.49	447.898	27
海南	273.49	248.98	220.73	213.92	206.45	1163.57	232.714	28
西藏	261.58	229.02	216.26	175.83	178.93	1061.62	212.324	29
青海	219.88	198.94	186.63	168.79	163.2	937.44	160.604	30
宁夏	179.36	167.97	166.8	149.71	139.18	803.02	160.604	31

计算方式：位于不同区域的院校，其获得教学资源的途径、数量和质量大不相同。在
2016年中国大学教育地区竞争力排行榜中，北京市凭整体实力和数量众多的重点院校稳
居榜首，江苏、上海进入前三，湖北、浙江、广东、山东、辽宁、陕西、四川进入前十。
2017年榜单十强中没有出现新的地区，十强间的相对次序略有变动，排名具有一定的稳
定性。根据中国社科院城市与竞争力研究中心国家中心城市课题组联合《华夏时报》发表
的《2020年国家中心城市指数报告》披露，在国家教育中心城市的评估中，北京、上海、
南京、西安、武汉、广州、成都、长沙被评为国家八大重要教育中心城市，大连、深圳、
长春、重庆、苏州、哈尔滨、天津、青岛、无锡、厦门、杭州、兰州、合肥、济南、沈阳、
郑州、宁波等城市紧随其后[1]。这些城市的教育资源集聚度指数与金融、贸易、科技、文化、
交通、信息以及对外交往等中心城市指数高度吻合。

---

① 华夏时报.2020年国家中心城市指数报告发布[R/OL].（2020-11-08）[2021-03-26].https：//baijiahao.baidu.
com/s?id=1682758480360564512&wfr=spider&for=pc.

鉴于此，该指标计分将首先依据"一般公共预算教育经费支出排序"，将我国省会以上城市的教育竞争力分为五个类别：第一类为教育经费年均预算支出不少于500亿元的直辖市和教育经费年均预算支出大于等于1500亿元的省会城市，第二类为教育经费年均预算支出少于500亿元的直辖市和教育经费年均预算支出少于1500亿元而又不少于700亿元的省会城市，第三类是为教育经费年均预算支出少于700亿元的省会城市，第四类为非省会教育中心城市，第五类为非省会非教育中心城市。第一类为5分，第二类为4分，第三类为3分，第四类为2分，第五类为1分。经标准化处理后进行赋权计算。

指标局限性：公共预算教育经费支出虽然可以反映一个城市的整体教育投入水平，但不足以真实反映室内设计专业教育的投入水平。鉴于目前难以获得室内设计专业教育实施主体教学经费投入的确切数据，故暂以宏观数据替代微观数据。

2）I_{1-2} 实践教学资源

指标释义：实践教学资源主要是指可以为室内设计专业教育实施主体直接和持续提供教学支出的校企资源和合作平台资源。实践教学资源通常可以补充公共教育资源投入的不足。

指标用途：该项指标主要用于监测和评价室内设计专业教育实施主体是否拥有教育资源内生能力、产学研深度融合能力、技术整合和领先能力。

数据来源：各院校官方网站或年度教学质量报告披露的是否拥有校办企业和校企合作基地及平台的相关信息。

计分方式：该指标以定性转换定量进行计分。即先按有无校企资源进行初次分类，然后将"有"转换为1分，"无"转换为0分。经标准化处理后进行赋权计算。

指标局限性：本指标目前只是作为对模拟实证院校资源补充能力进行观测的辅助性指标，无法对资源质量和转换效率进行评价。未来应该通过更加深入细致的田野调研，全面收集各院校实践教学资源的规模、产值、项目，对教学捐赠以及接待实习生人数等信息，使该指标更有评价意义和价值。

2. 输入构成要素 I₂ 办学定位

1）I₂₋₁ 办学类型

指标释义：该指标是指室内设计专业教育实施主体所属院校的类别。目前我国高等院校主要分为13种类型，开设室内设计专业教育的院校主要集中于综合类院校、理工类院校、艺术类院校、农林类院校。不同类型的院校具有不同的学科优势，可以在不同程度上满足室内设计专业教育对交叉学科的需求。从生源质量的角度来看，不同类型的院校对考生有不同的要求。虽然综合类和理工类院校的录取分数较高，考生文化课基础较好，但由于不需要进行艺术基础考试，所以艺术造型和空间思维的基础能力不一定比艺术院校的考生强。

指标用途：该指标主要用于监测和评价室内设计专业教育实施主体是否拥有相关学科支持，是否拥有交叉学科的比较优势。

数据来源：各院校官方网站、百度百科以及阳光高考网均对各院校的类别信息作了公开披露。

计分方式：不同类型院校对室内设计专业教育重要性的影响程度，通过专家打分给出。本书通过定向咨询和问卷咨询的方式，共邀请189名专家对此项指标的重要性按照1~9分的区间进行打分，在对专家评分进行平均化和标准化处理后再进行赋权计算。

指标局限性：该指标可以反映相关学科对室内设计专业教育形成支撑的一般规律，但实际支撑效率以及学科交叉融合程度，尚待进一步统计和分析。

2）I₂₋₂ 办学层次

指标释义：该指标体现的是院校办学水平分类。本书将高校办学水平分为"双一流建设大学"和非"双一流建设大学"。这两类院校无论在资源获得和资源投入方面，还是在基础设施和教师队伍方面，都存在十分明显的差异，前者比后者具有明显的竞争优势。

指标用途：主要用于监测和评价室内设计专业教育实施主体的基本办学水平和教学资源优势。

数据来源："双一流建设大学"名单来自教育部官方网站。各院校官方网站、百度百科以及阳光高考网也公开披露了各院校是否属于双一流大学的相关信息。

计分方式：通过专家打分方式确定"双一流建设大学"与非"双一流建设大学"对室内设计专业教育的影响程度。对189名专业的打分进行平均化和标准化处理后再进行赋权计算。

指标局限性："双一流建设大学"在教学资源和教师资源方面虽然占有优势，但部分"双一流建设大学"的室内设计专业教育起步较晚，在教学经验方面未必优于非"双一流建设大学"。这两类院校在室内设计专业教育方面到底谁更有优势，目前在学界尚存在争论。

3. 输入构成要素 I_3 基础设施

2004年1月教育部印发的《基本办学条件指标》，设定5项具有约束性的基本办学条件指标和7项监测办学条件指标，并对这些指标的底线作了明确要求："凡有一项基本办学条件指标低于限制招生规定要求的学校即给予限制招生（黄牌）的警示以维持基本办学条件不再下滑，并促进其尽快改善办学条件。限制招生的学校其招生规模不得超过当年毕业生数。""凡有两项或两项以上基本办学条件指标低于限制招生规定要求，或连续三年被确定为黄牌的学校即为暂停招生（红牌）学校。暂停招生学校当年不得安排普通高等学历教育招生计划。"由此可见，基本办学条件指标是决定教育实施主体能否获准办学和招生的强制性指标，室内设计专业教育实施主体必须满足这些指标的要求。

1）I_{3-1} 生均教学行政用房面积

指标释义：本指标是《基本办学条件指标》规定的一项约束性办学指标（表4-51）。对不同类别的学校有不同的面积要求。综合类院校生均不得小于14m²，工科和农林类院校生均不得小于16m²，艺术类院校生均不得小于18m²。另外，教育部发布的《普通本科学校设置暂行规定》特别要求："其中生均校舍建筑面积包括生均教学科研行政用房面积。即理、工、农、医类本科学校的生均校舍面积应达到30m²以上，同时其中的教学科研行政用房应不低于20m²。"

指标用途：该指标主要用于评价教育实施主体是否符合基本办学条件。由于该指标是专业教育办学的基础，因此，对该项指标的达标能力是专业教育（包括室内设计专业教育）最基本的竞争力。

数据来源：本指标数据可通过各院校在官方网站公开的年度本科教学质量报告获得。也可以向相关院校提出信息公开申请。

计分方式：采用极值法对各院校公开的该项指标实际数据进行标准化处理后再进行赋权计算。

指标局限性：目前尚有部分院校未能按照规范进行分专业质量评价，相关数据多是学校的平均数，因此，同样是环境设计属下的室内设计专业教育，对非艺术类院校的指标要求会明显低于艺术类院校。

普通高等学校基本办学条件指标（试行）　　　　　　　表4-51

学校类别	本科				
	生师比	具有研究生学位教师占专任教师的比例（%）	生均教学行政用房（m²/生）	生均教学科研仪器设备值（元/生）	生均图书（册/生）
综合、师范、民族院校	18	30	14	5000	100
工科、农、林院校	18	30	16	5000	80
医学院校	16	30	16	5000	80
语文、财经、政法院校	18	30	9	3000	100
体育院校	11	30	22	4000	70
艺术院校	11	30	18	4000	80

说明：此表根据《普通高等学校基本办学条件指标（试行）》[1]绘制。

2）I_{3-2} 生均教学仪器设备值

指标释义：本指标是《基本办学条件指标》规定的五项具有约束性的办学条件指标之一。对不同类别的学校有不同的数值要求。《普通高等学校本科教育教学审核评估实施方案（2021—2025年）》明确规定："生均教学科研仪器设备值＝普通高校教学与科研仪器设备总资产值/折合在校生数（参照教育部教发[2004]2号文件），综合、师范、民族院校，工科、农、林院校和医学院校≥5000元/生，体育、艺术院校≥4000元/生，语文、财经、政法院校≥3000元/生。"[2]

---

① 教育部.关于印发《普通高等学校基本办学条件指标（试行）》的通知：[EB/OL].（2004-02-06）[2021-01-10].http://www.moe.gov.cn/srcsite/A03/s7050/200402/t20040206_180515.html.

② 教育部.教育部关于印发《普通高等学校本科教育教学审核评估实施方案（2021—2025年）》的通知：教督[2021]1号[EB/OL].（2021-02-03）[2021-12-26].http://www.moe.gov.cn/srcsite/A11/s7057/202102/t20210205_512709.html.

指标用途：该指标主要用于评价教育实施主体是否符合基本办学条件。由于该指标是专业教育办学的基础，因此，对该项指标的达标能力是专业教育（包括室内设计专业教育）最基本的竞争力。

数据来源：本指标数据可通过各院校官方网站公开的年度本科教学质量报告获得。也可以向相关院校提出信息公开申请。

计分方式：生均教学仪器用于衡量院校在教学仪器方面的投入，一般由一个学校教学仪器设备总值除以学生总数求得生均教学仪器设备值。本书在采集相关数据后，采用极值法对各院校公开的该项指标实际数据进行标准化处理，再进行赋权计算。

指标局限性：目前尚有部分院校未能按照规范进行分专业质量评价，相关数据多是学校的平均数。因此，同样是环境设计属下的室内设计专业教育，对非艺术类院校的指标要求会高于艺术类院校。指标设立的目的在于衡量院校为相关专业投入的仪器设备情况。

3）I_{3-3} 生均纸质图书拥有量

指标释义：本指标是《基本办学条件指标》规定的五项具有约束性的办学条件指标之一。对不同类别的学校有不同的数量要求。综合类院校生均不得小于100册，工科和农林类院校生均不得小于80册，艺术类院校生均不得小于80册。

指标用途：该指标主要用于评价教育实施主体是否符合基本办学条件。由于该指标是专业教育办学的基础，因此该项指标的达标能力是专业教育（包括室内设计专业教育）最基本的竞争力。在建筑学专业评估中尤其明确了专业书籍的数量指标，未来可以参照进行相关修订。

数据来源：本指标数据可通过各院校在官方网站公开的年度本科教学质量报告获得。也可以向相关院校提出信息公开申请。

计分方式：采用极值法对各院校公开的该项指标实际数据进行标准化处理后，再进行赋权计算。

指标局限性： 目前大部分院校都开通了与大型数据库的链接，而且建立了校内网络空间，为师生教学提供了丰富的信息和极大的便利，这对专业教育而言，其价值远大于生均纸质图书带来的价值。

近年来，随着电子图书使用优势和教研优势凸显，部分专家建议应将其纳入重要考察对象，这项指标后在评审过程中演变为图书资料（含电子类图书）的建设，但该指标如何考核未被明确要求，也没有文件明确要求该指标纳入正式的官方考评，大多数院校的教学质量报告也未将其纳入公开统计数据，在现实考察方面难以获得数据，因此本书最终采用生均纸质图书拥有量这项指标。

4. 输入构成要素 I_4 教学经费

基本办学条件主要是对教学环境、教学设备及教学资料进行监测。普通高等学校本科教学工作合格评估指标体系中则明确对教学的运营类指标进行观测，如教学经费、实习实训与社会实践的教学经费投入，尤其在近年来增加了生均实践教学支出的统计，以确保实验实训、实习实训和实践实训的顺利开展。

1）I_{4-1} 生均教学运行支出

指标释义： 本指标是教学经费支出的一个组成部分，是保障教学正常运行的必要条件。《普通高等学校本科专业类教学质量国家标准》（以下简称"《国标》"）规定设计学类专业每年的正常教学经费不得少于 75 万元，建筑学专业人均教学经费不得少于 1200 元。

指标用途： 本指标主要用于监测和评价各院校的教学运行能力。教学运行能力是专业教育最基本的竞争力之一。

数据来源： 本指标数据可在各院校官方网站公开的年度本科教学质量报告中获得。也可以向相关院校提出信息公开申请。

计分方式： 采用极值法对各院校公开的该项指标实际数据进行标准化处理后，再进行赋权计算。

指标局限性： 本指标只能对各院校的基本教学运行能力进行监测和评价，无法对费用的支出效率进行监测和评价。

2）I₄₋₂ 生均实践教学支出

指标释义：本指标是教学经费支出的组成部分，是培养学生实践能力的基本保障之一。实践教学对于室内设计这种应用型专业尤为重要，但目前尚无针对本指标的政策或标准出台。

指标用途：主要用于监测和评价各院校的实践教学运行能力。实践教学是培养应用型专业人才的重要手段之一。

数据来源：本指标数据可在各院校官方网站公开的年度本科教学质量报告中获得。也可以向相关院校提出信息公开申请。

计分方式：采用极值法对各院校公开的该项指标实际数据进行标准化处理后，进行赋权计算。

指标局限性：本指标只能对各院校的基本教学运行能力进行监测和评价，无法对费用的支出效率进行监测和评价。

4.4.2 "ICO 动态三角评价模型"转换竞争力指标释义

转换竞争力是将教育资源输入转换为专业人才输出的能力。转换要素是本书评价中国室内设计专业教育竞争力的第二个要素指标，由 4 个二级指标和 9 个三级指标构成。二级指标为分类指标，三级指标为计分观测指标。表 4-52 所示是 9 个三级指标的数据类型、指标释义和评判标准一览表，数据采集来源详见附录 D，每个具体指标的阐释见后文的分指标论述。

转换要素二级及三级指标释义及评判标准概述一览表　　　表4-52

指标代码	二级指标	三级观测指标	指标类型	指标释义及其评判标准
C₁	教师队伍	C₁₋₁ 本科生师比	院校公开自评数据	根据教育部相关要求对院校进行分类分档
		C₁₋₂ 研究生学位教师占比	院校公开自评数据	根据教育部相关要求对院校进行分类分档
		C₁₋₃ 高级职务教师占比	院校公开自评数据	根据教育部相关要求对院校进行分类分档

指标代码	二级指标	三级观测指标	指标类型	指标释义及其评判标准
C₂	专业建设	C$_{2-1}$ 专业建设水平	院校公开自评数据	根据院校是否一流专业建设点进行判定打分
		C$_{2-2}$ 课程设置达标率	评估数据	根据院校课程设置进行对标评估
C₃	能力培养	C$_{3-1}$NCIDQ 匹配度	评估数据	根据 NCIDQ 考核点进行对标评估
		C$_{3-2}$ 实践课程占比	院校公开自评数据	根据院校公布的实践课程课时占比进行分档
C₄	教学效果	C$_{4-1}$ 学生参评率	院校公开自评数据	根据院校公布的学生参评率进行分档
		C$_{4-2}$ 学生评价满意度	院校公开自评数据	根据院校公布的学生评价满意度进行分档

1. 转换构成要素 C₁ 教师队伍

1）C$_{1-1}$ 本科生师比

指标释义：本指标是《基本办学条件指标》规定的五项具有约束性的办学条件指标之一，是教学质量和学生培养的重要保障指标。根据办学类型的不同、专业的差异性，会对不同院校进行生师比的分类要求，以对指标进行分层级的管理："综合、师范、民族院校，工科、农、林院校和语文、财经、政法院校 ≤ 18：1；医学院校 ≤ 16：1；体育、艺术院校 ≤ 11：1"。在《国标》中同样对设计学类教学质量国家标准的生师比进行了要求："生师比应控制在 11：1~20：1。"[①] 专任教师人数不少于 10 人。《国标》对建筑类专业的生师比要求为≤ 18：1，设计专业的生师比要求为≤ 15：1。[②]

指标用途：本指标主要用于监测和评价专业教育实施主体的师资条件是否符合基本办学要求。本书认为本项指标的达标能力是最基本的竞争力之一。因为在室内设计专业设计课程中，需要较多的教师辅导，以帮助学生在设计过程中掌握相应的设计方法、构建自身的设计控制能力，因此生师比是本专业方向非常重要的观测指标，生师比约束着办学规模的无序扩大，是教学质量和学生培养的重要保障指标。

数据来源：本指标数据可在各院校官方网站公开的年度本科教学质量报告中获得。也可以向相关院校提出信息公开申请。

---

① 《国标》第 948 页中第 7.1.1 节师资规模中进行了明确规定。
② 《国标》第 551、948 页有明确规定。

计分方式：采用极值法对各院校公开的该项指标实际数据进行标准化处理后，进行赋权计算。

指标局限性：《基本办学条件指标》与《国标》对设计学类专业的要求存在差异，且差异几乎达到1倍。指标差异性过大容易引起歧义。另外，无论是《基本办学条件指标》还是《国标》，均未对室内设计专业方向的生师比作出明确而细化的规定。

值得关注的是，近年来各院校出现较多项目制教学的改革，针对跨学科的项目制教学项目应对生师比进行单独讨论。由于此类教学教师投入时间较多，学生项目辅导需要多专业教师的技术支持以保证教学质量效果，此类教学项目和课程如何计算生师比是值得深入研究的。随着新教学类型的出现，院校需要根据课程进行合理的生师比调整。

2) C_{1-2} 研究生学位教师占比

指标释义：本指标是《基本办学条件指标》规定的五项具有约束性的办学条件指标之一，是保障教学质量和体系教学水平的显性指标，对不同类别的学校有不同的数量要求。综合类院校的占比不得小于30%，工科和农林类院校的占比不得小于30%，艺术类院校的占比不得小于30%。《国标》对设计学类专业的要求，与《基本办学条件指标》的规定相同，对建筑专业的要求为50%。

指标用途：本指标主要用于监测和评价专业教师队伍结构是否符合办学基本要求。本项指标的达标能力是专业教育主体应该具备的最基本竞争力。

数据来源：本指标数据可通过各院校在官方网站公开的年度本科教学质量报告获得。也可以向相关院校提出信息公开申请。

计分方式：采用极值法对各院校公开的该项指标实际数据进行标准化处理后，再进行赋权计算。

指标局限性：本指标只强调学历学位背景，忽略了实践经验和能力对应用型专业教育的重要性。近年来，各大院校开始注重教师队伍的多元化和多样性，以保证教师队伍的活力，通过引入和聘请外籍教师、"双师型"导师、实践导师等方式，保证教学紧跟国际前沿和对接行业实践。2020年发布的《中国教育监测与评价统计指标体系（2020年版）》

第 64 条明确增加了"普通高校聘请教师与校本部专任教师比",第 65 条进一步明确增加了"普通高校聘请外籍教师与专任教师比"[①]。通过新增的统计指标数据,可以反映教师队伍的知识结构和外部教师的资源情况。未来指标体系可以考虑纳入这两项新增统计指标,从不同维度衡量室内设计专业教育实施院校的教师队伍情况。

3)C_{1-3} 高级职务教师占比

指标释义:本指标是《基本办学条件指标》规定的 7 项具有约束性的监测指标之一,是保障教授为本科生授课时间的人力基础。本项指标的达标能力是专业教育实施主体应该具备的最基本竞争力之一。《基本办学条件指标》和《国标》对设计学类专业的要求同为 30%,《基本办学条件指标》对建筑类专业的要求为 30%,而《国标》对建筑类专业的要求为 20%。

指标用途:本指标主要用于监测和评价专业教师队伍结构是否符合办学基本要求。本项指标的达标能力是专业教育主体应该具备的最基本竞争力。

数据来源:本指标数据可通过各院校官方网站公开的年度本科教学质量报告获得。也可以向相关院校提出信息公开申请。

计分方式:采用极值法对各院校公开的该项指标实际数据进行标准化处理后,再进行赋权计算。

指标局限性:由于不同类型院校和不同层次院校间职称的评定标准具有较大差异,教师的专业技术职务也仅是教师教学能力、设计实践能力的显性表征之一,不是唯一衡量标准,因此本指标需要参照相关因素进行综合考虑。

2. 转换构成要素 C_2 专业建设

1)C_{2-1} 专业建设水平

指标释义:本指标特指专业建设达到入围"双万计划"中的国家级一流专业建设点的水平。因为室内设计专业是建筑专业和环境设计专业下的细分专业方向,而"双万计划"尚未细化到专业方向层面,故暂采用教育部关于国家级一流建筑专业建设点和国家级一流

---

①2020 年教育部印发《中国教育监测与评价统计指标体系(2020 年版)》(教发 [2020]6 号),附件中有对每一个统计指标的指标释义、数据来源及评判标准进行解释,未来将会对相关数据进行统计,详见以下链接:http://www.moe.gov.cn/srcsite/A03/s182/202101/t20210113_509619.html。

环境设计专业建设点的认定结果，作为衡量室内设计专业建设水平的指标。入围国家级一流专业建设点的院校，实际上是在"双万计划"评估中胜出的院校，显示这些院校在专业建设方面具有较大的竞争优势。

指标用途： 本指标主要用于监测和评价各院校的专业建设水平，及其在专业建设方面所表现出来的相对优势。

数据来源： 本指标数据可通过各院校官方网站、各省教育厅官方网站以及主流媒体发布的新闻信息获得。

计分方式： 获得认证院校按 1 分计算，经数据标准化处理后进行赋权计算。

指标局限性： 本指标属于阶段性评价结果，如果该项评价活动不能持续进行，容易造成身份固化的问题。

2）C_{2-2} 课程设置达标率

指标释义： 本指标是指各院校课程体系与《国标》规定的核心课程体系的相符程度。《国标》是专业教育主体应该共同遵守的教学质量规范，达标能力是专业教育实施主体应该具有的最基本竞争力。《国标》关于环境设计专业核心课程体系的设置标准详见表4-53，课程设置达标率模拟计算方式详见附录 E。

教育部关于本科环境设计专业课程的设置标准　　　　　　表4-53

中外设计史 （含专业设计史、地域设计史）		建筑与景观设计 （建筑设计方法、景观设计方法）
—		空间与环境设计（室内空间设计）
设计概论		空间与环境设计（环境设计）
设计方法		环境设计技术与方法（设计表现技法）
造型基础	专 业 课 程	环境设计技术与方法（人机工程学）
设计表现		环境设计技术与方法（设计制图与模型制作）
设计技术 （含计算机辅助设计）		环境设计技术与方法（照明技术）
		环境与社会（建筑及环境设计调研）
设计思维		环境与社会（数字化环境及数字化建筑）
创新理论		环境与社会（建筑设计及工程软件）

资料来源：根据《国标》相关要求整理绘制。

4.4　中国室内设计专业教育竞争力"ICO评价模型"指标释义

国内外具有影响力的专业教育评价，都十分重视专业课程的建设水平，把课程建设作为评价专业教育水平的重要指标。王伯庆（2014 年）指出，在国际上，根据悉尼协定，专业建设主要包括七个方面：生源建设、培养目标、毕业要求、持续改进、课程体系、教师队伍和支撑条件。

指标用途：本指标主要用于监测和评价室内设计专业教育主体的课程体系是否合理并符合标准规范。

数据来源：《国标》。

计分方式：将各院校在其官方网站公开的课程大纲或人才培养方案中所列出的课程名称，与《国标》列出的课程名称进行形式对比和实质对比，按符合率进行统计，经标准化处理后再进行赋权计算。

指标局限性：本指标只能反映室内设计专业教育实施主体设置课程的规范性，而未能完全反映其教学质量的真实性。

另外，目前线上课程逐步成为教育新方式和新常态，《中国教育监测与评价统计指标体系（2020 年版）》第 95 条明确增加了"校均网络课程数（门／校）"，而《国标》尚未对网络课程进行规范。如果未来将线上课程纳入常规教育监测指标，本指标的课程设置可以增加对线上课程的考察。

3. 转换构成要素 C₃ 能力培养

1）C₃₋₁ NCIDQ 匹配度

指标释义：本指标是指室内设计专业教育课程体系与北美室内设计师资格（NCIDQ）考核点的匹配度，由于国家政策鼓励专业教育进行国际专业认证，因此以 NCIDQ 进行对标，为进一步建设国际课程、与国际专业教育对接、实现国际实质等效教育做好课程体系和人才准备，这也是衡量专业教育能否保障学生"学以致用"和参与国际竞争的一项重要指标。

指标用途：本指标主要用于监测和评价室内设计专业教育的内容是否能够满足学生实际就业需求，是否能够真正实现应用型专业教育的目标。

数据来源：课程大纲和人才培养方案等数据，可通过各院校的官方网站检索获得，或通过信息公开申请获得。NCIDQ考试大纲可通过NCID官方网站获得（表4-54）。

计分方式：将各院校的课程大纲或人才培养方案中的课程与NCIDQ的考点进行形式对比和实质对比，按匹配率进行统计后，将数据进行标准化处理和赋权计算。指标得分越高显示竞争力越大，具体计算方法参见附录F。

指标局限性：NCIDQ考试认证体系只能作为我国室内设计师认证制度建立之前的一种参考，未必完全符合我国的实际情况。

NCIDQ室内设计师资格考核点[①]

表4-54

NCIDQ 设计实务考核点	NCIDQ 专业水平考核点	NCIDQ 基础知识考核点
数据分析工具（电子表格、可视化图表）	分析与评估（人本因素与现场条件）	分析工具
调查研究方法（观察、访谈、调查、研究）	设计组织与管理（流程与团队）	研究方法
现场环境分析（人本因素与环境关系）	设计商务实务（工商、税务、财务、保险）	人本因素与设计环境关系
通用设计知识（安全设施、无障设计）	法规、标准、规范、许可（消防、环保）	设计沟通与技巧（数据与图解表达）
法规、标准、规范、许可（消防、环保）	系统设计与施工集成（水、暖、电、声、光与建筑结构）	安全设计与通用设计（安全设计与通用设计）
系统设计与施工集成（水、暖、电、声、光与建筑结构）	家具与设备集成（采购、安装、交付、维护）	材料工艺（工艺、技术）
设计合同文件编制（设计、物料、进度等细节）	合同文件管理（相关合同与资料编制、变更、管理）	材料工艺技术规范（材料标准、性能）
—	—	家具、照明、电器的环保标准与技术规范（安全与环保标准）
—	—	制图与图表规范（施工图、进程表、信息表及图表规范）
—	—	职业道德与专业发展（道德规范、社会责任、行业组织、继续教育）

---

① 根据NCIDQ考试流程、考点及知识点考核进行表格绘制，参考网站NCIDQ考试准备[EB/OL].[2021-01-12]. https：//www.asid.org/learn/ncidq-exam-prep.

4.4　中国室内设计专业教育竞争力"ICO评价模型"指标释义

2）C_{3-2} 实践课程占比

指标释义： 本指标是室内设计专业教育核心课程的组成部分。《国标》对建筑专业的要求为1%，对环境设计专业未给出量化要求。

指标用途： 用于监测和评价各院校室内设计专业教育课程设置的合理性，以及培养应用型专业人才所具备的基本课程条件。

数据来源： 本指标数据可通过各院校官方网站公开的年度本科教学质量报告获得。也可以向相关院校提出信息公开申请。

计分方式： 将各院校公开的数据作标准化处理后，再进行赋权计算。

指标局限性： 本指标反映了实习实践课时数量，不能直接反映实践教育教学和应用型人才培养的教学质量和成果。

4. 转换构成要素 C_4 教学效果

1）C_{4-1} 学生参评率

指标释义： 本指标是指学生自愿参与教学效果评价的比率或评价覆盖课程的比率。学生评价是教学互动反馈的重要环节，也是"以学生为中心""以学为本"改进教学工作和加强教学管理的重要依据。学生是高质量教学的受益者，参评率高反映教学评价结果的可信度较高，参评率是衡量教学质量建设能力的一项重要指标。

指标用途： 用于监测和评价室内设计专业教育质量体系的完善程度和教学反馈情况。

数据来源： 本指标数据可通过各院校官方网站公开的年度本科教学质量报告获得。也可以向相关院校提出信息公开申请。

计分方式： 将各院校公开的数据作标准化处理后，再进行赋权计算。

指标局限性： 本指标只能反映院校对学生评价的重视程度以及学生参与评价的比例，不能直接反映教学质量。

2）C$_{4-2}$ 学生评价满意度

指标释义：本指标是指学生对专业教育效果和教育质量的满意程度，在一定程度上反映了专业教育的水平和质量，同时也反映了专业教育实施者对学生的影响力和信誉度。

指标用途：用于监测和评价室内设计专业教育的质量和水平，进而评价专业教育实施者的教学转换效率和转换能力。

数据来源：本指标数据可通过各院校官方网站公开的年度本科教学质量报告获得。也可以向相关院校提出信息公开申请。

计分方式：将各院校公开的数据作标准化处理后，再进行赋权计算。

指标局限性：由于各院校对学生评价活动的重视程度不同，导致学生参与评价的覆盖度高低不一，学生满意度调查未必可以反映真实情况。本书在进行数据调研分析时发现，院校层次级别越高，学生满意度越低。这个现象值得进一步深入研究。

4.4.3 "ICO 动态三角评价模型"输出竞争力指标释义

输出竞争力是体现教育目标达成程度的重要指标，也是衡量成果输出和教育质量输出的重要指标。输出环节要素是本书评价中国室内设计专业教育竞争力的第三个要素指标，由 4 个二级指标和 8 个三级指标构成。二级指标为分类指标，三级指标为计分观测指标。表 4-55 所示是 8 个三级指标的数据类型、指标释义和评判标准一览表，具体阐释见后文分指标论述。

输出要素二级及三级指标释义及评判标准概述一览表　　表4-55

指标代码	二级指标	三级观测指标	指标类型	指标释义及其评判标准
O$_1$	知识输出	O$_{1-1}$ 发表论文总数	公开数据	院校按年度区间统计的论文总数量，以批判其产出成果的数量
		O$_{1-2}$ 论文 H 指数	公开数据	院校按年度区间统计的 H 指数，以批判院校研究的影响力
O$_2$	成果输出	O$_{2-1}$ 国内学年奖获奖数	公开数据	根据院校在重要竞赛中的获奖数量进行分档

指标代码	二级指标	三级观测指标	指标类型	指标释义及其评判标准
O_2	成果输出	O_{2-2} 金银铜奖总数	公开数据	根据院校在重要竞赛中的金银铜获奖数计算分档
O_3	人才输出	O_{3-1} 就业率	院校公开自评数据	根据院校质量报告的签约就业率进行计算分档
		O_{3-2} 深造率	院校公开自评数据	根据院校质量报告的升学留学率进行计算分档
O_4	社会声誉	O_{4-1} 专业推荐指数	第三方数据	根据阳光高考网公开数据进行计算分档
		O_{4-2} 第三方排名[①]	第三方数据	根据软科专业排名和金平果专业排名结果数据计算分档

1. 输出环节要素 O_1 知识输出

1）O_{1-1} 发表论文总数

指标释义：本指标是指 2010 年至 2020 年期间，以各模拟实证院校名称为检索词，基于中国知网检索到的各院校在中文期刊发表论文的总数。这个指标在一定程度上反映了室内设计专业教育实施主体在本专业领域的知识创新能力和知识输出能力。专业知识输出是专业教育实施主体的任务之一。

指标用途：本指标主要用于监测室内设计专业教育实施主体在专业知识创新和专业知识输出方面的基本竞争能力。

数据来源：基于中国知网中文期刊库分年度进行检索和统计获得。

计分方式：将检索得到的数据进行统计和标准化处理后，再作赋权计算。

指标局限性：基于单一数据库进行检索，未必可以准确地获得各院校的全部学术研究成果。论文发表数量只能反映各院校专业研究和知识创新的数量，未必能完全反映专业研究的质量水平。

除论文发表数之外，"普通高校出版著作数（部）""普通高校知识产权授权数（件）""普通高校获省部级以上奖励的成果数（项）"等数据也能够从不同侧面反映高校的知识

---

① 按照进入软科专业排名前十或进入金平果专业排名前十的数据进行计算分档。

输出数量和研究水平，也可以作为论文发表数量的替代性指标，但由于在室内设计领域，这些数值指标都较低，只有极少数院校有相关研究产出和省部级研究奖项，因此本轮指标体系中没有纳入相关指标。论文指标一直被专家诟病，也有专家在"破五唯"的背景下建议考虑是否可以弱化本指标，笔者认为，在没有更合理的评价指标之前，论文产出及其被引量还是具有一定的客观性和公正性的，反映了院校研究产出所受到的学术关注度和认可度，也间接反映了院校未来的学科发展能力和学位点提升能力，因此虽然本指标有一定的局限性但还是应该被采纳作为院校成果输出质量的观测点。

2）O_{1-2} 论文 H 指数

指标释义：本指标是指各模拟实证院校在 2010—2020 年期间，基于中国知网中文期刊数据库检索到的高被引论文数。因为以室内设计为主题的论文发表数量总体偏少，被引率偏低，本书以检索得到的论文平均被引数作为基数，被引次数高于平均值的论文为高被引论文，各校高被引论文总数即为该学校的论文 H 指数。H 指数是衡量院校学术影响力的重要指标之一。

指标用途：主要用于监测和评价各室内设计专业教育实施主体的学术影响力，以及学术创新能力和专业知识的输出能力及输出质量。

数据来源：基于中国知网中文期刊库分年度进行检索和统计获得。

数据计算：将检索得到的数据进行统计和标准化处理后，再作赋权计算。

本书中所采用的模拟实证院校论文 H 指数是指 2010 年至 2020 年间各模拟实证院校室内设计专业教育实施单位发表的高被引论文指数。不同学科论文的高被引概念不尽相同。本书对室内设计专业相关论文的高被引设定值，是根据中文期刊数据库（中国知网）自动给出的篇均被引数计算出来的。基于中文期刊数据库（中国知网）的检索结果，对模拟实证院校在设定时间跨度内，合计发表与室内设计专业相关的论文进行总数计算，计算每篇平均被引数，将被引数大于平均被引数的论文设定为高被引论文。模拟实证院校的论文 H 指数，实为各院校在设定时间周期内发表的被引次数大于平均被引数的论文总数。

指标局限性：指标值越高，代表学者的个人影响力较高，但其论文被引是正面引用还是批判性引用需要对论文进行深入研究。高志等（2016 年）学者认为 H 指数存在灵敏度不高的情况，较难准确评价学者的近期学术影响力水平[1]。为评判论文的质量和论文对现实的借鉴意义，教育部在教育常态监测数据中开始采用"普通高校人文与社会科学研究与咨询报告被采纳数（篇）"进行统计，但是该指标刚刚开始采纳并要求统计，并没有数据库和统计来源可获得相关信息，未来可以采用这个指标以进一步确认研究报告及研究论文的学术价值和社会价值。

2. 输出环节要素 O_2 成果输出

1）O_{2-1} 国内学年奖获奖数

指标释义： 本指标特指各院校在校学生在"中国人居环境设计学年奖""亚洲设计学年奖"和"CIID 新人杯"三个设计竞赛活动中获得室内设计奖项的总数。虽然还有其他一些以室内设计为主题的竞赛活动，但从参赛学生人数、参赛院校数量、赛事持续年度来看，都不及前述之三项竞赛。竞赛获奖在一定程度上反映出学校培养有竞争力的专业人才的相对优势。在全国专业学位水平评估实施方案中，"在学成果"就以学生比赛获奖作为其中的观测指标，以显示人才培养的质量。

指标用途： 主要用于监测和评价室内设计专业教育实施主体在培养应用型人才方面的能力，以及应用型人才培养的竞争能力。

数据来源： "中国人居环境设计学年奖""亚洲设计学年奖"和"CIID 新人杯"官方网站。

计分方式： 以院校为单位对入围奖以上奖项数量进行收集和统计，将统计数据作标准化处理后，再进行赋权计算。

指标局限性： 这三项活动并不能完全代表最高水平的设计竞赛，获奖数量未必代表作品质量。

---

[1] 高志、张志强在《个人学术影响力定量评价方法研究综述》一文中详细介绍了文献计量学对科研工作者个人学术影响力的各种评价指标及其演变。由于 H 指数在文献计量学中具有一定的稳定性和便于大规模的论文数据库计算，因此论文详细介绍了 H 指数及其拓展指数的发展。H 指数是 2005 年美国物理学家 Hirsch 提出的，基本计算方法是一个科研工作者有 H 篇论文，被引次数大于等于 H。H 指数较好地兼顾衡量了科研工作者的论文数量和质量。

2）$O_{2\text{-}2}$ 金银铜奖总数

指标释义：本指标特指各院校在校学生在"中国人居环境设计学年奖""亚洲设计学年奖"和"CIID新人杯"等三个设计竞赛活动中获得室内设计金银铜奖的总数。

指标用途：主要用于监测和评价学生获奖的质量，以及各院校在应用型人才培养方面所表现出来的竞争力水平。

数据来源：通过"中国人居环境设计学年奖""亚洲设计学年奖"和"CIID新人杯"官方网站获得。

计分方式：以院校为单位对获金银铜奖的数量进行收集和统计，将统计数据作标准化处理后，再进行赋权计算。

指标局限性：这三项活动不一定能完全代表最高水平的设计竞赛，可能会存在不同意见。

3. 输出环节要素 O_3 人才输出

1）$O_{3\text{-}1}$ 就业率

指标释义：本指标是指应届毕业生在毕业当年的初次就业率。就业率按相关统计规则进行统计。本书直接采用模拟实证院校提供的毕业生就业率数据，不作主观计算。

指标用途：主要用于监测和评价专业教育实施主体人才培养是否能满足社会就业需求，体现各院校在职业能力培养方面的能力水平和质量水平。

数据来源：各院校本科教学质量报告和毕业生就业质量报告。

计分方式：对各院校公布的数据进行标准化处理后，再作赋权计算。

指标局限性：就业率可能会受到行业景气度的影响，未必能够真实反映院校培养人才质量的准确情况。

2）O_{3-2} 深造率

指标释义：本指标是指获得升学/留学资格的毕业生占比。这个指标在一定程度上反映出人才培养的质量和水平，是衡量院校人才培养能力的重要指标之一。

指标用途：用以检测院校的学生培养质量，考察院校培养学生是否能够得到其他学术同行、国内院校和国际院校的认可，是否具有学术竞争力或学生培养成果是否具有国际竞争能力。

数据来源：各院校本科教学质量报告和毕业生就业质量年度报告。

计分方式：对各院校公布的数据进行标准化处理后，再作赋权计算。

指标局限性：指标值在一定程度上通过升学率反映院校培养学生的成效，尚不能代表院校的人才培养整体效果和人才社会影响力。不同类型的院校对深造率应该有不同的标准。

4. 输出环节要素 O_4 社会声誉（教学效果评价）

教学效果评价通常有以下几个观测点：毕业生质量、用人单位满意度、社会服务及社会声誉。QS 排名通过大规模的雇主评价作为依据，校友会环境设计专业排名则通过杰出校友作为教学效果的例证。在国家新一轮的教学评价中，也更为重视通过用人单位问卷调查，以考察毕业生的职业能力和职业价值观的满意度；同时也更加强调院校在"服务国家战略需求、区域经济发展、行业创新发展等方面的主要贡献和典型案例"，突出社会评价、社会声誉在人才培养和教学过程中的反馈与价值。

1）O_{4-1} 专业推荐指数

指标释义：本指标是院校专业受校友欢迎程度的测度指标，属于院校社会声誉构成的一个部分，也是从受教育者角度最真实的教育质量体验，相关体验将会影响院校在生源中的声誉并影响招生情况。

指标用途：主要用于监测和评价专业教育实施主体的社会声誉竞争力。

数据来源：教育部高校招生阳光工程指定平台。

计分方式：数据来源于阳光高考网公布的专业推荐指数，采集数据后先进行标准化处理，再作赋权计算。

指标局限性：参与推荐的校友覆盖率偏小，只具有小样本意义。未来应探索更为全面的学生的专业推荐和反馈评价指标。

2）O₄₋₂ 第三方排名结果

指标释义：第三方排名是衡量院校社会声誉的指标之一，该指标主要引用软科专业排名和金平果专业排名结果数据。指标值越高，证明院校的民间声誉度较高，分值低则表示民间声誉度较低。

指标用途：用于监测和评价各院校的社会声誉。

数据来源：软科官网、金平果中国科教评价网。

计分方式：由于目前尚无室内设计专业排名，暂时只能按其所依托的专业进行统计。进入建筑专业排名前十或环境设计专业排名前十的院校，按 1 分计算，未进入前十的院校按 0 分计算。最后再作标准化及赋权计算。

指标局限性：民间排名是教育评价体系的主要构成之一，但有时会受到商业化操作而影响评价结果的公正性和客观性。国外院校的社会声誉排名将影响院校的社会赞助，为避免出现相关教育评价的负面现象，需要遴选具有公正性、权威性、客观性的第三方排名。

4.5 本章小结

教育评价具有研究共同体和社会公众评价的共识性标准，专业教育在国际上也有一定的共通性和共识性，如何在我国高等教育政策和专业建设体系的基础上，构建中国室内设计专业教育竞争力评价体系及评价机制，是本章的研究重点。初步得出以下结论：

（1）中国室内设计专业教育竞争力的评价需要建立在同场景、可量化和标准化的基础之上。

高等专业教育竞争力的来源和构成是多方面、多层次的，是一个复杂多元系统，专业教育竞争力的表现通常具有结果导向特征、标准差异特征、动态转换特征，这意味着不同专项的教育评优政策、不同层次的教育评价标准和不同时期的评价趋势会影响专业教育评价体系及其指标选取。这些影响因素决定了构建中国室内设计专业教育竞争力评价体系时既要兼顾具有稳定性、持续性的专业教育评价指标，同时也必须选择具有共同约束力的评价场景、具有客观性的竞争力量化表现特征与较为清晰的评价依据作为指标要素，以实现专业教育评价的客观性和科学性。

（2）中国室内设计专业教育竞争力评价体系的建立需兼顾上位的学科评估，立足专项的专业教育评估，并通过对标国外相关教育标准以保证评价体系的开放性。

本章节（详见4.2中的论述）通过梳理国内外具有权威性和影响力的学科评估指标体系以及专业评估指标体系，了解到学科评价是基于大学研究属性围绕研究成果和研究影响力而展开的评价，专业评价则是基于现代大学培育人才的基本功能，通过围绕专业教学组织和教学管理质量等内容展开的评价。专业教育评价开始逐步回归到以学生为本和为行业服务的基本问题上，不再仅仅是为教育院校"排名"服务，逐步呈现出从专业教育评价的"小逻辑"转换成为教育如何服务社会经济"大逻辑"的评价趋势。这样的趋势并不仅出现在国内，英国的 QS 排名、美国的 CIDA 室内设计专业课程认证、美国的 DI 室内设计院校评价（详见4.2.4），都是兼顾学科、立足专业、面向学生和行业开展评价的，这种基于教育基本逻辑构建的评价体系，有利于人才培养机制的良性发展，以及提升专业教育在人才培养和专业研究中的实践贡献，凸显室内设计专业教育的社会价值。

本书采取同场景原则、可量化原则、标准化原则进行要素判断和指标选取。专业教育竞争力评价体系关键指标的选取，重点关注于人才培养条件、培养机制、培养成效等相关数据，通过参照教育部颁布的《普通高等学校基本办学条件指标》和《普通高等学校本科专业类教学质量国家标准》，着重考察室内设计专业教育实施主体和专业课程设置是否符合相关规定和规范。另外，通过与美国 CIDA 和 NCIDQ 认证体系的比较，考察我国室内设计专业教育在课程建设和职业人才培养方面的差异。

（3）基于输入、转换、输出环节构建评价指标层级，并通过专家论证筛选出具有较高共识的指标，尽可能保障评价模型和指标体系的客观性。

室内设计专业教育竞争力可分解和概括为既相互独立又相互联系的三个关键环节，即教育投入（生产投入）环节、教学转换（组织生产）环节，以及教育产出（成品产出）环节。输入（Input）环节、转换（Conversion）环节、输出（Outcome）环节，合并简称为"ICO"三环节，本书依据投入产出流程的基本原理，以层次分析方法构建评价模型，分环节、分层次地完成对中国室内设计专业教育竞争力评价指标体系——"ICO 动态三角评价模型"的构建。

为了确保评价指标体系不存在重大缺陷，本书采用德尔菲法，通过定向和定投结合的方式，进行两轮专家问卷调研。第一轮调研的专家协调系数为 0.53，第二轮调研的专家协调系数为 0.72，符合德尔菲法规定的调研结果可采用标准。第二轮调研的结果数据优于第一轮调研结果数据，证明经修订后的"ICO 动态三角评价模型"及其指标体系具有更高的认可度，不存在重大的结构性缺陷，各指标权重经一致性检验后可用于对中国室内设计专业教育竞争力进行评价。

（4）本章节对各指标的内涵、用途、来源、计分方式和局限性进行了梳理和释义，为后续的院校实证和数据分析打下了基础。

室内设计专业教育竞争力输入要素指标包括模拟实证院校生均教学行政用房面积、生均教学仪器设备值、生均纸质图书拥有量等指标，这些指标是评估我国普通高等学校是否符合办学基本条件的硬性指标，教育部于 2004 年已经将这些指标作为办学条件达标的一项重要判断指标，本书将相关数据判断依据及部分指标在实际执行过程中的局限性进行了研究整理。室内设计专业教育竞争力转换要素指标包括本科生师比、研究生学位教师占比、高级职务教师占比、课程设置达标率、实践课程占比、NCIDQ 匹配度、学生参评率、学生评价满意度等，其中 NCIDQ 匹配度是本书的自设指标，因此对其理论来源及计算方式进行了重点阐释。室内设计专业教育竞争力输出要素指标包含论文发表总数、论文 H 指数、国内学年奖获奖数、金银铜奖总数、就业率、深造率、专业推荐指数、第三方排名等，在章节中也对这些指标与室内设计专业教育的关联性和评判依据进行了阐释。

4.5　本章小结

5

基于 26 所院校的
模拟实证研究

根据教育部 2021 年公布的全国高校名单（港澳台除外），我国现有普通高等学校 2756 所，包括本科院校 1270 所、专科院校 1486 所[1]。经对全部院校官方网站检索所得的结果进行统计，我国共有 770 所本科院校在设计学科环境设计专业下开设了室内设计专业方向或室内设计主干课程，184 所本科院校在建筑学科建筑专业下开设了室内设计专业方向或室内设计主干课程。除西藏外，各省（市、自治区）都开设了室内设计专业高等教育课程，形成了以京津、宁沪、广深、成渝为中心，与我国经济发展和装饰产业发展相适应的室内设计专业教育集群。在院校类型分布上，室内设计专业教育主要开设在综合类院校、理工类院校和艺术类院校，部分农林类、师范类、民族类、语言类院校也设置了室内设计专业或室内设计主干课程。在学科和专业分布上，室内设计专业高等教育主要设置在设计学学科和建筑学学科之下，并以专业方向或主干课程的形式成为环境设计专业和建筑学专业的一个重要组成部分。如何在上述院校中选出一些具有代表性和典型性的院校作为实证研究的对象，以证明中国室内设计专业教育竞争力"ICO 动态三角评价模型"的有效性，是本章重点解决的问题。

① 数据来源于教育部 2021 年 9 月公布的全国高等学校名单，统计名单未包括港、澳、台地区高校。网站出处：http://www.moe.gov.cn/jyb_xxgk/s5743/s5744/A03/202110/t20211025_574874.html.

5.1 模拟实证院校选取原则及其基本情况

5.1.1 模拟实证院校的选取原则

经过多年的专业教育改革和发展，我国实施室内设计专业教育的大专以上院校已达到上千所的规模。本书受制于研究资源、研究时长，无法将全部开设室内设计专业教育的院校纳入实证范围，只能从中选取一部分具有标杆意义的院校作为实证案例。本书选择模拟实证院校的基本原则如下。

1. 代表性原则

鉴于我国室内设计教育尚未成为独立的专业，目前设立相关专业的代表性院校主要依托建筑学专业和环境设计专业而设置，因此模拟实证院校须从具有代表性的建筑学专业和环境设计专业教学实施院校中选取。

2. 择优性原则

目前，我国室内设计专业教育尚无统一的教学标准，教育质量和教育水平存在较大的差距，为提高室内设计专业教育实施主体的竞争力，并以标杆院校作为竞争力提升的参照，模拟实证院校在获得国家级一流专业建设点的院校名单中选取。

3. 专业性原则

目前，我国的室内设计专业教育主要以专业方向和主干课程形式开设在建筑专业和环境设计专业之下。开设室内设计专业方向的院校相关教学投入较多，以室内设计作为主干课程的院校通常只有 2~3 门与室内设计相关的课程，对照国外室内设计标准，只开设主干课程的院校远远未能匹配国际专业教育同行的相关要求，因此模拟实证院校从招生简章中明确开设室内设计专业方向的教育主体中选取。

5.1.2 模拟实证院校的基本情况

在"双一流建设"被纳入国家高等教育发展战略，尤其是在教育部启动和实施"双万计划"之后，我国的学科建设和专业建设均取得了显著的成果。截至 2021 年 3 月，获得教育部认定的"一流大学建设高校"42 所、"一流学科建设高校"95 所、"国家级一流本科专业建设点"8031 个，其中与室内设计专业教育相关的一流建筑学科建设点 3 所、一流设计学科建设点 3 所、国家级一流建筑学专业建设点 44 所、国家级一流环境设计专业建设点 45 所（详见附录 C）。清华大学和同济大学同时入选国家级一流建筑学科建设点、国家级一流设计学科建设点、国家级一流建筑学专业建设点、国家级一流环境设计专业建设点。中央美术学院和东南大学分别入选国家级一流设计学科建设点和国家级一流建筑学科建设点。共有 75 所院校入围国家级一流建筑学专业建设点和 / 或国家级一流环境设计专业建设点，同时入选国家级一流建筑学专业和环境设计专业的院校共有 12 所[①]。

通过对这 75 所院校官方网站公开的人才培养方案、招生简章以及专业设置公开文案等信息进行网络调研，发现其中只有 26 所院校设置了室内设计专业方向或明确将室内设计作为人才培养方向，其中同济大学和中央美术学院在建筑学专业下设置了室内设计专业方向，其他 24 所院校的室内设计专业方向均设置在环境设计专业之下（图 5-1）。鉴于我国室内设计专业教育设置的实际情况，本书最终选取这 26 所标杆性院校作为模拟实证案例。75 所入选国家级一流建筑学专业建设点或国家级一流环境设计专业建设点的院校详见表 5-1，26 所模拟实证院校的基本情况，详见表 5-2。

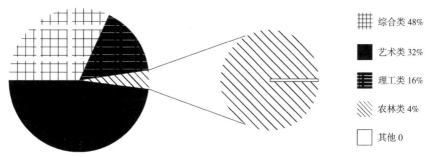

图 5-1　26 所模拟实证院校类型分布图
（资料来源：根据 26 所选定的模拟实证院校官网公开信息整理绘制）

①　教育部没有统一公开的相关数据，本书数据根据各院校网站公布的通知进行梳理统计。

国家级一流建筑学专业和一流环境设计专业建设点院校一览表　　　　表5-1

国家级一流建筑学专业建设点		国家级一流环境设计专业建设点	
沈阳建筑大学	清华大学	清华大学	江南大学
北京建筑大学	中央美术学院	中央美术学院	广州美术学院
北京交通大学	同济大学	同济大学	四川美术学院
北方工业大学	西安建筑科技大学	西安建筑科技大学	西安美术学院
天津大学	广东工业大学	广东工业大学	上海大学
天津城建大学	华南理工大学	华南理工大学	湖北美术学院
太原理工大学	南京工业大学	南京工业大学	云南艺术学院
哈尔滨工业大学	北京工业大学	北京工业大学	大连工业大学
东南大学	大连理工大学	大连理工大学	山东艺术学院
苏州大学	吉林建筑大学	吉林建筑大学	北京服装学院
南京大学	昆明理工大学	昆明理工大学	东华大学
浙江工业大学	河北工业大学	河北工业大学	华东师范大学
中国美术学院	福州大学	贺州学院	南京林业大学
浙江大学	湖南大学	景德镇陶瓷大学	南京艺术学院
武汉大学	中南大学	兰州文理学院	中南民族大学
山东建筑大学	长安大学	山西大学	武汉理工大学
青岛理工大学	兰州理工大学	重庆文理学院	东北师范大学
烟台大学	重庆大学	集美大学	哈尔滨师范大学
华中科技大学	西南交通大学	海南师范大学	吉林艺术学院
广州大学	郑州大学	中南林业科技大学	山东工艺美术学院
深圳大学		盐城工学院	安徽大学
安徽建筑大学			安徽工程大学
厦门大学			扬州大学

说明：灰色框内院校的建筑学专业、环境设计专业都是一流专业建设点。根据各院校官网公布的一流专业建设点信息整理绘制。

26所模拟实证院校编码及其基本信息一览表[①]　　　　表5-2

院校编码	办学类型	院校层次	室内设计专业设置形式	一流专业认定时间
S01	综合	双一流	专业方向	2020 年
S02	艺术	双一流	专业方向	2020 年
S03	综合	双一流	专业方向	2020 年
S04	综合	双一流	专业方向	2020 年

① 为保证研究的客观性和对各院校的尊重，本书对各院校名称进行了编码处理。

院校编码	办学类型	院校层次	室内设计专业设置形式	一流专业认定时间
S05	艺术	非双一流	专业方向	2020 年
S06	艺术	非双一流	专业方向	2020 年
S07	艺术	非双一流	专业方向	2020 年
S08	艺术	非双一流	专业方向	2020 年
S09	理工	非双一流	专业方向	2020 年
S10	综合	双一流	专业方向	2021 年
S11	艺术	非双一流	专业方向	2021 年
S12	综合	双一流	专业方向	2021 年
S13	农林	双一流	专业方向	2021 年
S14	艺术	非双一流	专业方向	2021 年
S15	理工	双一流	专业方向	2021 年
S16	艺术	非双一流	专业方向	2021 年
S17	艺术	非双一流	专业方向	2021 年
S18	综合	非双一流	专业方向	2021 年
S19	综合	非双一流	专业方向	2021 年
S20	理工	非双一流	专业方向	2021 年
S21	综合	非双一流	专业方向	2021 年
S22	综合	非双一流	专业方向	2021 年
S23	综合	非双一流	专业方向	2021 年
S24	综合	非双一流	专业方向	2021 年
S25	综合	非双一流	专业方向	2021 年
S26	理工	非双一流	专业方向	2021 年

5.1 模拟实证院校选取原则及其基本情况

5.2 模拟实证院校室内设计专业教育竞争力指标数据收集与处理

本实证研究将根据第4章探索性构建的中国室内设计专业教育竞争力评价指标体系，通过教育部官方网站、各模拟实证院校官方网站、教育部学位与研究生教育发展中心官方网站、教育部高校招生阳光工程指定平台（阳光高考官方网站）、中国知网官方网站、中国人居环境设计学年奖官方网站、亚洲设计学年奖官方网站、室内设计网官方网站等公开渠道进行数据收集，对相关指标的具体数据进行收集汇总和分类处理，以确保评价体系可以实际应用，并能够客观反映各院校教学数据的真实性。

本书对中国室内设计专业教育竞争力评价体系中各层次具体指标的权重不作个人主观判断，而是采用专家问卷调研的方法，通过定向投放和网络投放两种途径，向相关领域专家征询意见并由专家对各指标权重进行判断和打分，然后再根据专家对各指标权重的打分进行加权平均处理，以保障指标权重的客观性和科学性。本章节重点论述各指标数据的收集方法和处理流程。

根据"ICO动态三角评价模型"的三级指标，具体收集模拟实证院校在现实场景下的原始数据，是对室内设计专业教育竞争力进行评价的基础。诚然，这些数据无论在类型和性质上，或者在量纲和量级上都各不相同，如果直接用于评价可能会导致评价结果出现偏差，因此通常需要先对收集到的数据进行标准化处理。目前常见的数据标准化处理方法主要有标准差法（z-score）和极值法（min-max）等。标准差法适用于极值难以判断情况下的数据处理，而极值法则适用于极值已知情况下的数据处理。鉴于本书涉及的实证指标数据大多是已知数据，因此采用极值法要比采用标准差法更为合适。极值法不仅可以保留原始数据之间的关系，而且可以使原始数据落在0~1的较小区间，将数值转化为一种较为直观明了的线性图像。假设标准化后的数值为F_i，需要进行标准化处理的数值为X_i，采集到的数据最小数值为X_{min}，采集到的数据最大数值为X_{max}，其数学表达式为：

$$F_i = (X_i - X_{min}) \div (X_{max} - X_{min}) \text{[①]} \tag{5-1}$$

---

① 公式出处见季小红等在《应用min-max标准化分析法测定区域经济增长差异》中的应用。

5.2.1 输入环节三级指标数据的收集汇总与标准化处理

输入环节指标数据是对模拟实证院校进行室内设计专业教育竞争力评价的第一组指标数据，由三个层次合计 14 个指标构成，其中包括 1 个一级指标、4 个二级指标、9 个三级指标。一级指标为要素指标，二级指标为分类指标，三级指标为计分指标，三级计分的 9 个指标中前 4 个指标为定性量化指标，后 5 个是定量指标，具体指标释义详见本研究 4.4.1 节的输入竞争力指标释义，在数据实证收集汇总及标准化处理过程中遇到的问题和处理方法如下：

（1）前 4 个定性指标为：城市区位、实践教学资源、办学类型、办学层次，除实践教学资源这个指标外，其余 3 个指标因为界定清晰、分值明确，在数据采集和数据标准化过程中较为顺利。而在实践教学资源数据采集过程中发现，有相当一部分院校没有公布相关信息，而且在室内设计专业教育机构中，拥有省级或国家级以上实验基地的极少，不具备统计学意义，因此本书在数据采集后，拟以"有"或"无"的定性方式进行标注，"有"的院校得 1 分，"无"、未公布或者无法找到相关支撑的院校暂以 0 分进行计算。由于本指标在以往的评价和信息公开中都未作明确要求，在重视学生实践能力培养的当下，未来可以考虑将其纳入重点考察的指标。院校具体采集结果详见表 5-3。

26所实证院校输入环节三级指标现实数据标准化处理结果一览表　　表5-3

院校代码	城市区位	实践教学资源	办学类型	办学层次	生均教学行政用房面积	生均教学仪器设备值	生均纸质图书拥有量	生均教学运行支出	生均实践教学支出
S01	1.00	1	1.00	1	0.81	1.00	1.00	0.82	0.75
S02	1.00	1	1.00	1	0.81	0.19	0.82	0.62	1.00
S03	1.00	1	0.34	1	0.63	0.49	0.36	1.00	0.55
S04	0.25	1	0	1	0.27	0.26	0.32	0.07	0.45
S05	1.00	1	1.00	0	1.00	0.03	0.34	0.30	0.20
S06	0.75	0	1.00	0	0.48	0	0.22	0.16	0.12
S07	0.75	0	1.00	0	0.22	0.05	0.42	0.16	0
S08	0.75	0	1.00	0	0.25	0.06	0.39	0.08	0.12
S09	0.50	0	0.34	0	0.33	0.12	0.36	0	0.09
S10	1.00	1	0	1	0.67	0.78	0.22	0.24	0.72
S11	1.00	1	1.00	0	0.32	0.28	0.49	0.49	0.18
S12	1.00	0	0	1	0.46	0.36	0.90	0.76	0.37
S13	1.00	1	1.00	1	0.30	0.16	0.35	0.15	0.24
S14	1.00	1	1.00	0	0.08	0.08	0.31	0.21	0
S15	0.25	1	0.34	1	0.42	0.28	0	0.02	0.10
S16	0.50	1	1.00	0	0.08	0.22	0.11	0.09	0.31

院校代码	城市区位	实践教学资源	办学类型	办学层次	生均教学行政用房面积	生均教学仪器设备值	生均纸质图书拥有量	生均教学运行支出	生均实践教学支出
S17	1.00	1	1.00	0	0.50	0.07	0.50	0.07	0.28
S18	0	0	0	0	0.30	0.13	0.25	0.06	0.20
S19	0	1	0	0	0	0.04	0.21	0.01	0.10
S20	0	1	0.34	0	0.50	0.07	0.55	0.01	0.21
S21	0.75	1	0	0	0.22	0.11	0.33	0.05	0.14
S22	0.50	1	0	0	0.22	0.04	0.71	0.03	0
S23	0.50	1	0	0	0.20	0.02	0.05	0.06	0.11
S24	1.00	1	0	0	0.21	0.07	0.44	0.02	0.18
S25	0.75	1	0	0	0.27	0.05	0.21	0.05	0.16
S26	0	0	0.34	0	0.28	0.06	0.41	0.09	0.15

（2）后 5 个定量采集数据：生均教学行政用房面积、生均教学仪器设备值、生均纸质图书拥有量等指标，是评估是否符合办学基本条件的硬性指标。早在 2004 年，由教育部发布的《普通高等学校基本办学条件指标（试行）》，就对这些指标提出了明确的可量化的刚性达标要求和监测要求，对于未能按教育部要求规范披露相关信息的院校，暂按最低分值进行计算。在数据汇总过程中发现，生均教学仪器设备值、生均教学运行支出、生均实践教学支出极差[①]较大，26 所院校具体采集数据结果及横向比较详见图 5-2~ 图 5-6，数据标准化处理结果见表 5-3。

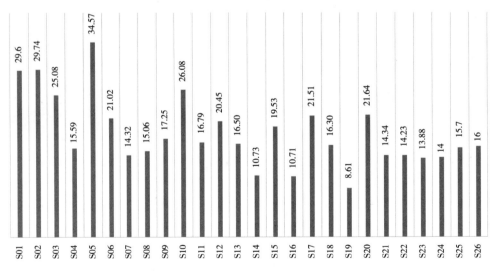

图 5-2 26 所模拟实证院校生均教学行政用房面积（m²）
（资料来源：根据 26 所模拟实证院校本科教学质量报告公开数据整理绘制）

① 极差用来表示统计样本中最大值与最小值间的差距。

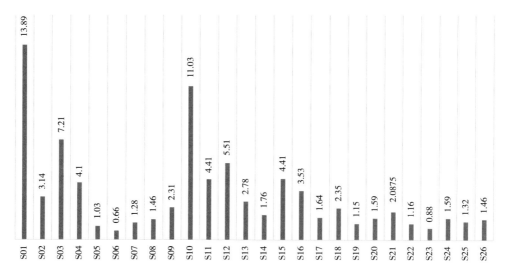

图 5-3　26 所模拟实证院校生均教学科研仪器设备值（万元人民币）
（资料来源：根据 26 所模拟实证院校本科教学质量报告公开数据整理绘制）

图 5-4　26 所模拟实证院校生均纸质图书拥有量（册）
（资料来源：根据 26 所模拟实证院校本科教学质量报告公开数据整理绘制）

5.2　模拟实证院校室内设计专业教育竞争力指标数据收集与处理

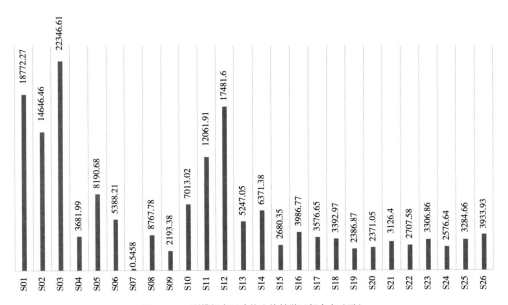

图 5-5　26 所模拟实证院校生均教学运行支出（元）
（资料来源：根据 26 所模拟实证院校本科教学质量报告公开数据整理绘制）

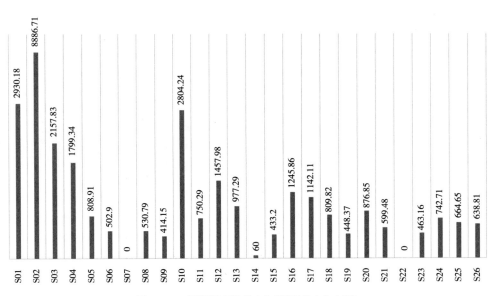

图 5-6　26 所模拟实证院校生均实践教学支出（元）
（资料来源：根据 26 所模拟实证院校本科教学质量报告公开数据整理绘制）

5　基于 26 所院校的模拟实证研究

5.2.2 转换环节三级指标数据的收集汇总与标准化处理

转换环节指标数据是对模拟实证院校进行室内设计专业教育竞争力评价的第二组指标数据，由三个级别的14个指标构成，其中一级指标1个、二级指标4个、三级指标9个。具体指标释义详见本书第4章。在进行数据收集汇总与标准化（表5-4）处理过程中发现的问题如下：

26所实证院校转换要素三级指标现实数据标准化处理结果一览表　　表5-4

院校编码	本科生师比	研究生学位教师占比	高级职务教师占比	是否国家级一流专业建设点	课程设置达标率	NCIDQ匹配度	实践课程占比	学生参评率	学生评价满意度
S01	0.89	1.00	1.00	1	1.00	0.95	0.31	1.00	0.02
S02	1.00	0.59	0.45	1	0.94	1.00	0.45	1.00	0.09
S03	0.23	0.45	0.84	1	1.00	0.84	0.34	0.94	0.77
S04	0.49	0.42	0.53	1	0.81	0.53	0.62	0.85	0
S05	0.72	0.66	0.27	1	0.71	0.58	1.00	1.00	1.00
S06	0.35	0.44	0.33	1	0.38	0.26	0.37	0	0
S07	0.38	0	0	1	0.24	0.32	0.01	0.79	1.00
S08	0.72	0.02	0.12	1	0.24	0.21	0.08	0.81	0
S09	0.24	0.62	0.37	1	0.14	0.32	0.48	0.19	0
S10	0.62	0	0.23	1	0.33	0.37	0.14	0.98	0.24
S11	0.56	0.85	0.41	1	0.43	0.26	0.21	0.90	0.91
S12	0.50	0.56	0.67	1	0.52	0.37	0.74	0.00	0.34
S13	0.32	0.89	0.51	1	0.71	0.26	0	0.00	0.86
S14	0.47	0	0.31	1	0.14	0.26	0	0.45	0
S15	0.25	0.89	0.75	1	0.48	0.21	0	0	0
S16	0.79	0.17	0.22	1	0.05	0.11	0	0.84	0.69
S17	0.43	0.58	0.36	1	0.48	0.42	0.21	0	0
S18	0.46	0.84	0.37	1	0.24	0.05	0.26	0	0
S19	0	0.27	0	1	0	0.16	0	0	0
S20	0.26	0.84	0.21	1	0.52	0.32	0.04	0.91	0.82
S21	0.08	0.74	0.42	1	0.52	0	0	0	0.39
S22	0.24	0.27	0	1	0.38	0.21	0	0.94	0.36
S23	0.09	0.87	0.53	1	0.14	0.11	0	0.17	0.27
S24	0.35	0.56	0.18	1	0.33	0.16	0.41	0.38	0.51
S25	0	0.63	0.40	1	0.10	0.21	0	0	0
S26	0.49	0.83	0.44	1	0.14	0.11	0.45	0	0.31

（1）教师队伍指标下设本科生师比、研究生学位教师占比、高级职务教师占比这3个三级指标。根据我国教育部相关办学政策要求，本科生师比和具有研究生学位的教师人数占专任教师总人数的比例，是普通高等学校办学必须具备的其中两项硬性条件指标；具有高级职务的教师人数占专任教师总人数的比例，是对普通高等学校基本办学条件进行监测的指标之一。这三个指标都有明确的上下限数值。三组数据汇总信息详见图5-7~图5-9，本科生师比在不同院校之间极差较大，研究生学位教师占比指标在各院校间的极差相对较小，双一流院校的高级职务教师占比明显高于其他类型院校。

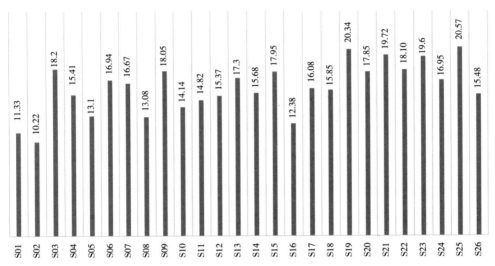

图 5-7　26 所模拟实证院校本科生师比
（资料来源：根据 26 所模拟实证院校本科教学质量报告公开数据整理绘制）

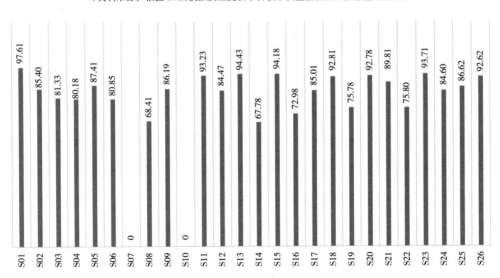

图 5-8　26 所模拟实证院校研究生学位教师占比（0 值为未公开数据）
（资料来源：根据 26 所模拟实证院校本科教学质量报告公开数据整理绘制）

5　基于 26 所院校的模拟实证研究

图 5-9　26 所模拟实证院校高级职务教师占比（0 值为未公开数据）
（资料来源：根据 26 所模拟实证院校本科教学质量报告公开数据整理绘制）

（2）专业建设指标下设专业建设水平、课程设置达标率这 2 个三级指标。专业建设水平指标主要根据院校是否入围国家级一流专业建设点进行打分，模拟实证院校均为国家级一流专业建设点，因此本指标得分相同；课程设置达标率根据教育部于 2018 年发布的《国标》进行对标评分。该标准对环境设计专业和建筑学专业的课程设置订立了十分明确的课程范围和课程名称，对指导本书开展模拟实证院校室内设计专业开设课程的评估有重要指导意义。在数据收集汇总过程中发现，部分院校未能严格按照《国标》规定进行课程设置，课程内容和课时数量与《国标》要求相差甚远，因此普遍得分较低，数据信息详见图 5-10。

（3）能力培养指标包含以 NCIDQ 为参照的职业能力匹配度和实践课程占比 2 项三级指标，数据信息详见图 5-11、图 5-12。《国标》对建筑学有明确的实践课程占比要求，但对环境设计没有相关要求。因此，实践课程占比指标是获得性较差的指标之一，有 8 所院校都未公布此数据，各院校该项指标数值间的极差也较大。

（4）教学效果指标下设学生参评率和学生评价满意度 2 项三级指标，数据信息详见图 5-13、图 5-14。这两项指标是根据政策导向，以学生为中心开展教学质量和教学效果评价的重要观测指标和考评指标。但从数据采集汇总结果来看，有 9 所院校未公开学生参评率数据；从已有可获取数据的院校中进行数值比较，极差较小，说明这些已公布学生参评率信息的院校都较为重视学生评价工作，相关教学信息公开工作做得较为完善。

5.2　模拟实证院校室内设计专业教育竞争力指标数据收集与处理

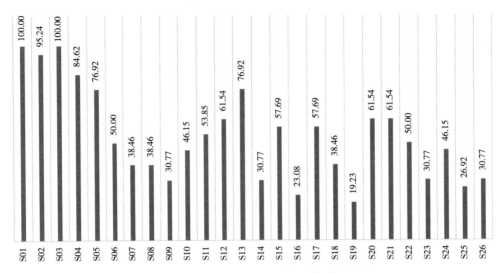

图 5-10　26所模拟实证院校室内设计专业课程设置达标率
（资料来源：根据26所模拟实证院校本科教学质量报告公开数据整理绘制）

图 5-11　26所模拟实证院校室内设计核心课程与 NCIDQ 执业考核点匹配度
（资料来源：根据院校核心课程与 NCIDQ 考核点对比结果绘制）

5　基于26所院校的模拟实证研究

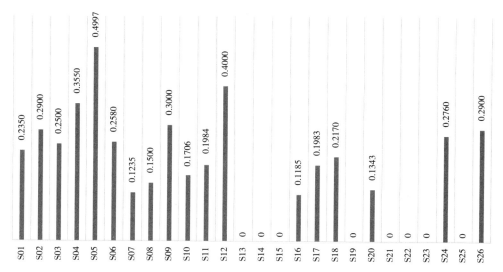

图 5-12　26 所模拟实证院校室内设计专业实践课程占比（0 值为未公开数据）

（资料来源：根据 26 所院校本科教学质量报告公开数据整理绘制）

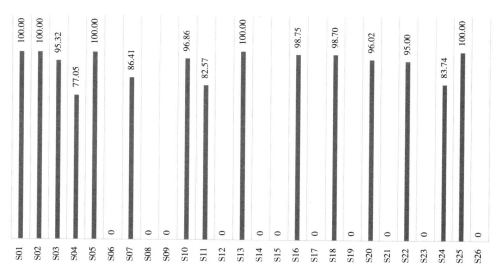

图 5-13　26 所模拟实证院校本科教学学生参评率（0 值为未公开数据）

（资料来源：根据 26 所院校本科教学质量报告公开数据整理绘制）

5.2　模拟实证院校室内设计专业教育竞争力指标数据收集与处理

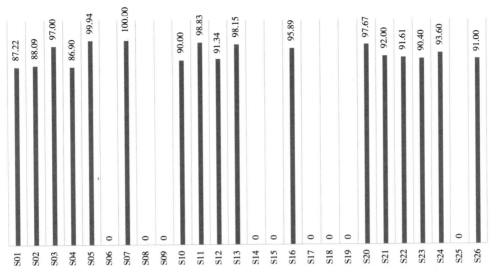

图 5-14　26 所模拟实证院校本科教学学生评价满意度（0 值为未公开数据）
（资料来源：根据 26 所院校本科教学质量报告公开数据整理绘制）

5.2.3　输出环节三级指标数据的收集汇总与标准化处理

输出环节指标数据是对模拟实证院校进行室内设计专业教育竞争力评价的第三组指标数据，由三个级别 13 个指标构成，其中一级指标 1 个、二级指标 4 个、三级指标 8 个。具体指标释义详见本论文第 4 章。在模拟实证院校数据收集汇总与标准化（表 5-5）处理过程中发现的问题如下：

26所实证院校输出要素三级指标现实数据标准化处理结果一览表　　表5-5

院校编码	发表论文总数	论文H指数	国内学年奖获奖数	金银铜奖总数	就业率	深造率	专业推荐指数	第三方排名前十位
S01	0.49	0.31	0.10	0.11	1.00	1.00	0.98	1
S02	0.07	0.13	0.04	0.07	0.68	0.38	0.92	0
S03	0.75	0.60	0.07	0.14	0.97	0.50	0.98	1
S04	0.47	0.37	0.17	0.22	0.66	0.49	0.98	1
S05	0.23	0.20	0.69	0.79	0.72	0.11	0.9	0
S06	0.09	0.08	0.08	0.07	0.22	0.15	0	0
S07	0.08	0.03	0.06	0.05	0.63	0.20	0	1
S08	0.16	0.10	0.01	0.00	0.37	0.06	0	0
S09	0.23	0.10	0.19	0.11	0.63	0.49	0.86	0

院校编码	发表论文总数	论文H指数	国内学年奖获奖数	金银铜奖总数	就业率	深造率	专业推荐指数	第三方排名前十位
S10	0.03	0.05	0.08	0.15	0.86	0.66	0	0
S11	0.03	0.03	0.08	0.13	0.90	0.22	1	1
S12	0.02	0	0.04	0.07	0.94	0.49	0	0
S13	1.00	1.00	0.06	0.07	0.80	0.50	0.92	1
S14	0.24	0.11	1.00	1.00	0.90	0.18	0.96	1
S15	0.26	0.26	0.12	0.24	0.30	0.69	0.98	0
S16	0.08	0.05	0.03	0.07	0.41	0.09	0.92	0
S17	0.17	0.07	0.02	0.05	0.94	0.11	0.96	0
S18	0.08	0.02	0.02	0.05	0.92	0.44	0	0
S19	0.01	0	0	0	0.66	0.02	0.96	0
S20	0.19	0.17	0.01	0.01	0.16	0.14	0.96	0
S21	0.11	0.10	0.37	0.36	0.28	0.19	0.94	0
S22	0.01	0.03	0	0	0.32	0.10	0	0
S23	0.06	0.04	0	0	0.38	0.94	0	0
S24	0	0	0	0	0.85	0	0	0
S25	0.32	0.37	0.01	0.02	0.18	0.28	0.96	0
S26	0.10	0.04	0.02	0	0.78	0.32	0.86	0

（1）二级知识输出指标下设发表论文总数和论文H指数2个三级指标。本书在数据收集整理时发现，不同学科的H指数设定值不尽相同。由于室内设计专业领域的论文篇均被引次数与其他专业的论文篇均被引次数相比差距甚大，因此只能对室内设计专业论文H指数进行重新设定。26所模拟实证院校在设定时间跨度内，合计发表与室内设计专业相关的论文992篇，篇平均被引数为2.79次（约等于3次）。因此，本书暂将室内设计专业的论文H指数设定为3次。在专业知识输出这个指标项中院校间评分区分度较高，无论是论文总数还是高被引论文总数，院校间的数据极差都较大，部分院校在知识输出竞争力上存在明显的短板，数据分析图详见图5-15、图5-16。

（2）学生成果输出下设国内学年奖获奖数和金银铜奖总数2个三级指标。获奖数主要基于目前高校参与度最高的"人居环境设计学年奖""亚洲设计学年奖"，以及"'新人杯'全国大学生室内设计竞赛"等三项赛事进行统计。具体统计方法是根据赛事组委会或承办单位官方网站公布的每一届获奖名单进行分类逐项统计。例如，"人居环境设计学年奖"的获奖数和金银铜奖获奖数，按该赛事"室内设计组"获奖名单进行统计，奖项包

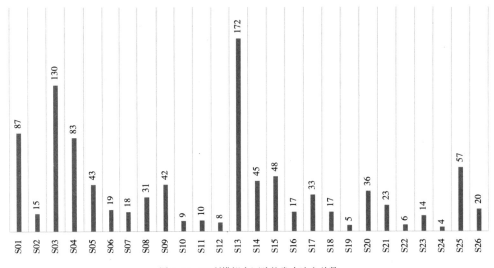

图 5-15 26 所模拟实证院校发表论文总数

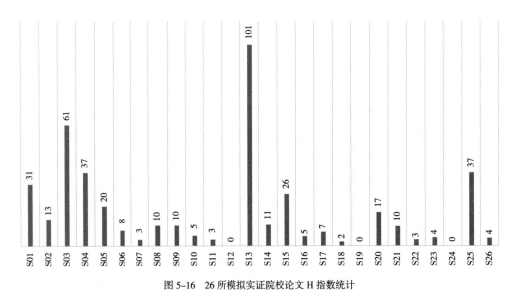

图 5-16 26 所模拟实证院校论文 H 指数统计

（资料来源：基于中国知网中文期刊数据库统计，2010—2020 年室内设计专业教育相关论文篇均被引率为 2.79 次，本书将高于 2.79 被引次数的论文定义为高被引论文）

括金奖、银奖、铜奖和优秀奖，时间跨度为 2015 年至 2020 年；"亚洲设计学年奖"的获奖数和金银铜奖获奖数，按该赛事"居住空间""工作空间""公共空间""光与空间"等分项获奖名单进行统计，奖项包括金奖、银奖、铜奖和优秀奖，时间跨度为 2003 年至 2020 年；"'新人杯'全国大学生室内设计竞赛"的获奖数和金银铜奖获奖数，按该赛事的一等奖、二等奖、三等奖、优秀奖和鼓励奖统计，一等奖、二等奖、三等奖分别对应其他赛事的金奖、银奖、铜奖，时间跨度为 2003 年至 2020 年，数据分析图详见图 5-17、

图 5-18。这项指标具有较高的评分区分度，院校间的数据极差非常大，有的院校非常重视和鼓励学生参赛，有的院校从竞赛结果上反映院校对参与竞赛未给予充分重视。本书也知道自身统计的竞赛类型可能存在一定局限性，未来可以经过专家论证后选定更为合适的竞赛进行奖项统计，以保证评价指标的公平性。

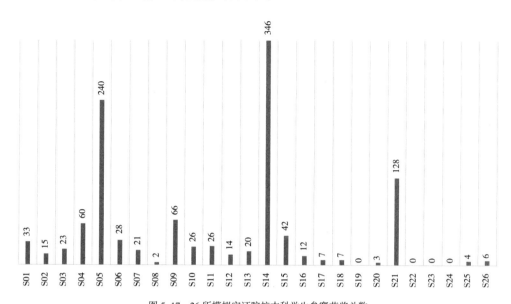

图 5-17　26 所模拟实证院校本科学生参赛获奖总数
（资料来源：根据"人居环境设计学年奖""亚洲设计学年奖""'新人杯'全国大学生室内设计竞赛"官网数据整理绘制）

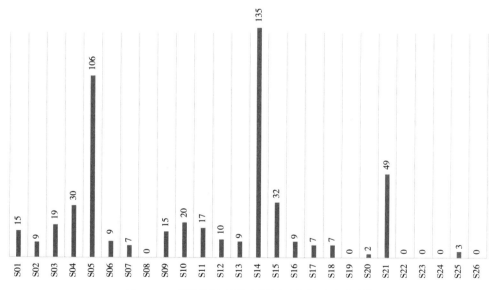

图 5-18　26 所模拟实证院校本科学生参赛获金银铜奖总数
（资料来源：根据"人居环境设计学年奖""亚洲设计学年奖""'新人杯'全国大学生室内设计竞赛"官网数据整理绘制）

5.2　模拟实证院校室内设计专业教育竞争力指标数据收集与处理

（3）毕业生深造率、就业率数据分析图详见图 5-19、图 5-20，两项指标数据主要通过各院校官网公开的最新年度《毕业生就业质量报告》获得。部分院校未能按照教育部要求分专业类别进行就业统计，也未进行毕业生就业满意度和雇主满意度统计。对于未按规范公开相关信息的院校，其该项信息数据值按最低值进行统计和计算。专业推荐数据通过

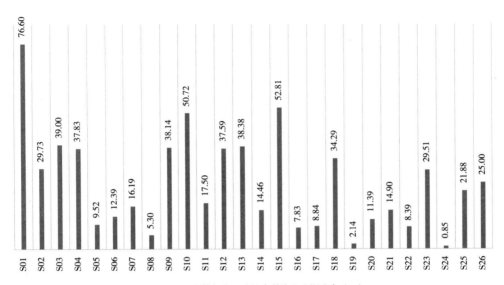

图 5-19　26 所模拟实证院校本科毕业生深造率（%）
（资料来源：根据 26 所院校本科教学质量报告公开数据整理绘制）

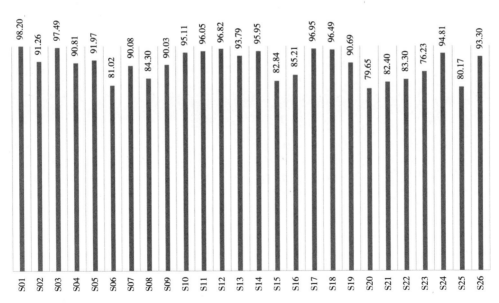

图 5-20　26 所模拟实证院校本科毕业生就业率（%）
（资料来源：根据 26 所院校本科教学质量报告公开数据整理绘制）

阳光高考网获得，第三方评价数据通过相关评价官网获得数据，专业推荐指数、第三方评价排名前十分析图详见图 5-21、图 5-22。经过比对编码名单，重点院校的毕业生深造率指标具有较为明显的竞争优势，专业方向明确、研究积累较深厚的院校在第三方评价中相对获得较好的评价结果。

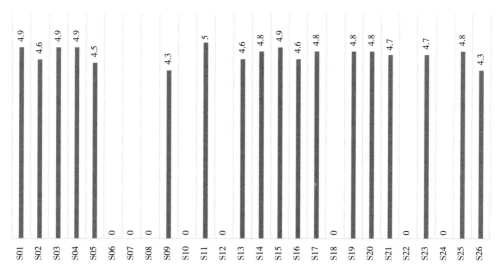

图 5-21　26 所模拟实证院校专业推荐指数
（资料来源：根据阳光高考网公开数据采集后整理绘制）

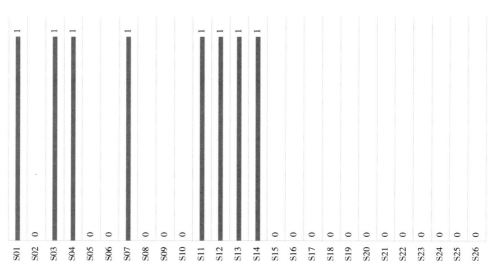

图 5-22　26 所模拟实证院校进入第三方评价排名前十位（0 值为未进入前十）
（资料来源：根据软科和金平果 2021 年排名结果数据采集后整理绘制）

5.2　模拟实证院校室内设计专业教育竞争力指标数据收集与处理

5.2.4 模拟实证院校室内设计专业教育竞争力指标数据的赋权与比较

在对模拟实证院校相关指标的原始数据进行标准化处理后，还需要对其进行赋权运算，才可以获得正式用于室内设计专业教育竞争力评价的最终得分数据，然后运用这些得分数据对模拟实证院校的室内设计专业教育竞争力展开客观评价。关于"ICO 动态三角评价模型"各级指标的权重系数的计算和检验，已在本书 4.3.4 节进行过详尽的演算并已获得结果，可供各级指标的赋权运算直接使用。指标赋权和得分评价的方法和步骤如图 5-23 所示。

根据不同的目的和要求，还可以根据输入环节、转换环节、输出环节的得分，分别对模拟实证院校的输入竞争力、转换竞争力、输出竞争力进行分类比较和判断（表 5-6~表 5-8）。本书不再对赋权计算过程进行赘述。赋权结果和评价结果详见表 5-9、表 5-10。

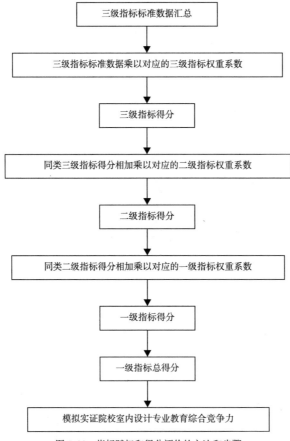

图 5-23 指标赋权和得分评价的方法和步骤

26所模拟实证院校原始数据标准化处理结果汇总表

表5-6

院校编码	F_{111}	F_{112}	F_{121}	F_{122}	F_{131}	F_{132}	F_{133}	F_{141}	F_{142}	F_{211}	F_{212}	F_{213}	F_{221}	F_{222}	F_{231}	F_{232}	F_{241}	F_{242}	F_{311}	F_{312}	F_{321}	F_{322}	F_{331}	F_{332}	F_{341}	F_{342}
S01	1.00	1	1.00	1	0.81	1.00	1.00	0.82	0.75	0.89	1.00	1.00	1	1.00	0.95	0.31	1.00	0.02	0.49	0.31	0.10	0.11	1.00	1.00	0.68	1
S02	1.00	1	1.00	1	0.81	0.19	0.82	0.62	1.00	1.00	0.59	0.45	1	0.94	1.00	0.45	1.00	0.09	0.07	0.13	0.04	0.07	0.68	0.38	1.00	0
S03	1.00	1	0.34	1	0.63	0.49	0.36	1.00	0.55	0.23	0.45	0.84	1	1.00	0.84	0.34	0.94	0.77	0.75	0.60	0.07	0.14	0.97	0.50	0.57	1
S04	0.25	1	0	1	0.27	0.26	0.32	0.07	0.45	0.49	0.42	0.53	1	0.81	0.53	0.62	0.85	0	0.47	0.37	0.17	0.22	0.66	0.49	0	1
S05	1.00	1	1.00	0	1.00	0.03	0.34	0.30	0.20	0.72	0.66	0.27	1	0.71	0.58	1.00	1.00	1.00	0.23	0.20	0.69	0.79	0.72	0.11	0.31	0
S06	0.75	0	1.00	0	0.48	0	0.22	0.16	0.12	0.35	0.44	0.33	1	0.38	0.26	0.37	0	0	0.09	0.08	0.08	0.07	0.22	0.15	0.62	0
S07	0.75	0	1.00	0	0.22	0.05	0.42	0.16	0	0.38	0	0	1	0.24	0.32	0.01	0.79	1.00	0.08	0.03	0.06	0.05	0.63	0.20	0	1
S08	0.75	0	1.00	0	0.25	0.06	0.39	0.08	0.12	0.72	0.02	0.12	1	0.24	0.21	0.08	0.81	0	0.16	0.10	0.01	0	0.37	0.06	0.04	0
S09	0.50	0	0.34	0	0.33	0.12	0.36	0	0.09	0.24	0.62	0.37	1	0.14	0.32	0.48	0.19	0	0.23	0.10	0.19	0.11	0.63	0.49	0.59	0
S10	1.00	1	0	1	0.67	0.78	0.22	0.24	0.72	0.62	0	0.23	1	0.33	0.37	0.14	0.98	0.24	0.03	0.05	0.08	0.15	0.86	0.66	0.62	0
S11	1.00	1	1.00	0	0.32	0.28	0.49	0.49	0.18	0.56	0.85	0.41	1	0.43	0.26	0.21	0.90	0.91	0.03	0.03	0.08	0.13	0.90	0.22	0.59	1
S12	1.00	0	0	1	0.46	0.36	0.90	0.76	0.37	0.50	0.56	0.67	1	0.52	0.37	0.74	0	0.34	0.02	0	0.04	0.07	0.94	0.49	0.01	1
S13	1.00	1	0	1	0.30	0.16	0.35	0.15	0.24	0.32	0.89	0.51	1	0.71	0.26	0	0	0.86	1.00	1.00	0.06	0.07	0.80	0.50	0.81	1
S14	1.00	1	1.00	0	0.08	0.08	0.31	0.21	0	0.47	0	0.31	1	0.14	0.26	0	0.45	0	0.24	0.11	1.00	1.00	0.90	0.18	0.15	1
S15	0.25	1	0.34	1	0.42	0.28	0	0.02	0.10	0.25	0.89	0.75	1	0.48	0.21	0	0	0	0.26	0.26	0.12	0.24	0.30	0.69	0.56	0
S16	0.50	1	1.00	0	0.08	0.22	0.11	0.09	0.31	0.79	0.17	0.22	1	0.05	0.11	0	0.84	0.69	0.08	0.05	0.03	0.07	0.41	0.09	0.91	0
S17	1.00	1	1.00	0	0.50	0.07	0.50	0.07	0.28	0.43	0.58	0.36	1	0.48	0.42	0.21	0	0	0.17	0.07	0.02	0.05	0.94	0.11	0.66	0
S18	0	0	0	0	0.30	0.13	0.25	0.06	0.20	0.46	0.84	0.37	1	0.24	0.05	0.26	0	0	0.08	0.02	0.02	0.05	0.92	0.44	0.81	0
S19	0	1	0	0	0	0.04	0.21	0.01	0.10	0	0.27	0	1	0	0.16	0	0	0	0.01	0	0.04	0.01	0.66	0.02	0.42	0
S20	0	1	0.34	0	0.50	0.07	0.55	0.01	0.21	0.26	0.84	0.21	1	0.52	0.32	0.04	0.91	0.82	0.19	0.17	0.06	0.01	0.16	0.14	0.58	0
S21	0.75	1	0	0	0.22	0.11	0.33	0.05	0.14	0.08	0.74	0.42	1	0.52	0	0	0.39	0.39	0.11	0.10	0.37	0.36	0.28	0.19	0.44	0
S22	0.50	1	0	0	0.22	0.04	0.71	0.03	0	0.24	0.27	0	1	0.38	0.21	0	0.94	0.36	0.01	0.03	0	0	0.32	0.10	0.75	0
S23	0.50	1	0	0	0.20	0.02	0.05	0.06	0.11	0.09	0.87	0.53	1	0.14	0.11	0	0.17	0.27	0.06	0.04	0	0	0	0.38	0.16	0
S24	1.00	1	0	0	0.21	0.07	0.44	0.02	0.18	0.35	0.56	0.18	1	0.33	0.16	0.41	0.38	0.51	0	0	0	0	0.85	0	0.57	0
S25	0.75	1	0	0	0.27	0.05	0.21	0.05	0.16	0	0.63	0.40	1	0.10	0.21	0	0	0	0.32	0.37	0.01	0.02	0.18	0.28	0.50	0
S26	0	0	0.34	0	0.28	0.06	0.41	0.09	0.15	0.49	0.83	0.44	1	0.14	0.11	0.45	0	0.31	0.10	0.04	0.02	0	0.78	0.32	0.73	0

5.2 模拟实证院校室内设计专业教育竞争力指标数据收集与处理

三级指标	三级权重	二级指标	二级权重	一级指标	一级权重
F_{111i} 城市区位	0.47	F_{11} 区位资源	0.25	F_1 输入要素	0.32
F_{112i} 实践教学资源	0.53				
F_{121i} 办学类型	0.48	F_{12} 办学定位	0.24		
F_{122i} 办学层次	0.52				
F_{131i} 生均教学行政用房面积	0.29	F_{13} 基础设施	0.23		
F_{132i} 生均教学仪器设备值	0.37				
F_{133i} 生均纸质图书拥有量	0.34				
F_{141i} 生均教学运行支出	0.47	F_{14} 教学经费	0.28		
F_{142i} 生均实践教学支出	0.53				
F_{211i} 本科生师比	0.30	F_{21} 教师队伍	0.23	F_2 转换要素	0.33
F_{212i} 研究生学位教师占比	0.34				
F_{213i} 高级职务教师占比	0.36				
F_{221i} 是否国家级一流专业建设点	0.52	F_{22} 专业建设	0.26		
F_{222i} 课程设置达标率	0.48				
F_{231i} 实践课程占比	0.49	F_{23} 能力培养	0.26		
F_{232i} NCIDQ 匹配度	0.51				
F_{241i} 学生参评率	0.48	F_{24} 教学效果	0.25		
F_{242i} 学生评价满意度	0.52				
F_{311i} 论文发表总数	0.45	F_{31} 知识输出	0.23	F_3 输出要素	0.35
F_{312i} 论文 H 指数	0.55				
F_{321i} 国内学年奖获奖数	0.49	F_{32} 成果输出	0.27		
F_{322i} 金银铜奖总数	0.51				
F_{331i} 就业率	0.54	F_{33} 人才输出	0.24		
F_{332i} 深造率	0.46				
F_{341i} 专业推荐指数	0.49	F_{34} 社会声誉	0.26		
F_{342i} 第三方排名	0.51				

5　基于 26 所院校的模拟实证研究

表5-8

26所模拟实证院校三级指标赋权得分汇总表

院校编码	F_{111}	F_{112}	F_{121}	F_{122}	F_{131}	F_{132}	F_{133}	F_{141}	F_{142}	F_{211}	F_{212}	F_{213}	F_{221}	F_{222}	F_{231}	F_{232}	F_{241}	F_{242}	F_{311}	F_{312}	F_{321}	F_{322}	F_{331}	F_{332}	F_{341}	F_{342}
S01	0.47	0.53	0.48	0.52	0.18	0.37	0.33	0.10	0.37	0.28	0.23	0.36	0.52	0.48	0.47	0.16	0.48	0.12	0.22	0.17	0.05	0.06	0.54	0.46	0.34	0.51
S02	0.47	0.53	0.48	0.52	0.23	0.05	0.34	0.34	0.53	0.27	0	0.29	0.52	0.45	0.49	0.23	0.48	0.25	0.03	0.07	0.02	0.04	0.37	0.17	0.49	0
S03	0.47	0.53	0.16	0.52	0.17	0.15	0.11	0.47	0.27	0.30	0.28	0.22	0.52	0.48	0.41	0.17	0.45	0.45	0.34	0.33	0.03	0.07	0.53	0.23	0.28	0.51
S04	0.12	0.53	0	0.52	0.09	0.05	0.10	0.05	0.48	0.24	0.02	0.18	0.52	0.39	0.26	0.32	0.41	0.46	0.21	0.20	0.08	0.11	0.36	0.22	0	0.51
S05	0.47	0.53	0.48	0	0.08	0.01	0.11	0.13	0.08	0.25	0.20	0.11	0.52	0.34	0.28	0.51	0.48	0.52	0.10	0.11	0.34	0.40	0.39	0.05	0.15	0.51
S06	0.35	0	0.48	0	0.05	0	0	0.07	0.05	0.13	0.19	0.16	0.52	0.18	0.13	0.19	0	0	0.04	0.04	0.04	0.04	0.12	0.07	0.30	0
S07	0.35	0	0.48	0	0.09	0.02	0.14	0.05	0.19	0.15	0.23	0.02	0.52	0.11	0.16	0.01	0.38	0.52	0.07	0.05	0.03	0.03	0.34	0.09	0	0.51
S08	0.35	0	0.48	0	0.03	0	0	0.01	0.08	0	0.25	0.04	0.52	0.11	0.10	0.04	0.39	0.50	0.07	0.05	0	0	0.20	0.03	0.02	0
S09	0.24	0	0.16	0	0.09	0.03	0.11	0.05	0.08	0.08	0.20	0.10	0.52	0.07	0.16	0.24	0.09	0.42	0.10	0.05	0.09	0.06	0.34	0.22	0.29	0
S10	0.47	0.53	0	0.52	0.19	0.16	0.06	0.10	0.37	0.19	0.25	0.16	0.52	0.16	0.09	0.07	0.47	0.36	0.03	0.03	0.04	0.08	0.47	0.30	0.31	0
S11	0.47	0.53	0.48	0	0.08	0.06	0.15	0.28	0.28	0.21	0.31	0.11	0.52	0.10	0.13	0.11	0.43	0.40	0.03	0.03	0.04	0.07	0.49	0.10	0.29	0.51
S12	0.47	0	0	0.52	0.12	0.07	0.33	0.33	0.16	0.18	0.33	0.24	0.52	0.25	0.18	0.38	0	0.34	0.02	0	0.02	0.04	0.51	0.22	0	0.51
S13	0.47	0.53	0	0.52	0.08	0.05	0.14	0.05	0.04	0.15	0.32	0.14	0.52	0.34	0.13	0	0	0.48	0.45	0.55	0.03	0.04	0.43	0.23	0.40	0.51
S14	0.47	0.53	0.48	0	0.02	0.03	0.08	0.14	0	0.17	0.26	0.10	0.52	0.07	0.13	0	0.22	0	0.11	0.06	0.49	0.51	0.49	0.08	0.07	0.51
S15	0.12	0.53	0.16	0.52	0.11	0.06	0.12	0.04	0.09	0.15	0.34	0.19	0.52	0.23	0.10	0	0	0	0.12	0.14	0.06	0.12	0.16	0.31	0.27	0
S16	0.24	0.53	0.48	0	0.01	0.06	0	0.04	0.16	0.20	0.32	0.05	0.52	0.02	0.05	0	0.40	0.32	0.04	0.03	0.01	0.04	0.22	0.04	0.45	0
S17	0.47	0.53	0.48	0.52	0.13	0.01	0.20	0.02	0.16	0.18	0.23	0.18	0.52	0.23	0.21	0.11	0	0.45	0.08	0.04	0.01	0.03	0.51	0.05	0.33	0
S18	0	0	0	0	0.09	0.06	0.08	0.01	0.09	0.19	0.31	0.12	0.52	0.11	0.03	0.13	0.18	0.34	0.04	0.01	0.01	0.03	0.50	0.20	0.40	0
S19	0	0.53	0	0	0	0.01	0.08	0.01	0.03	0.13	0.21	0	0.52	0	0.08	0	0	0	0	0	0	0	0.36	0.01	0.21	0
S20	0	0.53	0.16	0	0.15	0.02	0.21	0.01	0.12	0.15	0.31	0.07	0.52	0.25	0.16	0.02	0.44	0.46	0.09	0.09	0	0.01	0.08	0.06	0.28	0
S21	0.35	0.53	0	0	0.05	0.03	0.09	0.01	0.06	0.13	0.30	0.13	0.52	0.25	0	0	0	0.35	0.05	0.05	0.18	0.18	0.15	0.08	0.21	0
S22	0.24	0.53	0	0	0.05	0.01	0.26	0	0	0.15	0.17	0.05	0.52	0.18	0.10	0	0.45	0.33	0	0.02	0	0	0.17	0.05	0.37	0
S23	0.24	0.53	0	0	0.01	0.05	0.12	0.01	0.06	0.16	0.32	0.16	0.52	0.07	0.05	0	0.08	0.43	0.03	0.02	0	0	0.17	0.17	0.08	0
S24	0.47	0.53	0	0	0.05	0.03	0.19	0	0.05	0.16	0.28	0.06	0.52	0.16	0.08	0.21	0.18	0.41	0	0	0	0	0.46	0	0.28	0
S25	0.35	0.53	0	0	0.08	0.02	0.06	0.05	0.08	0.15	0.26	0.10	0.52	0.05	0.10	0	0.33	0.33	0.15	0.20	0	0.01	0.10	0.13	0.25	0
S26	0	0	0.16	0	0.08	0.02	0.13	0.02	0.04	0.16	0.30	0.12	0.52	0.07	0.05	0.23	0	0.32	0.05	0.02	0.01	0	0.42	0.15	0.36	0

5.2 模拟实证院校室内设计专业教育竞争力指标数据收集与处理

表5-9

26所模拟实证院校二级指标赋权得分汇总表

院校编码	F_{11}	F_{12}	F_{13}	F_{14}	F_{21}	F_{22}	F_{23}	F_{24}	F_{31}	F_{32}	F_{33}	F_{34}
S01	0.25	0.24	0.20	0.13	0.20	0.23	0.16	0.15	0.09	0.03	0.25	0.22
S02	0.25	0.24	0.14	0.25	0.13	0.22	0.19	0.18	0.02	0.01	0.13	0.13
S03	0.25	0.16	0.10	0.21	0.19	0.26	0.15	0.22	0.16	0.03	0.19	0.20
S04	0.16	0.12	0.06	0.15	0.10	0.26	0.15	0.21	0.10	0.05	0.14	0.13
S05	0.25	0.12	0.05	0.06	0.13	0.21	0.21	0.25	0.05	0.20	0.11	0.04
S06	0.09	0.12	0.01	0.03	0.11	0.32	0.08	0	0.02	0.02	0.05	0.08
S07	0.09	0.12	0.06	0.07	0.09	0.29	0.04	0.22	0.01	0.01	0.11	0.13
S08	0.09	0.12	0.01	0.03	0.07	0.17	0.04	0.22	0.03	0	0.06	0.01
S09	0.06	0.04	0.05	0.04	0.09	0.16	0.10	0.13	0.04	0.04	0.14	0.07
S10	0.25	0.12	0.09	0.13	0.14	0.25	0.04	0.21	0.01	0.03	0.19	0.07
S11	0.25	0.12	0.07	0.16	0.15	0.22	0.06	0.20	0.01	0.03	0.14	0.20
S12	0.12	0.12	0.12	0.14	0.17	0.19	0.15	0.08	0	0.01	0.18	0.13
S13	0.25	0.12	0.06	0.02	0.14	0.20	0.03	0.12	0.23	0.02	0.16	0.23
S14	0.25	0.12	0.03	0.04	0.13	0.17	0.03	0.05	0.04	0.27	0.14	0.15
S15	0.16	0.16	0.07	0.04	0.16	0.20	0.03	0	0.06	0.05	0.12	0.07
S16	0.19	0.12	0.02	0.06	0.13	0.20	0.01	0.18	0.01	0.01	0.06	0.11
S17	0.25	0.12	0.08	0.05	0.14	0.22	0.08	0.11	0.03	0.01	0.14	0.08
S18	0	0	0.05	0.03	0.14	0.22	0.04	0.08	0.01	0.01	0.17	0.10
S19	0.13	0	0.02	0.01	0.08	0.16	0.02	0	0	0	0.09	0.05
S20	0.13	0.04	0.09	0.04	0.12	0.19	0.05	0.22	0.04	0	0.04	0.07
S21	0.22	0	0.04	0.02	0.13	0.21	0	0.09	0.02	0.10	0.06	0.05
S22	0.19	0	0.08	0	0.09	0.16	0.03	0.19	0	0	0.05	0.09
S23	0.19	0	0.04	0.02	0.15	0.14	0.01	0.13	0.01	0	0.04	0.02
S24	0.25	0	0.06	0.01	0.12	0.16	0.07	0.15	0	0	0.11	0.07
S25	0.22	0	0.04	0.04	0.12	0.19	0.03	0.08	0.08	0	0.06	0.06
S26	0	0.04	0.05	0.02	0.14	0.14	0.07	0.08	0.02	0	0.14	0.09

院校编码	F_1	F_2	F_3	总得分
S01	0.26	0.25	0.22	0.73
S02	0.28	0.24	0.10	0.62
S03	0.23	0.27	0.22	0.72
S04	0.15	0.24	0.19	0.59
S05	0.15	0.26	0.16	0.58
S06	0.08	0.17	0.03	0.28
S07	0.10	0.22	0.09	0.42
S08	0.08	0.17	0.03	0.27
S09	0.06	0.16	0.11	0.33
S10	0.19	0.21	0.08	0.48
S11	0.19	0.21	0.15	0.55
S12	0.16	0.20	0.12	0.47
S13	0.15	0.16	0.23	0.54
S14	0.14	0.13	0.24	0.51
S15	0.14	0.13	0.12	0.39
S16	0.12	0.17	0.07	0.37
S17	0.16	0.18	0.10	0.44
S18	0.03	0.16	0.07	0.26
S19	0.05	0.09	0.07	0.21
S20	0.09	0.19	0.07	0.36
S21	0.09	0.14	0.10	0.33
S22	0.08	0.16	0.02	0.26
S23	0.08	0.14	0.06	0.28
S24	0.10	0.17	0.04	0.31
S25	0.09	0.14	0.09	0.32
S26	0.03	0.14	0.09	0.27

5.2　模拟实证院校室内设计专业教育竞争力指标数据收集与处理

5.3 26所模拟实证院校的室内设计专业竞争力指标结果分析

通过对26所模拟实证院校室内设计专业教育各环节竞争力指标数据进行对比分析，本书发现在个别环节的指标上，院校之间的差距明显偏大，最小值与最大值的差异高达300多倍，即使经过对数据进行标准化处理以及赋权处理，这种差距仍然非常明显。但从综合评价的结果来看，某个指标差异偏大的问题，并未对本书指标体系的有效性造成影响，各指标仍然保持对指标体系的独立性和贡献值，证明本书构建的"ICO评价模型"具有一定的综合性和可操作性。

5.3.1 模拟实证院校室内设计专业教育竞争力评价结果与评价分类

1.综合竞争力及一级指标得分分析

（1）输入环节竞争力指标数据分析：由于受到地理区位和院校层次等因素的影响，各模拟实证院校的办学资源指标差异相当巨大。部分院校的教育资源获得能力表现突出，在一定程度上是因为社会公共教育资源向中心城市的重点院校集中倾斜造成的。地理区位和院校层次属于禀赋性和结构性资源，在一定时期内是无法改变的。中心城市院校和重点建设院校获得教育资源的相对优势，可视为其核心竞争力之一，是其他主体不可复制的竞争力。但从实证研究结果来看，核心竞争力并不是决定整体竞争力或其他单项竞争力的唯一因素，也意味着单一环节或单一指标的偏离不会影响本书构建指标体系的有效性和可操作性。资源竞争力较弱的竞争主体可以通过改善和强化转换效率和输出能力来提升自身的整体竞争力水平。各院校竞争力对比情况详见图5-24与图5-25。

（2）转换环节竞争力指标数据分析：各院校在转换环节的竞争力差异主要表现在本科生师比、高级职务教师占比、课程设置达标率、NCIDQ匹配度以及学生参评率等指标上。前两项指标属于政策性的合格指标和监测指标，教育实施主体有责任和义务确保这两项指标符合要求。第三项指标属于推荐性国家课程标准指标，是不可忽视的教育竞争力构成因素。第四项指标是北美先进国家室内设计师资格认证考核点，对提升课程实用性和培养应

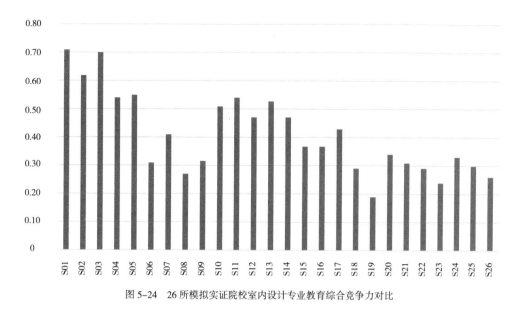

图 5-24　26 所模拟实证院校室内设计专业教育综合竞争力对比

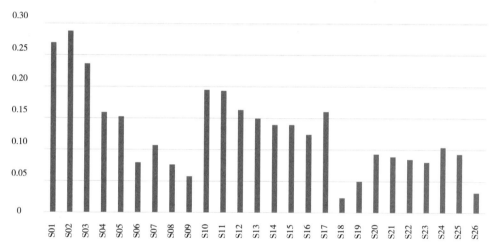

图 5-25　26 所模拟实证院校室内设计专业教育输入竞争力对比

用型人才具有参考意义。在数据统计过程中发现，转换竞争力得分较高的是综合性院校或是接受建筑学专业认证的院校，在 11 所高于平均分的院校中占了 7 所，间接证明相关院校对标准较为重视。经过建筑学系统专业认证的院校，专业课程设置的职业相关性更强。26 所模拟实证院校转换竞争力对比情况如图 5-26 所示。

（3）输出环节竞争力指标数据分析：各模拟实证院校在输出环节的竞争力差异，集中表现在知识输出、学生能力、就业能力和升学能力等四项指标上，尤其是在论文 H 指数、国内学年奖获奖数以及金银铜奖总数这三项三级指标上。个别模拟实证院校在输出环节上

5.3　26 所模拟实证院校的室内设计专业竞争力指标结果分析

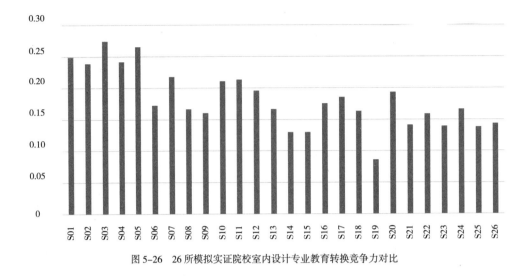

图 5-26　26 所模拟实证院校室内设计专业教育转换竞争力对比

的竞争力明显偏弱，论文 H 指数、国内学年奖获奖数以及金银铜奖总数等三项指标的得分甚至为零。虽然目前还没有政策或标准就专业教育输出的质量和水平订立具有约束性的限制指标，但是输出环节的竞争力表现强弱，无疑会直接影响到社会和行业对专业教育实施主体院校的声誉评价和水平评价。因此，中国室内设计专业教育竞争主体，不仅可以通过支持专任教师开展科学研究、发表论文、指导学生参赛、辅导学生就业等专项建设，有针对性地提升输出竞争力和社会影响力，也可以通过竞争力的逐项提升，完成整体竞争力的建设。西部地区院校由于受资源限制，输出竞争力整体低于平均水平，未来可探索区域性特色专题、联动东部地区院校资源等方式提升整体输出竞争力。26 所模拟实证院校输出竞争力对比情况如图 5-27 所示。

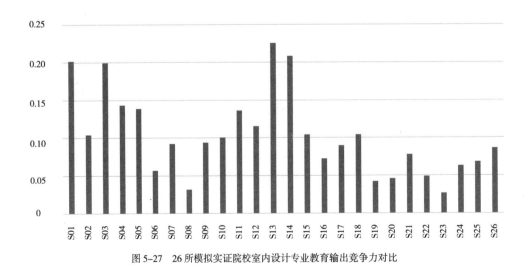

图 5-27　26 所模拟实证院校室内设计专业教育输出竞争力对比

5　基于 26 所院校的模拟实证研究

2. 竞争力分类依据及评价方式探索

本书还发现，各院校竞争力可按照单项指标高于或低于平均值进行分类：如果用输入、转换、输出的英文首字母（I/C/O）代表相应环节的竞争力，其强弱以字母的大小写加以区别，大写字母表示竞争力高于院校数据平均值，小写字母表示竞争力低于院校数据平均值，那么各院校三个环节的竞争力可以分为八种理论组合：① ICO 组合（代表输入、转换和输出能力都比院校平均水平高）；② ICo 组合（代表输入、转换能力比院校平均水平高，但输出能力比院校平均水平低）；③ Ico 组合（代表输入能力比院校平均水平高，但转换和输出能力都比院校平均水平低）；④ IcO 组合（代表输入、输出能力比院校平均水平高，但转换能力比院校平均水平低）；⑤ iCO 组合（代表输入能力比院校平均水平低，转换、输出能力比院校平均水平高）；⑥ icO 组合（代表输入、转换能力比院校平均水平低，输出能力比院校平均水平高）；⑦ iCo 组合（代表输入、输出能力低于院校平均水平，转换能力高于院校平均水平）；⑧ ico 组合（代表输入、转换、输出能力都低于院校平均水平）。模拟实证院校的竞争力类型详见表5-11。

26所模拟实证院校的室内专业教育竞争力类型　　　表5-11

代码	I	C	O		ICO
	输入竞争力得分	转换竞争力得分	输出竞争力得分	综合得分	竞争力类型
S01	0.26	0.25	0.22	0.73	ICO
S02	0.28	0.24	0.10	0.62	ICo
S03	0.23	0.27	0.22	0.72	ICO
S04	0.15	0.24	0.19	0.59	ICO
S05	0.15	0.26	0.16	0.58	ICO
S06	0.08	0.17	0.03	0.28	ico
S07	0.10	0.22	0.09	0.42	iCo
S08	0.08	0.17	0.03	0.27	ico
S09	0.06	0.16	0.11	0.33	ico
S10	0.19	0.21	0.08	0.48	ICo
S11	0.19	0.21	0.15	0.55	ICO
S12	0.16	0.20	0.12	0.47	ICO
S13	0.15	0.16	0.23	0.54	IcO
S14	0.14	0.13	0.24	0.51	IcO
S15	0.14	0.13	0.12	0.39	IcO
S16	0.12	0.17	0.07	0.37	ico

5.3　26所模拟实证院校的室内设计专业竞争力指标结果分析

代码	I	C	O		ICO
	输入竞争力得分	转换竞争力得分	输出竞争力得分	综合得分	竞争力类型
S17	0.16	0.18	0.10	0.44	Ico
S18	0.03	0.16	0.07	0.26	ico
S19	0.05	0.09	0.07	0.21	ico
S20	0.09	0.19	0.07	0.36	iCo
S21	0.09	0.14	0.10	0.33	ico
S22	0.08	0.16	0.02	0.26	ico
S23	0.08	0.14	0.06	0.28	ico
S24	0.10	0.17	0.04	0.31	ico
S25	0.09	0.14	0.09	0.32	ico
S26	0.03	0.14	0.09	0.27	ico
平均值	0.13	0.18	0.11	0.42	

注释：前三列及最后一列有灰度色块的院校代表单项数值高于平均值，高于平均值则用大写字母表示，根据字母大小写组合关系得出每个院校的 ICO 类型，比对综合竞争力可以看到 ICO、ICo、IcO、Ico、iCo 不同类型都有综合竞争力得分高于平均分的院校。

本次模拟实证研究证明，ICO 组合、ICo 组合、IcO 组合、Ico 组合、iCo 组合、Ico 组合、ico 组合都是现实存在的室内设计专业教育竞争力类型。在 26 所模拟实证院校中有 ICO 类型院校 6 所，其各项竞争力构成较为均衡，最终综合竞争力得分也较高；另有 ICo 类型院校 2 所，IcO 类型院校 3 所，iCo 类型院校 2 所，Ico 类型院校 1 所，ico 类型院校 12 所。

本次模拟实证中未出现投入小产出大的 icO 类型和 iCO 类型实例，再次证明了传统生产要素学说在理论上的正确性，投入小则相对产出小。因此，对中国室内设计专业教育竞争力的分类，也可以按照要素投入规模，将其分为投入大和投入小两个大类。每个大类各有四个小类，即 ICO/ICo/IcO/Ico 类型和 ico/iCo/icO/ico 类型。从理论上进行推演，ICO 类型和 ico 类型均属于典型合理类型，icO 类型和 iCO 类型则属于非常"理想"的理论模型，因为可以通过较低的投入就能获得较高的教学转换效果和教学输出成果。虽然在本书选取的国家级一流专业建设院校中暂未找到符合理想类型的实例，但也不能排除在扩大院校数据采集范围后可能存在理想类型的案例。在产业学院或以创新创业为导向的院校中，能否出现理想的 icO 类型和 iCO 类型院校，有待下一步开展研究。除合理均衡的 ICO 类型和理想化的 icO 类型、iCO 类型外，其他类型的院校都存在着对标建设的可能性和可行性。

通过评价模型和数据赋值，本书初步获得了模拟实证院校数据的基本情况，如何利用数据结果、如何呈现竞争力成果进行评价，是一个评价体系价值观的重要体现。本书探索竞争力评价体系的目的并不在于再造一个"排行榜"，而是希望通过数据采集和分析探索，为以数据为依据的教学决策和教学评价提供相应工具和方法。院校可以通过自行比对 26 所标杆院校数据进行自我参照，通过竞争力类型评价，为院校自身竞争力提升的分类探索做好数据调研工作。例如，对于资源受限、投入相对较小的院校，可以参照在最终综合竞争力处于平均值以上、相对投入值较小的 S07、S20 两所院校，这两所院校在课程建设和教学转换上都明显优于平均水平，因此最终在整体竞争中取得相对优势。

3. 基于良性教育生态的教育竞争力评价方式探索

当下对教育评价存在着两种声音：一是认为定量的评估指标导致教育的功利化，限制了学术的自由生长，使教育唯"指标"论英雄，使院校过于注重"成绩"和"成果"，反对预设主义和预设教育目标；第二种声音则认为定量的评估指标有利于教学系统以产出为导向，提高了教学组织的共识达成和协作效率，可以通过有效的定量评估调控教学的方向和目标，能够相对客观和科学地衡量院校的教研能力[1]。本书认为，教学评价以客观、可量化的评估指标为要素是相对科学的，如何选取指标、如何制定指标的合理区间、如何规划指标实现的年限、如何传递相关指标所蕴含的信息及其与教育组织的竞争力发展逻辑，是影响到教育评价能否有效发挥其"指挥棒"作用、调节教育机构内部组织关系的重要因素。

有部分研究认为，教育评价影响了教育机构内部人员的关系，这包括学生与学生的关系、教师与教师的关系、教育机构与教育机构的关系，国外开始出现"以关系为中心"（Relation–Centered Evaluation）[2] 进行教育评价的研究，研究指出以考试和淘汰为教育结果评价的传统方法，严重影响了学生的学习体验和学习主动性，并将其称为"考试的暴政（The Tyranny of Testing）"，研究还指出围绕学生考试成绩对教师开展评价、以考试成绩对院校开展评价，对教育组织内部关系造成了较为负面的影响。本书认为，定量的、以结

---

[1] 参见宋博、周倩（2022 年）在《中国社会科学报》发表的"教育评价价值取向的演进逻辑"，文章指出教育评价有四种取向及评价逻辑："科学主义、管理主义、人本主义和治理主义"，人本主义取向的教育评价关注人的需求，反对预设教育目标；另外三种取向则共同关注定量指标的价值判断，如何通过定量指标起到教育调控与教育决策作用。来源 DOI：10.28131/n.cnki.ncshk.2022.000682.

[2] "以关系为中心"的教学评价是指教师采用何种评价方法对学生的成果进行评估，如传统的教学评价是以考试及打分的方式进行，这种方式逐步被考察、教学对话、能力评估等形成性的评价方式所替代。参见：GERGEN，K，GILL S. Toward Relation–Centered Evaluation[M]//Beyond the Tyranny of Testing：Relational Evaluation in Education.（第三章的论述）

果为导向的教育评价本身不会导致教育的功利化和教育共同体的关系恶化，把教育评价结果运用于"高厉害"关系，如学生评定、教师晋升或绩效等，才是导致关系恶化的直接原因。有效的教育评价机制、教育过程管理以及明确的竞争力建设成效，能促进教育组织机构厘清自身目标与方向而不盲目建设，通过教育竞争力指标进行有效的过程监测，可以进一步有序地完成教育过程和实现教学的社会效用。

本书认为，教育组织自身是作为一个整体对象被外部进行评价的，通过定量、客观的评价体系开展教育评价，并不代表着会将学校"工厂化"。虽然之前的教学评价指标由于教育规模的扩大和国际教育排名急需提升，被动促使了相关指标数量的"拔苗助长"，出现了"唯数量""唯论文""唯影响因子"的倾向。随着教育部出台《关于提升高校专利质量促进转化运用的若干意见》[①]、《关于规范高等学校 SCI 论文相关指标使用树立正确评价导向的若干意见》[②]，未来通过合理调整这些指标的考核评价机制和资助奖励政策，必定能促成更为合理的教育评价生态。竞争力研究是基于能呈现相对优势的量化数据，但不代表竞争力研究是鼓励恶性的、盲目的竞争。以室内设计教育竞争力评价体系作为教学组织机构实现其教育目标的管理工具，通过教学组织内部目标对齐、以学生为本，通过纳入促进教学组织与外部组织协同创新的指标，院校根据自身的竞争力基本情况进行有效提升，将使教育机构在教育实施过程中形成有效对标的教育质量管理系统，各院校可以在教育环境中找到自身生态位置。

5.3.2 模拟实证院校室内专业评价结果与其他排名评价结果比较

目前，我国尚未有任何机构或个人发布中国室内设计专业教育评价结果或中国室内设计专业教育竞争力评价结果。因此，暂时还没有可供本书进行比较的同专业评价样本。截至 2021 年，与室内设计相关的全国性本科专业评价结果，主要有教育部公布的"国家级一流专业建设点名单"、上海软科发布的"中国大学专业排名"、武汉金平果科教开发服务有限公司发布的"大学本科教育分专业排行榜"，以及深圳艾瑞深信息咨询有限公司发布的"中国一流专业排名"，这些名单和榜单的结果对比详见表 5-12。

---

① 全面提升高校专利质量服务创新型国家建设——教育部、国家知识产权局、科技部有关司局负责人就《关于提升高等学校专利质量促进转化运用的若干意见》答记者问（http://www.moe.gov.cn/jyb_xwfb/s271/202002/t20200221_422858.html）。

② 教育部、科技部印发《关于规范高等学校 SCI 论文相关指标使用树立正确评价导向的若干意见》的通知：http://www.gov.cn/zhengce/zhengceku/2020-03/03/content_5486229.htm.

国家级建设点	建设点认定批次	软科排名	校友会排名/评星	金平果专业排名
清华大学	1	1	4/5*	2
中央美术学院	1	21	43/4*	未进入排名
同济大学	1	2	4/5*	未进入排名
江南大学	1	3	7/4*	未进入排名
广州美术学院	1	17	7/4*	未进入排名
四川美术学院	1	37	7/4*	未进入排名
西安美术学院	1	29	7/4*	1
上海大学	1	14	7/4*	未进入排名
湖北美术学院	1	46	7/4*	未进入排名
广东工业大学	1	6	7/4*	未进入排名
云南艺术学院	1	60	7/4*	未进入排名
大连工业大学	1	43	7/4*	5
山东艺术学院	1	59	7/4*	未进入排名
吉林建筑大学	1	90	7/4*	7
西安建筑科技大学	1	104	7/4*	3
沈阳建筑大学	1	124	43/4*	未进入排名
南京工业大学	1	178	未进入排名	未进入排名
北京工业大学	2	48	7/4*	未进入排名
北京服装学院	2	8	7/4*	未进入排名
东华大学	2	9	7/4*	未进入排名
华东师范大学	2	7	7/4*	未进入排名
河北工业大学	2	95	7/4*	未进入排名
华南理工大学	2	16	1/5*	未进入排名
南京林业大学	2	19	7/4*	6
南京艺术学院	2	5	未进入排名	未进入排名
中南民族大学	2	47	7/4*	未进入排名
武汉理工大学	2	20	7/4*	8
大连理工大学	2	77	7/4*	未进入排名
东北师范大学	2	28	7/4*	未进入排名
哈尔滨师范大学	2	112	7/4*	未进入排名
吉林艺术学院	2	32	未进入排名	未进入排名
山东工艺美术学院	2	18	7/4*	未进入排名
安徽大学	2	122	7/4*	未进入排名

5.3　26所模拟实证院校的室内设计专业竞争力指标结果分析

国家级建设点	建设点认定批次	软科排名	校友会排名/评星	金平果专业排名
安徽工程大学	2	31	7/4*	未进入排名
扬州大学	2	114	7/4*	未进入排名
贺州学院	2	153	1/6*	未进入排名
景德镇陶瓷大学	2	24	43/4*	未进入排名
昆明理工大学	2	79	1/5*	未进入排名
兰州文理学院	2	144	1/6*	未进入排名
山西大学	2	97	7/4*	未进入排名
重庆文理学院	2	135	1/6*	未进入排名
集美大学	2	83	7/4*	未进入排名
海南师范大学	2	35	7/4*	未进入排名
中南林业科技大学	2	55	7/4*	未进入排名
盐城工学院	2	131	1/6*	未进入排名

资料来源：根据相关评估结果整理绘制。

根据表5-12披露的评价信息，在被教育部认定为"国家级一流环境设计专业建设点"的45所院校中，除清华大学在软科、校友会和金平果三个排行榜中都能够获得相对稳定的排名之外，其他院校在不同排行榜的排名均出现较大差异。能够进入金平果前20排名的只有7所院校，占比仅为15.56%，就连同济大学这样的双一流标杆也未能进入金平果排名；能够进入校友会5星以上评级的院校也只有8所，占比17.78%；能够进入软科排名百强的只有35所，占比35%。

笔者非常尊重各榜单对环境设计专业教育水平进行评价的合法权利和学术观点，也能理解不同的评价目的和指标体系必然会导致不同的评价结果。同时笔者也坚信任何评价如果脱离了基本的法定标准和同行共识，必然难以建立强有力的公众信度。不可否认的是，目前我国一些常见的关于本科专业教育评价的指标体系，仍然存在许多值得关注和商榷之处。例如，在国家级一流环境设计专业建设点名单中，如果用教育部颁布的《普通高等学校基本办学条件指标》来进行审视，不少入围院校均存在一项指标或多项指标不达标的问题。如果是教育评价与教育标准之间发生了冲突和矛盾，到底是应该调整教育评价指标还是修订教育标准呢？又例如，从教育主管部门官网、院校官网、中文期刊数据库，以及环境设计学年奖官网所公开的可计量和可比较的现实数据上来看，一些在教育投入、办学条件、学术水平、同行声誉、生源基础、社会影响、社会贡献，以及在校学生竞赛获奖情况等方面，都远远不及其他院校的教育主体，为什么会被某些排行榜列入环境设计专业教育水平第一方阵呢？再例如，在我国开设环境设计专业的近千所本科院校中，迄今被教育部认定为国家级一流环境设计专业建设点的两批院校不过45所，可谓百里挑一，但为什么有不少入围国家级一流专业建设点的标杆院校会被某些民间排行榜排除在榜单之外呢？这些问题都有待进一步探索和研究。

本实证研究的对象主要是室内设计专业教育标杆性的实施主体，属于典型案例研究或小样本研究。在未来进行全样本评价时，本书建立的"ICO动态三角评价模型"指标体系，还需要对某些指标和某些指标权重进行重新调整和修订。尤其是应该根据国家教育发展战略规划，加大与法规和标准相关指标的权重、与教育部评估结果相关指标的权重、与国际执业认证和国际教育认证相关指标的权重、与用人单位认可度相关指标的权重、与学生权益相关指标的权重，以期最大限度地维护和体现"ICO"评价的公正性和公信力。

5.3　26所模拟实证院校的室内设计专业竞争力指标结果分析

5.4 本章小结

本章以室内设计专业方向或人才培养方案中明确培养室内设计专业人才，专业方向均直接设置在环境设计或建筑学国家级一流专业建设点为原则，从相关院校中选出 26 所明确设立室内设计专业方向、明确培养室内设计专业人才的院校作为数据实证分析的对象，以验证本书建立的中国室内设计专业教育竞争力评价模型的适用性和有效性。这 26 所被选取作为实证研究的院校，呈现出比较有代表性的分布特征，与中国室内设计专业教育的现实分布状态基本一致。它们遍布各个区域和不同经济发展水平的一、二、三线城市，包括"985""211"以及其他部省属重点院校、普通院校等各个办学层次，主要集中在艺术院校、工科院校和综合院校设计学科的环境设计专业，部分院校设立在建筑学下开设的相关方向。

对照本书构建的中国室内设计专业教育竞争力评价体系的指标，通过相关各类官方网站等公开信息渠道，对适用于评价模拟实证院校室内设计专业教育竞争力的具体数据进行收集汇总和分析，对相关数据分析和小结如下：

（1）输入指标可反映出院校投入的侧重点，就现实数据采集情况而言，实践教学资源建设、生均实践教学支出有待提升。

室内设计专业教育竞争力输入要素指标包括模拟实证院校室内设计专业或其上级大类专业是否拥有与实践教学相关的实践教学资源和较稳定的校企合作平台等数据，其中生均教学行政用房面积、生均教学仪器设备值、生均纸质图书拥有量等指标，是评估我国普通高校是否符合办学基本条件的硬性指标。教育部将这些指标作为办学条件达标的一项重要判断指标，也间接反映了相关院校未来教育容量和专业教育规模发展情况。数据汇总后分析发现，实践教学资源建设质量有待提升；生均教学仪器设备值、生均教学运行支出、生均实践教学支出在模拟实证院校之间数值极差较大，部分院校需要适当加大对实践教学资源的投入。

（2）转换指标可反映出院校转换效率和教学动态管理能力，综合类、理工类院校整体在课程对标建设方面表现突出。

室内设计专业教育竞争力转换要素指标包括：本科生师比、研究生学位教师占比、课程设置达标率、实践课程占比、NCIDQ 匹配度、学生评价满意度等。模拟实证院校官网公开的最新年度《本科教育质量报告》所收集到的相关信息数据显示,部分院校未能按教育部要求对相关信息进行公开,或未能按规范公开分专业信息。实践课程占比、学生参评率两项指标是获得性较差的指标,收集汇总的各院校数值极差也较大,这表明院校对指标的认识和相关建设差异较大。另外,生师比数据部分院校触及相关标准,这表明由于院校的动态发展,部分指标由于教师流失和学生规模扩大发生数据浮动,因此需要建立常态的教育监测数据体系以保证专业建设质量。课程设置方面综合类、理工类院校较为重视课程对标建设,接受建筑学评估的艺术类院校课程亦规范性较强。

(3)输出指标可反映出各院校的专业建设能力和教学科研能力,室内设计专业教育成果输出亟须找到符合专业特色的呈现形式。

设计专业教育竞争力输出要素指标包含论文发表总数、论文 H 指数、国内学年奖获奖数、金银铜奖总数等。论文及学生获奖相关指标是现在较为通用的成果指标,按现有采集数据而言,也成为各院校间评分区分度较大的指标。通过收集各模拟实证院校在 2010 年至 2020 年间发表的与室内设计相关的论文,发现相关论文刊发数量普遍较少,被引用率较低。如何找到室内设计专业教育知识输出的立足点,提高知识输出的质量和影响力,是值得专业共同体思考的。

(4)本书通过竞争力分类模式的方式进行评价结果呈现,探索以竞争力评价为工具,构建可持续的竞争力提升路径。

本书是基于能呈现相对优势的量化数据进行竞争力评价研究,但不代表本书的立场是鼓励盲目的教学竞争。本书不以再造排行榜为目的,尝试探索以新的评价方式进行评价结果的呈现,通过 ICO 的八种分类为院校自评和第三方评价提供分析评价工具。不同院校的城市资源基础和教育资源基础是具有较大差异的,本书探索按照要素投入规模将其分为投入大和投入小两个大类,每个类型各有四个小类,即 ICO/ICo/IcO/Ico 类型和 iCO/iCo/icO/ico 类型。在"以结果为导向""以学生为本"的背景下,对两大类型的院校探索不同输出竞争力建设路径,探讨竞争力的分类评价,以营造室内设计专业教育的良性发展生态。

6

中国室内设计专业教育竞争力的主要问题和对策

标准化和专业化，是社会治理和经济发展过程中最为广泛和最为深刻的两种变化体现。如果说专业化是社会劳动分工不断细化的必然趋势，那么标准化就是对社会专业实践活动的不断规范。从这个意义上说，专业教育离不开教育标准化这个基础，教育标准化水平是衡量专业教育水平的重要标志，因此，所有的专业教育评价都不应该离开标准化这个基本前提，办学特色也需要建立在一定的标准之上。

自党中央 1985 年决定对教育体制进行改革，要求对高等教育办学水平进行评估以来，我国教育主管部门就开始通过立法和行政方式，推动高等教育评价领域的标准化建设。1990 年国家教委发布的《评估暂行规定》明确要求"各种评估形式应制定相应的评估方案（含评估标准、评估指标体系和评估方法）"。此后发布的《高等教育法》《深化评价改革方案》《中长期规划纲要》《中国教育现代化 2035》《本科教学质量标准》等法规性文献和政策性文件，也不断强调建立高等教育标准的重要性。教育部发布的《关于完善教育标准化工作的指导意见》更明确指出："进入新时代，我国教育事业步入高质量发展阶段，教育标准的重要性愈益凸显。加快教育现代化、建设教育强国、办好人民满意的教育、引导我国教育总体水平逐步进入世界前列，必须增强标准意识和标准观念，形成按标准办事的习惯。"①

本章主要从国家关于教育标准化建设的视角，对实证过程中发现的主要问题进行梳理，探索中国室内设计专业教育竞争力提升路径。

---

① 教育部 . 教育部关于完善教育标准化工作的指导意见 [EB/OL]. （2018-11-08）[2018-11-14]. http://www.moe.gov.cn/srsite/A02/s7049/201811/t20181126_361499.html.

6.1 中国室内设计专业教育竞争力存在的主要问题

通过对 26 所标杆性院校的客观指标进行分析发现，标准问题普遍存在于各院校室内设计专业教育的各个主要环节，成为制约室内设计专业教育竞争力建设和发展的主要因素之一。尽管本书建立的评价指标体系未能穷尽中国室内设计专业教育竞争力的所有问题，但通过对某些可定量指标进行观察，尤其是通过对一些具有行政性和约束性的标准化指标进行观察，还是可以比较直观地发现各主体竞争力的若干短板及其成因，为进一步全面探索和认识中国室内设计专业教育竞争力问题提供定量和定性的基础。

6.1.1 竞争力输入环节主要问题：基本办学条件动态监控待落实

教育部于 2004 年发布的《基本办学条件指标》，是审评和监测普通高等教育办学条件的基本指标和最低要求，每项指标均有清晰的定义和明确的限值，属于具有行政约束力的合格评估指标。根据《基本办学条件指标》的规定，任何一项基本办学条件指标低于规定数值时，教育部将向有关院校发出限制招生的黄牌警示；基本办学条件出现两项或者两项以上低于限制招生指标的院校，又或者连续三年被确定为黄牌的院校，会被教育部列入限制招生的红牌名单。因此，《基本办学条件指标》规定的限定值，不仅是普通高等学校办学的生死线，也应该成为专业教育实施主体竞争的起跑线。是否符合基本办学条件指标，理应成为专业教育评价，特别是评优评价的基础和前提。

本书在实证过程中发现，有部分院校在专业教育输入环节中尚有部分指标未能完全符合基本办学条件的要求。在 26 所模拟实证院校中，至少有 20 所院校存在一项指标与基本办学条件要求不符的情况，占比 76.92%；14 所院校存在两项以上指标与基本办学条件要求不符的情况，占比 53.85%。其中，9 所艺术类院校和 7 所综合类院校的本科生师比未符合要求，7 所艺术类院校、8 所综合类院校、1 所理工类院校的生均纸质图书拥有量偏低。

造成这些院校部分指标与基本办学条件不相符的原因可能是多方面的，或是由于院校近几年的扩招和校址变迁造成生均教学行政用房面积未达标，或是由于近年来教师评聘制度的改革，专任教师的流动性增大导致本科生师比偏低，又或是部分指标没有及时进行信息公开和更新。尽管原因各异，在国家级一流专业建设点名单中仍存在标准偏差问题，不得不说是一个值得十分关注和重视的现象。如果不能够合理解释这些现象产生的原因，必定会引发上位标准与下位标准之间的矛盾和冲突，不利于进一步推进专业教育的标准化建设和专业教育国际竞争力的建设。

6.1.2　竞争力转换环节主要问题：专业建设的对标执行参差不齐

许多学者认为，中国的室内设计专业教育始于 20 世纪 50 年代末期，迄今已有 60 多年历史。回顾中国室内设计专业教育发展历程，不难发现其学科属性和专业定位一直是不断变化和模糊不清的。以中央工艺美术学院为例，其室内设计专业的属性和定位几乎十年一变。在室内设计专业教育到底应该归属建筑学科还是设计学科的问题上，我国学界至今仍然存在着不同的声音。中国室内设计专业教育的学科属性和专业定位之所以长期未能形成共识，究其根源就是行业标准和教育标准的缺位。

根据《中华人民共和国高等教育法》相关规定，高等教育的办学目的是为"社会主义现代化建设服务"，高等教育的主要任务是要"培养具有社会责任感、创新精神和实践能力的高级专门人才"[①]。如果说高等专业教育的目的是为行业培养高级专门人才，那么室内设计高等专业教育的目的，就是要为室内设计行业培养高级专门人才。但无论是环境设计活动，或是室内设计方向的活动，事实上一直未被列入我国的《国民经济行业分类》目录。在现行有效的《国民经济行业分类》和《国民经济行业分类注释》中，与室内设计相关的行业类别或行业细分，主要有建筑行业下的建筑装饰和装修业（分类编号 501），以及专业技术服务业下的室内装饰设计服务、住宅室内装饰设计服务、其他室内装饰设计服务（分类编号 7484）。换言之，在我国经济行业中根本不存在设计学科意义上的环境设计行业或环境设计专业下的室内设计行业，而只有建筑学专业概念下的建筑装饰和装修业，或与设计学专业概念相关的室内装饰设计行业。反观其他高等专业的设置，则大部分都可

---

① 中国人大网 . 中华人民共和国高等教育法 [S/OL]. （2019-01-07）[2021-02-20]. http：//www.npc.gov.cn/npc/c30834/201901/9df07167324c4a34bf6c44700fafa753.shtml.

以从《国民经济行业分类》中找到与之对应的行业或行业细分。例如，建筑学专业可以对应建筑业，建筑专业下的室内设计专业方向可以对应建筑装饰和装修业；风景园林专业可以对应园林绿化工程施工业；服装设计专业可以对应纺织服装、服饰业；甚至艺术设计学专业也可以找到与之对应的行业分类或细分，即社会人文科学研究业下的艺术学研究（行业编码7350）。另外，在现行有效的《职业分类大典》中，也没有把环境设计和室内设计作为职业进行分类。也正是由于行业标准和职业标准的缺位，导致中国室内设计专业教育缺乏完整的发展战略规划。虽然目前中国室内设计专业教育的规模很大，分布也很广，几乎遍及各类型的所有院校，但无论办学思路或是教学模式都各不相同。有学者认为设计类的专业教育办学必须有特色，但脱离行业需求的教学必然会降低教育输出的效率，无法实现专业教育为行业输出高质量人才的根本办学目的。这样的特色又有何意义呢？如果说设置在建筑专业下的室内设计专业方向可以作为建筑设计的延伸，其毕业生还可以按照执业建造师的路径进行职业规划和发展，那么设置在艺术学环境设计专业下的室内设计专业方向，则只能按照室内装饰设计师的职业路径进行规划和发展，因为作为装饰设计上位概念的室内设计专业教育，根本无法找到与现实行业和职业进行对接的口径，无法依据行业标准和职业标准去确立清晰的办学方向，无法建立与之匹配的人才标准和课程标准。行业标准和职业标准的缺位，是导致中国现代室内设计专业教育办学方向不明，制约中国室内设计专业教育竞争力发展的根本原因。

中国室内设计教育若要彻底解决教育目标、教育评价目标、教育评价标准、教育质量标准、课程标准等问题，首先要解决好教育标准与行业标准和职业标准之间的关系问题，以行业需求和职业需求为基础，制订专业教育发展规划，切实提高中国室内设计教育竞争力，为下一步对标国际名校、对标国际室内设计课程认证做好准备。

在标准的视野或语境下，室内设计专业教育若要找到合理的设置依据并真正解决学科属性和专业定位的问题，只有三种选择：一是设置在建筑学专业之下，与建筑业相对应；二是学习国外先进经验，在理论上和实践上，论证室内设计已从建筑室内设计活动和室内装饰设计活动中脱离出来，成为一个独立的社会分工和学科专业，从而推动《国民经济行业分类》《职业分类大典》《本科专业目录》《大专专业目录》《本科专业教学质量标准》的全面修订；三是寻求交叉学科的助力，探索数字智能时代、服务体验升级和可持续全生命周期的新路径，走出新的行业和职业发展道路。

6.1.3 竞争力输出环节主要问题：人才培养与执业要求存在差距

随着我国房地产业和建筑业规模的持续快速扩大，以及社会劳动分工的不断细化和整合，室内设计所涉及的范围实际上已从简单的室内装修和单纯的室内装饰扩展到室内空间的系统性设计。室内设计超越建筑装修和室内装饰范畴成为独立的经济活动，已是不可否认的社会现实，也在理论上得到学术界的广泛认同。

然而，我国现行的《普通高等学校本科专业类教学质量国家标准》对环境设计专业教育及其细分专业方向教育的要求，仍然停留在培养"应用型艺术设计专门人才"的传统目标上。相对于室内系统性设计而言，室内艺术设计并不是室内设计的全部，而只是室内设计的一个部分。因此，如果不推动《本科教学质量标准》的修订，而是继续按照现有的要求来制定室内设计专业教育的人才培养目标和人才培养规格，人才输出质量就会滞后于相关行业的发展，不能满足未来室内设计活动对高质量专业人才的需求。实际上，尽管有了教学质量标准，但很多院校并没有按照标准要求进行室内设计专业课程设置，在26所模拟实证院校中普遍存在课程设置达标率不足的问题，课程设置达标率在85%以上的院校只有4所，其中1所为综合类院校的美术学院、1所为综合类院校下的建筑与城市规划学院、1所为综合类院校的设计学院、1所为林业类院校。这充分反映出综合院校的对标建设意识较强，教学管理较为规范。

从人才培养对社会经济的支撑而言，本书最终采用就业率而非签约就业率，以全面体现就业的多口径和多元化。从实证研究数据来看，在26所标杆性院校中，环境设计专业（室内设计方向）的毕业生签约就业率，普遍低于建筑专业室内设计专业方向的毕业生签约就业率。签约就业率高于80%的院校仅有1所，而签约就业率低于50%的院校有9所，未公开签约就业率的院校2所，平均签约就业率约为49%。签约就业率与美国DI雇主满意度（我国暂未设置室内设计的雇主满意度评价）的指标作用有些相似，在一定程度上反映出室内设计相关企业对教育主体输出人才的认可度，是判断院校培养人才质量水平的重要指标之一。目前在我国室内设计市场需求不断发展的背景下，室内设计专业毕业生的签约就业率明显偏低，是否在一定程度上意味着相关企业对毕业生的执业能力评价不高，这是一个值得深入探讨的问题。

中国室内设计专业教育的输出环节之所以存在能力培养与执业要求差距较大的问题，

也可以从"NCIDQ匹配度""生均实践教学支出"和"生均教学仪器设备值"三项指标看出一些端倪。鉴于我国目前尚未建立室内设计执业准入制度和职业技能水平评价制度，还没有形成具有权威性的室内设计执业要求和技能标准，为了室内设计专业教育可以在未来对接国际专业教育，因此借鉴NCIDQ公布的室内设计师执业资格考核要点，将26所模拟实证院校室内设计专业的人才培养方案和课程大纲与其进行匹配度对比，结果发现匹配度在85%以上的院校只有3所。我国室内设计专业的教学内容与室内设计的执业要求显然存在较大差距。本书还发现，26所标杆性院校在实践教学经费和教学仪器设备方面的投入也明显不足，生均实践教学支出低于1000元的院校就有14所，占比高达53.85%。生均教学仪器设备值低于5万元的院校有23所，占比88.46%。很多院校未充分重视为学生提供有效的设计实验教学服务和设计实践教学服务。

另外，指导在校学生参加全国性设计竞赛或学年奖竞赛活动，是培养和锻炼学生专业设计技能的一个重要途径，也是展示和检验各院校室内设计专业教育竞争力的一种直接方式。而实证数据显示，在过去十多年间，26所模拟实证院校中至少有3所院校从未参加过室内设计相关的学术竞赛活动，或从未在相关活动中获得过奖项。其他大部分模拟实证院校虽然参加了竞赛并获得奖项，但在获奖数量上的最大差值比达到了1∶346。这种缺席设计竞赛或者胜出率偏低的现象，反映出部分院校尚未形成对学生设计竞争能力进行培养的意识和机制。这也是造成人才培养不能满足执业需求的原因之一。近年来相关设计竞赛越来越多，中国高等教育学会《高校竞赛评估与管理体系研究》[①]工作组对大学生竞赛的权威性进行了审核，2019年获得认可的全国大学生学科竞赛合计44项，2020年获得认可的竞赛合计57项。如何遴选竞赛选手，如何选择知名度较高、权威信较高的竞赛，如何在竞赛中胜出，也是各院校人才输出能力的一种体现。

中国室内设计专业教育人才培养能力不足，还表现在至今没有权威和系统的专业教材。与其他学科专业相比，目前国内公开出版的室内设计专业教材极为有限，未能支撑相关教学的有效开展。为了保障室内设计专业教育质量，提升中国室内设计专业教育的国际竞争力，组织编写一套既符合国家标准又具有学术规范和学术权威的教材是十分必

---

① 中国高等教育学会发布的2019年学科竞赛名单详见：https://www.cahe.edu.cn/site/content/11857.html，2020年学科竞赛新增名单及高校参加学科竞赛情况详见中国高等教育学会的公众号发布的内容《2020全国普通高校大学生竞赛排行榜》（https://mp.weixin.qq.com/s/lYAo4PjB-nrUecF8XGfnGw）。

要的。同时可以翻译、引进国外的教材作为教学参考书，如英国室内设计协会（BIID）有较为完善的职业标准手册和室内设计训练体系化课程，BIID与英国建筑学专业认证协会（RIBA）通过联合发布在室内设计层面的职业手册为相关从业者提供指引。随着科技发展和学科发展，教学手段的现代化，教学内容的载体也多样化了，教材内容修订要强调前沿性、地域性和实践性。通过新教材的编订、新课件的制作，及时反映学科发展、前沿理论和地方特色。

6.2 中国室内设计专业教育竞争力提升路径

实证研究结果显示，目前我国各室内设计专业教育实施主体的竞争力水平存在明显差异。这些差异分别体现在室内设计专业教育流程的各个主要环节（即输入环节、转换环节、输出环节）。室内设计专业教育实施主体的竞争力水平可以分为整体较强、整体较弱，某一个环节偏弱或某两个环节偏弱等四种类型。如果用输入、转换、输出的英文首字母（I/C/O）分别代表相应环节的竞争力强弱（大写字母表示竞争力强，高于院校数据平均值；小写字母表示竞争力弱，低于院校数据平均值），三个环节的竞争力类型共有以下八种组合形态，详见图6-1。

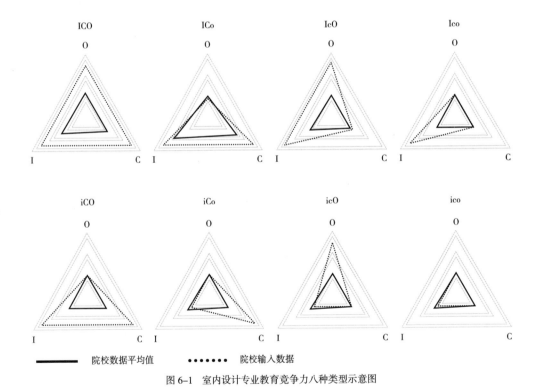

图6-1 室内设计专业教育竞争力八种类型示意图

6.2.1 基于评价要素指标的分类型竞争力提升路径

经过对我国26所具有标杆性的院校室内设计专业进行模拟实证研究，初步验证本书构建的"ICO评价模型"是有效且可执行评价的。"ICO评价模型"在选取指标时，既考虑到本国国情，也参照了国际标准，并最终选用了具有政策约束性的合格指标和具有国际竞争力的认证指标。因此，室内设计专业教育实施主体可直接将"ICO评价模型"作为自查表或自测表，通过与标杆性院校以及各项指标进行对比，发现自身竞争力与标杆院校的差距，明晰自身的竞争力类型，然后运用对标管理的方法，有针对性地进行各环节的竞争力建设。

ICO类型代表各环节竞争力得到均衡发展和优势比较明显的院校，为保持或扩大既有的竞争力优势，ICO类型院校可以通过进一步加大教育经费投入和优化教育资源组合，对标国际课程认证和执业认证标准开展教学模式改革和课程体系创新，提高学生参与教学效果评价比率，完善专业教学质量保障制度，指导在校学生积极参加国内外重要赛事并获奖，对毕业生进行就业辅导、提高毕业生就业质量等多种路径，继续拉大与其他类型院校在各个环节的距离。诚然，ICO类型院校作为中国室内设计专业竞争力的标杆，往往拥有丰富的教育资源和优质的人力资源，因此也应该在人才输出的质量和数量上承担更多的社会责任。

ico类型代表各环节竞争力均偏弱的院校。这类院校往往位于非经济发达地区或非产业集群地区，或者这类院校在经济发达区域但院校层次受限，往往导致院校在输入环节上先天缺乏优势，因此此类型院校不应将改善输入要素作为提升竞争力的首选路径，而是应该通过专项建设来打造符合自身实际的办学特色和核心竞争力，根据所在地区的风土人情和区域产业现状，把地方文化特色和工艺特色融入课程内容，创建独特的专业教学模式，通过与院校所在地的标杆企业进行校企合作，以建立与地方特色和区域经济吻合的应用型人才培养目标和人才培养规格，确保学生的签约就业率和就业质量，打造以培养学生就业能力为中心的专业教育输出竞争力。

iCO类型代表输入环节竞争力偏弱，其他两个环节具有相对优势的院校。这类院校多位于经济较发达地区，具有一定的教学经验，以及较强的学科优势和转换优势，但由于受到办学层次影响，无法获得更多的公共教育经费投入。因此，可以通过校企合作、校友捐赠、企业资助、财政专项补贴等途径，对教育投入不足部分进行补充，尤其是加大对教学设备和实践教学的专项建设，为教师教学和学生实践提供必要的物质基础和经费支持，以补齐输入环节竞争力不足的短板。

iCo和icO类型虽然都属于输入环节竞争力偏弱的院校，但在其他环节各存在一项不足，前者的输出竞争力偏弱，后者的转换环节偏弱。这两类院校多数是处于非中心城市的非重点建设院校。公共教育经费属于有限性资源，这两类院校很难通过加大教育投入的单一路径来提高整体竞争力。iCo 类型院校可以利用提升师资队伍、加强与企业合作和提升教育信息技术如线上课程的利用，以补充教学投入不足，更应该通过教学改革和课程创新，完善学生评价制度，鼓励和指导学生参加国内外重要竞赛，以及帮助学生提高就业质量等路径，将教学优势转换为人才输出优势。icO 类型院校可以通过校友交流的路径和校友捐赠方式，补充输入环节和转换环节的不足。

ICo、IcO、Ico 类型同属于输入竞争力较强的院校，具有相对的地理区位优势和办学层次优势。IcO 和 Ico 类型院校与 ICo 类型院校相比，前者的教学转换能力和转换效率明显要低于后者。IcO 和 Ico 类型院校，应该通过建立教师人才引进计划，完善教学质量监督机制，参照国家专业标准、国际课程认证标准、国际执业认证标准，对教学模式和课程体系进行改革，首先解决好教育资源优化和教学资源转换的效率问题。ICo 和 Ico 类型院校，应该树立以学生为中心的教学理念，充分利用本校其他相关学科的优势，组建多学科学生竞赛团队，加强对学生的参赛指导和就业辅导，通过提高学生参赛获奖数量和毕业生签约就业率的路径，提升输出环节的人才竞争力和社会影响力。

6.2.2 基于标准和认证的专业建设竞争力提升路径

通过对实证调研所得数据进行分析，本书发现我国室内设计专业教育普遍存在本科生师比不足，课程设置与教育部颁布的《本科教学质量标准》偏离较大，与国际课程认证和执业认证要求匹配度较低等问题。在教学标准和课程认证的视角下，指标与教学标准不符或与认证要求不匹配，说明相关专业的院校普遍不重视标准和对标准存在较大的误解。标准不是约束教育特色的，标准和相关知识点构成的课程体系是保证专业度和保证人才培养质量的，一个有教学质量的专业教育实施主体，必然是明晰其知识体系并使其成为自身的专业教育竞争力。

《国家标准化发展纲要》明确指出："标准是经济活动和社会发展的技术支撑，是国家基础性制度的重要方面。标准化在推进国家治理体系和治理能力现代化中发挥着基础性、引领性作用。"也就是说，没有标准化就没有现代化，没有标准化就没有高质量和竞争力。我国的教育标准化建设工作早在 2010 年就正式开始启动，《中长期规划纲要》首次提出要"制定教育质量国家标准，建立健全教育质量保障体系。"《中国教育现代化2035》也要求把"制定紧跟时代发展的多样化高等教育人才培养质量标准。建立以师资配备、生均拨款、教学设施设备等资源要素为核心的标准体系和办学条件标准动态调整机制"，"推动我国同其他国家学历学位互认、标准互通、经验互鉴"作为我国高等教育现代化建设的重要目标之一。由此可见，不论是现在还是未来较长一段时期，依照《本科教学质量标准》和参照国际先进国家同专业认证标准进行专业教育评价，不仅是政策法规的要求，也是时代发展的趋势。对标本国的教学标准和国际的认证条件进行专业建设，开展教学模式和课程体系改革和创新，无疑是提高我国室内设计专业教育竞争力的重要抓手和必由之路。

室内设计专业教育实施主体的使命是为社会经济发展提供高质量的室内设计专业人才，而输出高质量人才的关键则在于提高专业建设质量水平和人才培养质量水平。室内设计专业教育实施主体要提升转换环节和输出环节的竞争能力和建立相对优势，首先要严格按照《本科教学质量标准》的相关规定，根据社会发展需求，制定适应的人才培养目标和人才培养规格；结合室内设计活动和职业特点，选取必要的学科知识构建专业课程体系；根据基本办学条件，调整生师比例，以及教师队伍的学历结构、职务结构和年龄结构；树立以学生为中心的教学理念，建立健全教学质量保障体系和教学规范，全面提升专业教育的转换效率。其次要借鉴世界先进国家在室内设计课程认证和资格认证方面的经验和标准，引入新的教育技术和教学内容，开展教学模式和课程体系改革，加大应用型技术人才的培养力度，使学生能够更加适应行业需求，为学生的就业质量和发展空间提供基本保障，切实提升专业教育的输出能力。

6.2.3 基于顶层标准修订的整体竞争力提升路径

从专业教育的内涵和本质来看，室内设计专业教育应该是教育实施主体根据社会劳动分工或生产部门分工而设置的学业门类，应该根据室内设计行业或室内设计职业的特点编制独立的教学计划，以及人才培养的目标和规格，为室内设计经济活动培养高质量的专业人力资源。不过，我国的《国民经济行业分类》和《职业分类大典》，一直都没有室内设计这个类别或细分类别。既然在国家标准层面没有室内设计行业和室内设计职业，也就不可能有室内设计的行业标准和职业标准。换言之，在理论或逻辑上来说，我国室内设计专业教育的人才培养目标和社会服务方向长期处于"没有标准"或"无的放矢"的尴尬地位，这也是导致我国室内设计专业无执业准入，室内设计专业毕业生的职业发展前景无法得到保障，以及室内设计专业教育竞争力羸弱的根本原因。

在我国社会经济建设活动中，室内设计专业活动事实上已经成为一个庞大而真实的存在，而且从世界发达国家经济发展的经验和规律来看，室内设计的专业化也已成为社会劳动分工细化的一个组成部分。在全球室内设计专业化发展趋势的视野下，目前室内设计在我国《国民经济行业分类》《职业分类大典》《普通高等学校本科专业目录》的缺位，与其说是室内设计专业教育与国家相关标准脱节，还不如说是相关标准修订存在一定的滞后性。毕竟任何标准都是先有经济活动和社会活动而后才有活动规范。因此，推动《国民经济行业分类》《职业分类大典》以及《普通高等学校本科专业目录》的修订，不仅是促进室内设计经济活动健康发展的需要，而且也是保障室内设计专业教育高质量发展的需要。

在行业分类、职业分类、专业目录三者关系中，行业分类是国民经济活动的分类规范，职业分类是对行业职业活动的分类规范，专业目录则是依据行业分类和职业分类对学业门类进行分类的规范。行业分类、职业分类和专业目录的编制和修订，应该以适应经济社会发展为目的和前提。尹蔚民（2015 年）指出，"职业分类是制定和开发职业标准的基础，是职业教育和职业培训的'定位仪'。要适应经济发展、产业升级和技术进步的需要，建立专业教学标准和职业标准联动开发机制。要推进专业设置、课程内容与职业标准相衔接，形成对接紧密、动态调整的职业教育培训课程体系。要根据《职业分类大典》确定的职业分类，加快职业标准的开发、论证和发布工作，制定人才培养标准和课程规范，促进职业教育培训质量提升，提高劳动者职业素质和技术技能水平。"[①] 因此，要促进和保障室内设计专业活动和室内设计专业教育的健康发展，首先要在这三个国家标准中明确并确认其地位，从根本上解决室内设计专业设置的合理性和合法性，进而建立室内设计的行业标准、职业标准，以及专业教学标准和人才培养目标，使室内设计专业教育更加贴近室内设计的现实活动，更加适应经济社会发展的需要，切实提升我国室内设计专业教育的竞争力，为受教育者提供较好的职业发展机会，保障我国室内设计高级人力资源的供给。

现代室内设计实际上已经由传统的装饰设计范畴进入到系统设计领域。设计的内容涉及建筑内部空间规划与重构，如通用安全设计、环境质量保护、文化遗产保护、设施设备

[①] 尹蔚民. 中华人民共和国职业分类大典 [S/OL]. （2021-06-02）[2022-01-10]. http：//www.jiangmen.gov.cn/jmrsj/gkmlpt/content/2/2334/post_2334805.html#173.

配置等，而这些设计内容与范畴，往往需要室内设计师具备建筑结构安全、防火与防灾、卫生与环保、质量与资质等方面的专业知识和法规知识。陈冀峻（2013年）指出，"室内设计师是一个承担重要的社会责任、需要较高的职业道德和职业素养、具备个人职业特征并带有一定风险的职业"。因此，借鉴我国高等教育中的工程学科、医学学科、师范学科以及建筑学科的专业认证经验，建立和完善室内设计师执业制度，既是保护公共安全和利益的首要屏障，也是促进我国室内设计专业教育事业高质量发展，提升我国室内设计专业教育竞争优势的根本动力。

中国室内设计专业教育未来应尝试与建筑学、工程教育、临床医学教育等专业一样，在教育部高等教育司鼓励筹建虚拟教研室的相关政策下，探索成立中国室内设计专业教育虚拟教研室 ①，共同围绕课程设置、专业建设、教研改革开展研讨，并积极探索与发达国家室内设计课程互认和标准互通的新路径，主动开展对外学术交流活动，争取推动国际室内设计教育领域的标准制定，为中国室内设计专业学生和专业人才实现跨国界流动提供"入场券"和"通行证"，切实提高中国室内设计专业教育的国际竞争力。

---

①2021年7月，教育部高等教育司发布了关于开展虚拟教研室试点建设工作的通知，旨在通过信息化的技术手段进行基层教学组织的创新，围绕立德树人、协作共享、分类探索开展区域性、全国性的虚拟教研室建设。详见网站：http://www.moe.gov.cn/s78/A08/tongzhi/202107/t20210720_545684.html。

7

结语

中国室内设计专业教育竞争力"ICO评价模型"，是基于高等专业教育办学流程的关键环节，以及现实中的专业教育竞争场景和专业教育评价机制构建而成的，构建此模型是对中国室内设计专业教育竞争力评价理论及实践路径的探索性研究。希望通过对室内设计专业教育的建设目标和建设路径的摸索，找到培养和强化室内设计专业教育竞争力的监测数据和判断方法，帮助室内设计专业教育实施院校建立和完善多元化的评价体系。经实证检验，本书建立的"ICO评价模型"具有一定的操作性和有效性，其指标可作为室内设计专业教育实施主体进行竞争力内部评价的"自测清单"，也可以作为第三方开展室内设计专业教育竞争力评价的"基本模板"。本书初步完成了对以下几个问题的探索：

（1）室内设计专业与行业问题：本书对"室内设计"这个概念的演变和发展进行梳理，提出对"室内设计"概念重新定义的需求，将"室内设计"提升为"装饰设计"和"装修设计"的上位属概念，以便解决室内设计专业教育与国民经济行业的对接问题，切实提高中国室内设计专业教育竞争力。

（2）本书讨论了室内设计专业教育竞争力评价与教育评价之间的关系，明确指出室内设计专业教育竞争力评价是教育评价的重要组成部分，也符合深化高等教育评价改革的必然趋势。

（3）本书基于经济学的投入产出理论、竞争力理论、教育竞争力理论，提出了室内设计专业教育竞争力三要素（输入竞争力、转换竞争力、输出竞争力）的评价指标体系，以"标准化、可量化、公开化"为指标选取原则，探索建立具有权威性、科学性和公平性的中国室内设计专业教育竞争力评价指标体系。通过"国家标准＋公开数据＋专家打分"三角互证的方法，初步筛选出室内设计专业教育竞争力指标，探索建构了由3个一级评价指标、12个二级评价指标、26个三级评价指标组成的中国室内设计专业教育竞争力评价体系。选取26所国家级一流专业建设点院校进行数据模拟实证研究，通过对研究样本的26所高校室内设计专业（方向）的分类解析，以及对室内设计企业的调研，对相关专家和企业从业人员的问卷调查，采集数据并进行模型评价分析，展示出不同竞争场景下各模拟实证院校室内设计专业教育的要素输入竞争力、要素转换竞争力、要素输出竞争力以及综合竞争力的状况，初步验证了指标体系的信度和效度。

（4）本书基于对26所一流专业建设点院校室内设计专业方向的实证分析，对中国室内设计教育竞争力存在的问题有了定量和定性的认识。本书认为中国室内设计教育竞争力提升的主要瓶颈是专业教育质量标准和评价体系的缺失。针对这些问题，本书提出三项探索性对策：一是基于评价要素指标的分类型竞争力提升路径，二是基于标准和认证的专业建设竞争力提升路径，三是基于顶层标准修订的整体竞争力提升路径。通过建立专业教育质量标准和评价体系，增强中国室内设计专业教育的竞争力。

（5）本书是基于现有教育评价组织形式多以专家评价为主，未来不能忽视数据资源、数字技术手段对未来教育评价从组织形式、评价工具、评价呈现的迭代可能性。国内外专业教育的数据化评价研究仍处于探索阶段，技术工具较为单一，未来在"大数据"视角下，如何进行室内设计专业教育常态化的教育数据采集，如何利用互联网云技术让社会参与到评价系统内，如何通过使智库的行业专家、教育专家参与到共同体的评价中，为室内设计专业教育决策、人才培养方案制定和未来教育评价提供更为准确的数据基础信息，是非常值得深入探究的。通过常态化的教育数据采集，有助于减轻高校接受各类教育评价和评估所带来的额外工作量；共享的教育数据也能为各院校的专业教育建设在保证底线、坚守教育标准的同时，找到差异化、特色化的建设路径；专家智库与社会参与也能形成良好的专业教育共识，使室内设计教育成为让行业、让社会满意的专业教育（图7-1）。

"ICO评价模型"只是笔者个人对中国室内设计专业教育竞争力领域进行初次探索的结果，而中国室内设计专业教育竞争力的建设和评价，却是需要室内设计专业教育工作者共同努力方可完成的宏大事业，需要更多的专家和同行加入研讨。中国室内设计行业、室内设计职业、室内设计专业的标准化建设问题，更涉及国家层面的宏观决策，需要国家统计局、人社部、教育部和国家市场监督管理总局等国家机构对相关行业标准、职业标准、教育标准进行修订。因此，只有经过更多专业领域和更多不同层面的学者论证、社会呼吁、政府认可和标准修订，才能把中国室内设计专业教育竞争力评价体系真正建立和完善起来，促进中国室内设计专业教育竞争力建设。

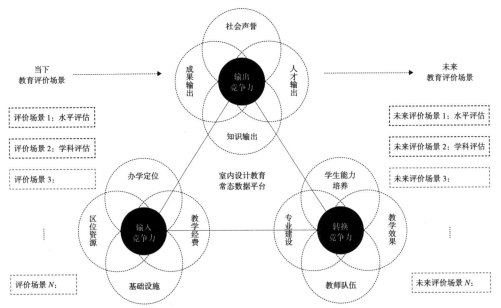

图 7-1　室内设计专业教育常态数据平台示意图

260

7　结语

附录 A 　调研问卷

　　本问卷旨在了解您对中国室内设计专业教育竞争力的评价，您的回答有助于客观分析中国室内设计专业教育方面的现状及如何对中国室内设计专业教育院校竞争力情况进行评价，为下一步对院校竞争力分类评价及竞争力提升提供研究基础及进一步分析的依据。本调研将严格遵守国家相关的法律和科研伦理，对您的相关信息进行保密并且仅用于学术研究。

　　衷心感谢您给予的研究支持与研究反馈。

　　A. 基本信息

　　A1. 您的工作单位 / 职务 / 职称：

　　A2. 您的专业工作年限：□≥ 5 年□≥ 10 年

　　A3. 您的学历是：□大专□大学本科□硕士研究生□博士研究生

　　A4. 您的专业或学科背景：
　　□环境设计（室内设计方向）□环境设计（景观设计方向）
　　□建筑学□风景园林□设计学（非环境设计专业）□工学
　　□经济学□管理学□教育学

　　A5. 您对本问卷的判断依据是：
　　理论分析：□不熟悉　　□熟悉　　□非常熟悉
　　实践经验：□不熟悉　　□熟悉　　□非常熟悉
　　同行了解：□不熟悉　　□熟悉　　□非常熟悉
　　个人直觉：□不熟悉　　□熟悉　　□非常熟悉

A6. 指标熟悉程度：□不熟悉　□熟悉　□非常熟悉

B. 请依据您本人的专业认知和经验，对以下可能影响中国室内设计专业教育竞争力的各项指标，进行认可度或反对度评价，并在相应空格中作出选择。

打分说明：本问卷根据两两比较的方法和原则，将评分标准分为5个标度值，1=前后两个指标同等重要，3=前一个指标比后一个指标稍微重要，5=前一个指标比后一个指标明显重要，7=前一个指标比后一个指标更加重要，9=前一个指标比后一个指标重要非常多。2、4、6、8为1、3、5、7、9标度值中间的分值。后一个指标比前一个指标的标度值，为前一个指标比后一个指标的倒数。

问题	指标	打分及选择判断
您认为把教育的投入产出过程简化为"输入—转化—输出"三个环节是否合理	竞争力输入要素 竞争力转换要素 竞争力输出要素	9 7 5 3 1 □ □ □ □ □ □ □ □ □ □ □ □ □ □ □
您是否认为区位因素和产业因素会对室内设计专业教育竞争力产生影响		□ 是 □ 否
您认为以下哪项指标对室内设计教育竞争力产生更重要的影响？请对指标打分	区位因素 产业资源	9 7 5 3 1 □ □ □ □ □ □ □ □ □ □
您是否认为办学类型会对室内设计专业教育竞争力产生影响		□ 是 □ 否
您认为哪种办学类型对室内设计专业教育竞争力有更好的支撑？请对指标打分	综合院校 工科院校 艺术院校	9 7 5 3 1 □ □ □ □ □ □ □ □ □ □ □ □ □ □ □
您是否认为办学层次会对室内设计专业教育竞争力产生影响		□ 是 □ 否
您认为哪类院校类型对室内设计教育竞争力有更重要的支撑作用？请对指标打分	重点院校 普通院校	9 7 5 3 1 □ □ □ □ □ □ □ □ □ □
您认为以下哪类办学性质对室内设计教育竞争力有更大影响？请对指标打分	院校类型 办学层次	9 7 5 3 1 □ □ □ □ □ □ □ □ □ □
您是否认为基础设施建设会对室内设计专业教育竞争力产生影响		□ 是 □ 否

问题	指标	打分及选择判断
您认为以下哪项教学资源指标更重要？请对指标打分	教学用房面积 教学仪器设备值 纸质图书拥有量	9 7 5 3 1 ☐☐☐☐☐ ☐☐☐☐☐ ☐☐☐☐☐
您是否认为教学经费投入会对室内设计专业教育竞争力产生影响		☐是 ☐否
您认为哪项指标对教学经费使用有效性更重要？请对指标打分	教学运行经费 实践教学经费	9 7 5 3 1 ☐☐☐☐☐ ☐☐☐☐☐
您是否认为生师比和教师结构是评价室内设计专业教育竞争力的指标		☐是 ☐否
您认为以下哪项指标对专业教育竞争力更重要？请对指标打分	生师比 高学历教师占比 高职称教师占比	9 7 5 3 1 ☐☐☐☐☐ ☐☐☐☐☐ ☐☐☐☐☐
您是否认为专业建设是评价室内设计专业教育竞争力的一项指标		☐是 ☐否
您认为以下哪项指标更重要？请对指标打分	国家一流专业建设点 课程设置符合国家标准的比例	9 7 5 3 1 ☐☐☐☐☐ ☐☐☐☐☐
您是否认为专业能力培养是评价室内设计专业教育竞争力的一项指标		☐是 ☐否
您认为以下哪项指标更重要？请对指标打分	实践课程占比 课程内容与执业要求匹配度	9 7 5 3 1 ☐☐☐☐☐ ☐☐☐☐☐
您是否认为教学效果是评价室内设计专业教育竞争力的一项指标		☐是 ☐否
您认为以下哪项指标更重要？请对指标打分	学生参与教学质量评价的比例 学生对教学质量的满意度	9 7 5 3 1 ☐☐☐☐☐ ☐☐☐☐☐
您是否认为知识输出是评价室内设计专业教育竞争力的一项指标		☐是 ☐否
您认为以下哪项指标对衡量学术输出质量更重要？请对指标打分	论文发表数量 高被引论文发表数量	9 7 5 3 1 ☐☐☐☐☐ ☐☐☐☐☐
您是否认为在校学生参赛获奖是评价室内设计专业教育竞争力的一项指标		☐是 ☐否
您认为以下哪项指标对衡量在校生专业表现能力更重要？请对指标打分	学生参赛获奖总数 学生参赛获得金银铜奖总数	9 7 5 3 1 ☐☐☐☐☐ ☐☐☐☐☐

附录 A　调研问卷

问题	指标	打分及选择判断
您是否认为学生就业率和升学率是评价室内设计专业教育竞争力的指标		☐ 是 ☐ 否
您认为以下哪项指标对毕业生评价更重要？请对指标打分	签约就业率 升学 / 留学率 综合就业率	9 7 5 3 1 ☐☐☐☐☐ ☐☐☐☐☐ ☐☐☐☐☐
您是否认为校友评价和雇主评价是人才培养成果的构成指标		☐ 是 ☐ 否
您认为以下哪项指标对人才培养成果的衡量更重要？请对指标打分	毕业生就业满意度 雇主满意度	9 7 5 3 1 ☐☐☐☐☐ ☐☐☐☐☐

附录 B　美国室内设计认证委员会（CIDA）认证院校信息

院校所在州	院校数量	认证院校名称
ALABAMA 阿拉巴马州	4	Auburn University, Auburn 奥本大学 Samford University, Birmingham 桑佛德大学 – 伯明翰 University of Alabama, Tuscaloosa 阿拉巴马大学 – 塔城分校 University of North Alabama, Florence 北阿拉巴马大学 – 佛罗伦萨
ARIZONA 亚利桑那州	4	Arizona State University, BS, Tempe 亚利桑那州立大学 – 坦佩分校，学士（理科） Arizona State University, MA, Tempe 亚利桑那州立大学 – 坦佩分校，硕士（文科） Northern Arizona University, Flagstaff 北亚利桑那大学 – 弗拉格斯塔夫分校 Northern Arizona University, Scottsdale 北亚利桑那大学 – 斯科茨代尔
ARKANSAS 阿肯色州	3	Harding University, Searcy 哈丁大学 – 塞尔希 University of Arkansas, Fayetteville 阿肯色大学 – 费耶特维尔分校 University of Central Arkansas, Conway 中阿肯色大学 – 康威分校
CALIFORNIA 加利福尼亚州	9	Academy of Art University, BFA, San Francisco 旧金山艺术大学，学士（艺术类） Academy of Art University, MFA, San Francisco 旧金山艺术大学，硕士（艺术类） California State Polytechnic University, Pomona 加州州立理工大学 – 波莫纳分校 California State University, Fresno 加州州立大学 – 弗雷斯诺分校 California State University, Northridge 加州州立大学 – 北岭分校 Design Institute of San Diego 圣迭戈设计研究院 Interior Designers Institute, Newport Beach 室内设计学院 – 新港海滩 San Diego State University 圣地亚哥州立大学 Woodbury University, Burbank 伍德伯里大学 – 伯班克

院校所在州	院校数量	认证院校名称
COLORADO 科罗拉多州	2	Colorado State University, Fort Collins 科罗拉多州立大学 – 柯林斯堡 Rocky Mountain College of Art & Design, Denver 落基山艺术设计学院 – 丹佛
CONNECTICUT 康涅狄格州	1	University of New Haven, West Haven 纽黑文大学 – 西黑文
WASHINGTON，DC 华盛顿哥伦比亚特区	1	The George Washington University, Washington DC 乔治华盛顿大学 – 华盛顿特区
FLORIDA 佛罗里达州	5	Miami International University of Art and Design 迈阿密国际艺术设计大学 Florida International University, Miami 佛罗里达国际大学 – 迈阿密 Florida State University, Tallahassee 佛罗里达州立大学 – 塔拉哈西分校 Seminole State College of Florida, Lake Mary 佛罗里达塞米诺尔州立学院 – 玛丽湖 University of Florida, Gainesville 佛罗里达大学 – 盖恩斯维尔
GEORGIA 佐治亚州	6	The Art Institute of Atlanta 亚特兰大艺术学院 Brenau University, Gainesville 布伦瑙大学 – 盖恩斯维尔 Georgia Southern University, Statesboro 佐治亚南方大学 – 斯泰茨伯勒 Savannah College of Art and Design, Atlanta 萨凡纳艺术与设计学院 – 亚特兰大 Savannah College of Art and Design, Savannah 萨凡纳艺术与设计学院 – 萨凡纳 The University of Georgia, Athens 佐治亚大学 – 雅典
HAWAII 夏威夷	1	Chaminade University of Honolulu 檀香山查明纳德大学
IDAHO 爱达荷州	1	University of Idaho, Moscow 爱达荷大学 – 莫斯科
ILLINOIS 伊利诺伊州	3	Columbia College Chicago 芝加哥哥伦比亚学院 Illinois State University, Normal 伊利诺伊州立大学 – 诺莫尔 Southern Illinois University Carbondale 南伊利诺伊大学卡本代尔分校

266

院校所在州	院校数量	认证院校名称
INDIANA 印第安纳州	5	Ball State University, Muncie 鲍尔州立大学－曼西 Indiana State University, Terre Haute 印第安纳州立大学－特雷豪特 Indiana University, Bloomington 印第安纳大学－伯明顿分校 Indiana University－Purdue University Indianapolis 印第安纳大学－普渡大学印第安纳波利斯分校 Purdue University, West Lafayette 普渡大学－西拉法叶分校
IOWA 爱荷华州	2	Iowa State University of Science and Technology, Ames 爱荷华州立科技大学－艾姆斯 University of Northern Iowa, Cedar Falls 北爱荷华大学－西达弗斯
KANSAS 堪萨斯州	2	Kansas State University, BS, Manhattan 堪萨斯州立大学－曼哈顿，学士（理科） Kansas State University, MA, Manhattan 堪萨斯州立大学－曼哈顿，硕士（文科）
KENTUCKY 肯塔基州	3	Sullivan University, Louisville 萨利文大学－路易斯维尔 University of Kentucky, Lexington 肯塔基大学－莱克星顿 University of Louisville 路易斯维尔大学
LOUISIANA 路易斯安那州	3	Louisiana State University, Baton Rouge 路易斯安那州立大学－巴吞鲁日 Louisiana Tech University, Ruston 路易斯安那理工大学－拉斯顿 University of Louisiana at Lafayette 路易斯安那大学－拉菲特分校
MASSACHUSSETTS 马萨诸塞州	5	Boston Architectural College 波士顿建筑学院 Endicott College, Beverly 恩迪科特学院－贝弗莉 The School of Art & Design at Suffolk University, Boston 萨福克大学艺术与设计学院－波士顿 University of Massachusetts Dartmouth 麻省大学达特茅斯分校 Wentworth Institute of Technology, Boston 温特沃斯理工学院－波士顿

附录 B 美国室内设计认证委员会（CIDA）认证院校信息

院校所在州	院校数量	认证院校名称
MICHIGAN 密歇根州	7	Central Michigan University, Mt. Pleasant 中央密歇根大学 – 普莱森特山分校 College for Creative Studies, Detroit 创意设计学院 – 底特律 Eastern Michigan University, Ypsilanti 东密歇根大学 – 伊普西兰蒂 Kendall College of Art and Design of Ferris State University, Grand Rapids 费里斯州立大学肯德艺术与设计学院 – 大急流市 Lawrence Technological University, Southfield 劳伦斯科技大学 – 南田市 Michigan State University, East Lansing 密歇根州立大学 – 东兰辛市 Western Michigan University, Kalamazoo 西密歇根大学 – 卡拉马祖市
MINNESOTA 明尼苏达州	2	Dunwoody College of Technology, Minneapolis 邓伍迪技术学院 – 明尼阿波利斯 University of Minnesota, Twin Cities 明尼苏达大学 – 双城分校
MISSISSIPPI 密西西比州	3	Mississippi College, Clinton 密西西比学院 – 克林顿 Mississippi State University 密西西比州立大学 The University of Southern Mississippi, Hattiesburg 南密西西比大学 – 哈蒂斯堡
MISSOURI 密苏里州	4	Maryville University, St. Louis 美国圣路易斯玛丽维尔大学 Southeast Missouri State University, Cape Girardeau 东南密苏里州立大学 – 开普吉拉多 University of Central Missouri, Warrensburg 中央密苏里大学 – 沃伦斯堡 University of Missouri, Columbia 密苏里大学 – 哥伦比亚分校
NEBRASKA 内布拉斯加州	2	University of Nebraska – Lincoln 内布拉斯加大学 – 林肯分校 University of Nebraska at Kearney 内布拉斯加大学卡尼分校
NEVADA 内华达州	1	University of Nevada, Las Vegas 内华达大学 – 拉斯韦加斯分校
NEW JERSEY 新泽西州	3	Berkeley College, Woodland Park 伯克利学院 – 林地公园 Kean University, Union 肯恩大学 – 尤宁 New Jersey Institute of Technology, Newark 新泽西理工学院 – 纽华克

附录 B　美国室内设计认证委员会（CIDA）认证院校信息

院校所在州	院校数量	认证院校名称
NEW YORK 纽约州	11	State University of New York, Buffalo 纽约州立大学 – 布法罗分校 Cornell University, Ithaca 康奈尔大学 – 伊萨卡 Fashion Institute of Technology State University of New York 纽约州立大学时装技术学院 New York Institute of Technology, Old Westbury 纽约理工学院 – 老韦斯特伯里 New York School of Interior Design, BFA, New York 纽约室内设计学院，学士（艺术类） New York School of Interior Design, MFA, New York 纽约室内设计学院，硕士（艺术类） Pratt Institute, Brooklyn 普拉特学院 – 布鲁克林 Rochester Institute of Technology, Rochester 罗彻斯特理工大学 – 罗彻斯特 School of Visual Arts, New York 纽约视觉艺术学院 Syracuse University, Syracuse 雪城大学 – 雪城 Villa Maria College, Buffalo 维拉玛丽亚学院 – 布法罗
NORTH CAROLINA 北卡罗来纳州	6	Appalachian State University, Boone 阿巴拉契亚州立大学 – 布恩 East Carolina University, Greenville 东卡罗来纳大学 – 格林维尔 High Point University, High Point 海波特大学 – 海波特 Meredith College, Raleigh 梅雷迪斯学院 – 罗利 University of North Carolina at Greensboro 北卡罗来纳大学格林斯伯勒分校 Western Carolina University, Cullowhee 西卡罗来纳大学 – 库洛维
NORTH DAKOTA 北达科他州	1	North Dakota State University, Fargo 北达科他州立大学 – 法戈
OHIO 俄亥俄州	6	Kent State University, Kent 肯特州立大学 – 肯特 Miami University, Oxford 迈阿密大学 – 牛津分校 The Ohio State University, Columbus 俄亥俄州立大学 – 哥伦布分校 Ohio University, Athens 俄亥俄大学 – 雅典分校 The University of Akron 阿克伦大学 University of Cincinnati 辛辛那提大学

269

附录 B　美国室内设计认证委员会（CIDA）认证院校信息

院校所在州	院校数量	认证院校名称
OKLAHOMA 俄克拉荷马州	4	Oklahoma Christian University, Oklahoma City 俄克拉荷马基督教大学 – 俄克拉荷马城 Oklahoma State University, Stillwater 俄克拉荷马州立大学 – 静水分校 University of Central Oklahoma, Edmond 中央俄克拉荷马大学 – 埃德蒙 The University of Oklahoma, Norman 俄克拉荷马大学 – 诺曼
OREGON 俄勒冈州	1	University of Oregon, Eugene 俄勒冈大学 – 尤金分校
PENNSYLVANIA 宾夕法尼亚州	7	Chatham University, BA, Pittsburgh 查塔姆大学 – 匹兹堡，学士（文科） Chatham University, MA, Pittsburgh 查塔姆大学 – 匹兹堡，硕士（文科） Drexel University, BS, Philadelphia 德雷塞尔大学 – 费城，学士（理科） Drexel University, MS, Philadelphia 德雷塞尔大学 – 费城，硕士（理科） Thomas Jefferson University, Philadelphia 托马斯杰斐逊大学 – 费城 La Roche College, Pittsburgh 拉洛奇学院 – 匹兹堡 Moore College of Art and Design, Philadelphia 莫尔艺术设计学院 – 费城
SOUTH CAROLINA 南卡罗来纳州	2	Converse College, Spartanburg 康威斯学院 – 斯巴达堡 Winthrop University, Rock Hill 温斯洛普大学 – 罗克希尔
SOUTH DAKOTA 南达科他州	1	South Dakota State University, Brookings 南达科他州立大学 – 布鲁金
TENNESSEE 田纳西州	6	East Tennessee State University, Johnson City 东田纳西州立大学 – 约翰逊市 Middle Tennessee State University, Murfreesboro 中田纳西州立大学 – 默弗里斯伯勒 O'More School of Design at Belmont University in Nashville, Franklin 贝尔蒙特大学奥摩尔设计学院 – 纳什维尔富兰克林 The University of Memphis 孟菲斯大学 University of Tennessee, Knoxville 田纳西大学 – 诺克斯维尔分校 University of Tennessee, Chattanooga 田纳西大学 – 查塔努加分校

院校所在州	院校数量	认证院校名称
TEXAS 得克萨斯州	17	Abilene Christian University, Abilene 阿比林基督教大学 – 阿比林 The Art Institute of Austin 奥斯汀艺术学院 The Art Institute of Dallas, a Campus of Miami International University of Art and Design 迈阿密国际艺术与设计大学达拉斯艺术学院 The Art Institute of Houston 休斯敦艺术学院 The Art Institute of San Antonio 圣安东尼奥艺术学院 Baylor University, Waco 贝勒大学 – 韦科 Sam Houston State University, Huntsville 萨姆休斯敦州立大学 – 亨茨维尔 Stephen F. Austin State University, Nacogdoches 斯蒂芬奥斯汀州立大学 – 纳科多奇斯分校 Texas Christian University, Fort Worth 得克萨斯基督教大学 – 沃斯堡 Texas State University, San Marcos 得克萨斯州立大学 – 圣马科斯分校 Texas Tech University, Lubbock 得克萨斯理工大学 – 拉伯克 University of North Texas, Denton 北得克萨斯大学 – 登顿 The University of Texas at Arlington 得克萨斯大学阿灵顿分校 The University of Texas at Austin 得克萨斯大学奥斯汀分校 The University of Texas at San Antonio 得克萨斯大学圣安东尼奥分校 University of the Incarnate Word, San Antonio 圣安东尼奥圣道大学 Wade College, Dallas 韦德学院 – 达拉斯
UTAH 犹他州	2	Utah State University, Logan 犹他州立大学 – 洛根 Weber State University, Ogden 韦伯州立大学 – 奥格登
VIRGINIA 弗吉尼亚州	6	Marymount University, BA, Arlington 玛丽蒙特大学 – 阿灵顿, 学士（文科） Marymount University, MA, Arlington 玛丽蒙特大学 – 阿灵顿, 硕士（文科） Radford University, Radford 瑞德福大学 – 瑞德福 Virginia Commonwealth University, BFA, Richmond 弗吉尼亚联邦大学 – 里士满, 学士（艺术类） Virginia Commonwealth University, MFA, Richmond 弗吉尼亚联邦大学 – 里士满, 硕士（艺术类） Virginia Polytechnic Institute and State University, Blacksburg 弗吉尼亚理工学院与州立大学 – 布莱克斯堡

附录 B　美国室内设计认证委员会（CIDA）认证院校信息

院校所在州	院校数量	认证院校名称
WASHINGTON 华盛顿州	2	Bellevue College, Bellevue 贝尔维学院 – 贝尔维 Washington State University, Pullman 华盛顿州立大学 – 普尔曼
WISCONSIN 威斯康星州	4	Mount Mary University, Milwaukee 玛丽山大学 – 密尔沃基 University of Wisconsin, Madison 威斯康星大学 – 麦迪逊分校 University of Wisconsin – Stevens Point 威斯康星大学 – 史帝文分校 University of Wisconsin–Stout, Menomonie 威斯康星大学斯托特分校 – 梅诺莫尼
共计	158	

注：根据 CIDA 网站公开的认证课程整理绘制（https：//www.accredit-id.org/accredited-programs）。
每个院校均保持官网链接，可追踪到其自身官网进行资料查询。

附录 B　美国室内设计认证委员会（CIDA）认证院校信息

附录 C　入围国家级一流专业建设点的院校信息

序号	学院名称	办学类型	院校层次	地理区位	专业设置形式	认证年份
1	清华大学	综合院校	双一流	北京	培养方向	2017 年
2	中央美术学院	艺术院校	一流学科	北京	工作室	2017 年
3	同济大学	综合院校	双一流	上海	专业方向	2017 年
4	江南大学	综合院校	一流学科	无锡	培养方向	2020 年
5	广州美术学院	艺术院校	非双一流	广州	工作室	2020 年
6	四川美术学院	艺术院校	非双一流	重庆	专业课程	2020 年
7	西安美术学院	艺术院校	非双一流	西安	教研室	2020 年
8	上海大学	综合院校	一流学科	上海	专业课程	2020 年
9	湖北美术学院	艺术院校	非双一流	武汉	教研室	2020 年
10	广东工业大学	理工大学	非双一流	广州	专业课程	2020 年
11	云南艺术学院	艺术院校	非双一流	昆明	专业方向	2020 年
12	大连工业大学	理工大学	非双一流	大连	专业课程	2020 年
13	山东艺术学院	艺术院校	非双一流	济南	专业课程	2020 年
14	吉林建筑大学	理工大学	非双一流	长春	专业方向	2020 年
15	西安建筑科技大学	理工大学	非双一流	西安	专业课程	2020 年
16	沈阳建筑大学	理工大学	非双一流	沈阳	专业课程	2020 年
17	南京工业大学	理工大学	非双一流	南京	专业课程	2020 年
18	北京工业大学	综合院校	一流学科	北京	专业方向	2021 年
19	北京服装学院	艺术院校	非双一流	北京	专业模块	2021 年
20	东华大学	综合院校	一流学科	上海	专业课程	2021 年
21	华东师范大学	综合院校	双一流	上海	专业方向	2021 年
22	河北工业大学	理工大学	一流学科	天津	专业课程	2021 年
23	华南理工大学	综合院校	双一流	广州	专业课程	2021 年
24	南京林业大学	农林院校	一流学科	南京	室内艺术设计系	2021 年
25	南京艺术学院	艺术院校	非双一流	南京	专业方向	2021 年

273

序号	学院名称	办学类型	院校层次	地理区位	专业设置形式	认证年份
26	中南民族大学	综合院校	非双一流	武汉	专业课程	2021年
27	武汉理工大学	理工大学	一流学科	武汉	专业课程	2021年
28	大连理工大学	理工大学	一流学科	大连	培养方向	2021年
29	东北师范大学	师范院校	一流学科	长春	专业课程	2021年
30	哈尔滨师范大学	师范院校	非双一流	哈尔滨	专业课程	2021年
31	吉林艺术学院	艺术院校	非双一流	长春	培养方向	2021年
32	山东工艺美术学院	艺术院校	非双一流	济南	专业方向	2021年
33	安徽大学	综合院校	一流学科	合肥	专业课程	2021年
34	安徽工程大学	理工大学	非双一流	芜湖	专业课程	2021年
35	扬州大学	综合院校	非双一流	扬州	专业方向	2021年
36	贺州学院	综合院校	非双一流	贺州	专业方向	2021年
37	景德镇陶瓷大学	理工大学	非双一流	景德镇	专业方向	2021年
38	昆明理工大学	综合院校	非双一流	昆明	专业方向	2021年
39	兰州文理学院	综合院校	非双一流	兰州	工作室	2021年
40	山西大学	综合院校	非双一流	太原	专业方向	2021年
41	重庆文理学院	综合院校	非双一流	重庆	专业方向	2021年
42	集美大学	综合院校	非双一流	厦门	专业课程	2021年
43	海南师范大学	师范院校	非双一流	海口	专业课程	2021年
44	中南林业科技大学	综合院校	非双一流	长沙	专业方向	2021年
45	盐城工学院	理工院校	非双一流	盐城	专业方向	2021年

附录C 入围国家级一流专业建设点的院校信息

附录 D 实证院校模拟验证的数据信息来源

一、模拟实证院校验证数据来源：模拟实证院校本科教学质量报告来源网站汇总

院校编码	本科教学质量报告	涉及指标
S01	清华大学本科教学质量报告（2020—2021 年）https：//www.tsinghua.edu. cn/__local/9/34/33/05C1476AB2DC9E62507F27BF72A_FF85DC2C_13E3EC.pdf	实践教学资源、生均教学行政用房面积、生均教学仪器设备值、生均纸质图书拥有量、生均教学运行支出、生均实践教学支出、本科生师比、研究生学位教师占比、高级职务教师占比、学生参评率、学生评价满意度
S02	中央美术学院本科教学质量报告（2020—2021 年）http：//www.caa.edu.cn/ xxgk/xxgklm/jxzlxx/202111/46188.html 中央美术学院本科教学质量报告（2017—2018 年） http：//xxgk.cafa.edu.cn/cafa//uploadFiles/uploadImgs//201901/21153057iyjo.pdf	
S03	同济大学本科教学质量报告（2019—2020 年）https：//wenku.baidu.com/view/ 51657555f724ccbff121dd36a32d7375a517c621.html	
S04	江南大学本科教学质量报告（2020—2021 年） http：//xxgk.jiangnan.edu.cn/info/1007/1101.htm	
S05	广州美术学院本科教学质量报告（2020—2021 年） http：//www.gzarts.edu.cn/info/1318/30642.htm	
S06	西安美术学院本科教学质量报告（2019—2020 年） http：//jiaowu.xafa.edu.cn/info/1073/1408.htm	
S07	湖北美术学院本科教学质量报告（2020—2021 年） https：//xxgk.hifa.edu.cn/info/1137/1964.htm	
S08	云南艺术学院本科教学质量报告（2020—2021 年） https：//www.ynart.edu.cn/info/1002/5897.htm	
S09	吉林建筑大学本科教学质量报告（2020—2021 年） https：//jwc.jlju.edu.cn/info/1124/4546.htm	
S10	北京工业大学本科教学质量报告（2020—2021 年） https：//xxgk.bjut.edu.cn/info/1080/1010.htm	
S11	北京服装学院本科教学质量报告（2020—2021 年） https：//jwc.bift.edu.cn/zlnb/96751.htm	
S12	华东师范大学本科教学质量报告（2020—2021 年）http：//xxgk.ecnu.edu. cn/03/53/c29049a394067/page.htm	
S13	南京林业大学本科教学质量报告（2020—2021 年）https：//xxgk.njfu.edu.cn/ jxzl/jxzlbg/20211124/i245588.html	
S14	南京艺术学院本科教学质量报告（2020—2021 年）https：//jwzx.nua.edu. cn/2022/0111/c1654a85301/page.htm	

院校编码	本科教学质量报告	涉及指标
S15	大连理工大学本科教学质量报告（2020—2021年） http://info.dlut.edu.cn/info/1433/12558.htm	
S16	吉林艺术学院本科教学质量报告（只有2017年部分数据）https://xxgk.jlart.edu.cn/index/xxgkxm/jxzlxx.htm	
S17	山东工艺美术学院本科教学质量报告（2020—2021年） https://www.sdada.edu.cn/info/2119/61026.htm	
S18	扬州大学本科教学质量报告（2020—2021年） http://xxgk.yzu.edu.cn/xxgkml/jxzl/bkjxzlbg.htm	实践教学资源、生均教学行政用房面积、生均教学仪器设备值、生均纸质图书拥有量、生均教学运行支出、生均实践教学支出、本科生师比、研究生学位教师占比、高级职务教师占比、学生参评率、学生评价满意度
S19	贺州学院本科教学质量报告（2020—2021年） http://hzxy.edu.cn/info/1297/24183.htm	
S20	景德镇陶瓷大学本科教学质量报告（2020—2021年） http://jwc.jci.edu.cn/info/1045/2196.htm	
S21	昆明理工大学本科教学质量报告（2020—2021年）（未见披露）	
S22	兰州文理学院本科教学质量报告（2020—2021年） https://jxzl.luas.edu.cn/2021/1116/c1949a95216/page.htm	
S23	山西大学本科教学质量报告（2020—2021年）http://infogk2.sxu.edu.cn/docs/2021-11/bec5aa3be4e8495da3d5df8a3c624bf5.pdf	
S24	重庆文理学院本科教学质量报告（2020—2021年） http://www.cqwu.net/channel_23318.html	
S25	中南林业科技大学教学质量报告（2020—2021年）https://gkw.csuft.edu.cn/tzgg/202111/P020211115524698931846.pdf	
S26	盐城工学院本科教学质量报告（2020—2021年） https://www.ycit.cn/info/1052/17862.htm	

二、模拟实证院校验证数据来源：模拟实证院校本科就业质量报告来源汇总

院校编码	本科就业质量报告	涉及指标
S01	清华大学毕业生就业质量报告（2021年） https://career.tsinghua.edu.cn/__local/9/96/73/1CD576E5ACB60542D9C3A220753_14631D5A_7473B.pdf	
S02	中央美术学院毕业生就业质量报告（2020年） http://xxgk.cafa.edu.cn/cafa/uploadFiles/uploadImgs//202111/09095243kg8i.pdf	毕业率、学位授予率、就业率、深造率
S03	同济大学毕业生就业质量报告（2020年） http://www.yanxian.org/uploadfile/2021/0622/20210622060908756.pdf	
S04	江南大学毕业生就业质量报告（2020年） https://zsjyc.jiangnan.edu.cn/info/1010/2675.htm	

附录D　实证院校模拟验证的数据信息来源

院校编码	本科就业质量报告	涉及指标
S05	广州美术学院毕业生就业质量报告（2021年） http：//www.gzarts.edu.cn/info/1090/30944.htm	
S06	西安美术学院毕业生就业质量报告（2021年） http：//jyzx.xafa.edu.cn/website/news_show.aspx?id=7039	
S07	湖北美术学院毕业生就业质量报告（2020年） https：//xxgk.hifa.edu.cn/info/1135/1913.htm	
S08	云南艺术学院毕业生就业质量报告（2020年） https：//xsc.ynart.edu.cn/info/1112/3032.htm	
S09	吉林建筑大学毕业生就业质量报告（2021年） https：//jdjyw.jlu.edu.cn/portal/article/details?id=df9138a030494e378efcc3f6f9537028	
S10	北京工业大学毕业生就业质量报告（2021年） https：//xxgk.bjut.edu.cn/info/1050/1956.htm	
S11	北京服装学院毕业生就业质量报告（2021年） https：//www.bift.edu.cn/docs/2022-01/20220105133433219625.pdf	
S12	华东师范大学毕业生就业质量报告（2021年） https：//career.ecnu.edu.cn/web_upload/Media/20211231090523590.pdf	
S13	南京林业大学毕业生就业质量报告（2020年） https：//xxgk.njfu.edu.cn/DFS//file/2021/11/28/20211128181158221tj1lb1.pdf	毕业率、学位授予率、就业率、深造率
S14	南京艺术学院毕业生就业质量报告（2019年） http：//wk.yingjiesheng.com/v-000-024-860.html	
S15	大连理工大学毕业生就业质量报告（2021年） http：//info.dlut.edu.cn/info/1310/12567.htm	
S16	吉林艺术学院毕业生就业质量报告（只有2016年部分数据） https：//xxgk.jlart.edu.cn/info/1018/1051.htm	
S17	山东工艺美术学院毕业生就业质量报告（2019年） http：//wk.yingjiesheng.com/v-000-024-629.html	
S18	扬州大学毕业生就业质量报告（2021年） https：//yzu.91job.org.cn/sub-station/detail?xwid=D65FA6ABA9FDA1C4E0530100007F3708&xxdm=11117	
S19	贺州学院毕业生就业质量报告（2020年） http：//jyfw.hzu.gx.cn/News/newsXiang.html?cateid=99627a36-a815-f943-f944-22758c1e75ba&id=b8fe5051-d12f-20fa-4340-6a29130d8b3d	
S20	景德镇陶瓷大学毕业生就业质量报告（2020年） http：//cyxy.jci.edu.cn/info/1003/2483.htm	
S21	昆明理工大学毕业生就业质量报告（2021年） https：//www.kust.edu.cn/20220110.pdf	

附录 D 实证院校模拟验证的数据信息来源

院校编码	本科就业质量报告	涉及指标
S22	兰州文理学院毕业生就业质量报告（2019—2020 年） https：//jxzl.luas.edu.cn/2020/1216/c1949a87582/page.htm	
S23	山西大学毕业生就业质量报告（2021 年） https：//sxu.jysd.com/news/view/aid/371464/tag/tzgg	
S24	重庆文理学院毕业生就业质量报告（2021 年） http：//wljy.cqwu.edu.cn/SITE_ATTACHE/fastweb2_cqwu_net/2021-12-31/upload/file/20211231/1640915373452054750.pdf	毕业率、学位授予率、就业率、深造率
S25	中南林业科技大学毕业生就业质量报告（2020 年） http：//jy.csuft.edu.cn/news/view/aid/182166/tag/tzgg	
S26	盐城工学院毕业生就业质量报告（2021 年） https：//ycit.91job.org.cn/sub-station/detail?xwid=D46E5FA0EC5C28C2E0530100007F40DC&xxdm=10305	

三、模拟实证院校验证数据来源：模拟实证院校人才培养方案来源网站汇总

院校编码	人才培养方案	涉及指标
S01	清华美术学院设计专业人才培养方案 https://wenku.baidu.com/ndbusiness/browse/doccashier?referDocId=794057b80875f46527d3240c844769eae109a37b&id=794057b80875f46527d3240c844769eae109a37b&cashier_code=P*_view2020_-L*foldPage.unfold.mainLink-DT*2.undefined-U*0.0-C*doc-F*-E*ViewFoldWeb4166_0__docpay_7_tryreadend__dbc2_tplNamecreader_notBJSpec__	
S02	中央美术学院（通过调研获得 2020—2021 年度课表）	
S03	同济大学建筑专业人才培养方案 https：//max.book118.com/html/2021/0127/8076130007003043.shtm	
S04	江南大学环境设计专业人才培养方案 http：//sodcn.jiangnan.edu.cn/info/1015/1846.htm	NCIDQ 匹配度
S05	广州美术学院（通过调研获得 2020 年人才培养方案）	
S06	西安美术学院室内设计专业方向主干课程 http：//huanyi.xafa.edu.cn/info/1025/1387.htm	
S07	湖北美术学院环境设计主干课程 https：//mp.weixin.qq.com/s/SAiVjb8Sk3Jt0uj7E0fK8w	
S08	云南艺术学院室内设计专业方向主干课程 https：//sjxy.ynart.edu.cn/bkjx/zyjs/hjsjzy.htm	
S09	吉林建筑大学环境设计专业主干课程 https：//ysxy.jlju.edu.cn/info/1111/1258.htm	

附录 D　实证院校模拟验证的数据信息来源

院校 编码	人才培养方案	涉及指标
S10	北京工业大学环境设计专业主干课程 https：//bjiad.bjut.edu.cn/a/kecheng/sheji/	
S11	北京服装学院环境设计专业主干课程 https：//ys.bift.edu.cn/jx/kc/bkskc/hjyzzykc/snsjzyfx/index.htm	
S12	华东师范大学环境设计专业主干课程 http：//www.design.ecnu.edu.cn/ %e4%b8%93%e4%b8%9a%e4%bb%8b%e7%bb%8d#1557636867089- 6e13dd8b-ac0e	
S13	南京林业大学室内设计专业方向主干课程（2005 年） https：//wenku.so.com/d/f425f1f77c22685de4b5154a783d7936	
S14	南京艺术学院室内设计专业核心课程 http：//college.gaokao.com/school/ tinfo/258/schspe/23954/?is_zhongkao_2c908126?is_jzb_2c908126	
S15	大连理工大学室内设计专业方向主干课程 https：//mp.weixin.qq.com/s?__ biz=MjM5NDI1NTU5MA==&mid=2652269075&idx=1&sn=4570b6f95cdb3a 7877250311ed58ef60&chksm=bd684d9a8a1fc48c208dcb9b71ec3a6ac19fc69 a1e9240089baeb421267874821262fff9d032&scene=21#wechat_redirect	
S16	吉林艺术学院（通过调研获得 2016 年版课程资料）	
S17	山东工艺美术学院室内设计专业方向主干课程 http：//zs.sdada.edu.cn/zyjd1/jzyjgsjxy/hjsj_snsjfx__.htm	NCIDQ 匹配度
S18	扬州大学室内设计专业方向主干课程 https：//zhaoban.yzu.edu.cn/info/1058/3278.htm	
S19	贺州学院环境设计专业主干课程 http：//zsb.hzxy.edu.cn/info/1167/1128.htm	
S20	景德镇陶瓷大学室内设计专业方向主干课程 https：//zs.jci.edu.cn/info/1015/1007.htm	
S21	昆明理工大学室内设计专业方向主干课程 https：//www.kmust.edu.cn/info/1165/20035.htm	
S22	兰州文理学院室内设计专业方向主干课程 https：//msxy.luas.edu.cn/633/list.htm	
S23	山西大学室内设计专业方向主干课程 http：//afa.sxu.edu.cn/zysz/zyjs/130207.htm	
S24	重庆文理学院室内设计专业方向主干课程 http：//art.cqwu.edu.cn/article_245725.html	
S25	中南林业科技大学室内设计专业方向主干课程 https：//zs.csuft.edu.cn/f//jsjdzyinfo?yxdm=07&zydm=130503	
S26	盐城工学院室内设计专业方向主干课程 http：//college.gaokao.com/school/tinfo/250/schspe/23688/	

附录 D　实证院校模拟验证的数据信息来源

附录 E　实证院校模拟验证课程达标率模拟计算样例节选

S01 室内设计专业核心课程达标率模拟计算

环境设计专业教学质量国家标准			清华大学美术学院核心课程
通识类课程（至少2门）	中外文化通史	1	中国近代史纲要、历史与文化
	艺术史	2	中国美术史、外国美术史
	科技史①	3	与核心课程9重叠
	美学	4	艺术与审美、室内设计艺术鉴赏
	人类学②	5	与核心课程1、9重叠
	社会学	6	当代中国与世界
	心理学	7	设计心理学导向
	管理学	8	设计程序与认知基础
专业基础类课程	中外设计史（专业设计史）	9	中国工艺美术史及设计史、外国工艺美术史及设计史
	设计概论	10	环境艺术概论
	设计方法	11	设计基础、设计程序与认知基础
	造型基础	12	构成与设计基础
	设计表现	13	手绘表现技法
	设计技术（含CAD设计技术）	14	参数化设计
	设计思维	15	设计思维、数字设计与思维
	创新理论	16	创新性展示设计、设计思维与创新
专业类课程	建筑设计方法	17	建筑基础与构造营建、建筑形态学、建筑装饰
	室内空间设计、环境设计	18	室内设计、陈设设计
	设计表现技法	19	设计表达、色彩构成
	人机工程学	20	人体工程学与行为与心理
	设计制图	21	与核心课程14重叠
	模型制作	22	造型基础
	照明技术	23	环境物理
	建筑及环境设计调研	24	环境艺术鉴赏、规划原理与城市设计
	数字化环境及数字建筑	25	数字设计思维
	建筑设计及工程软件	26	与核心课程14重叠

达标率 26：26（100%）

---

① 百度百科：科技史的学科范围包括建筑科学史、技术史、建筑史。

② 百度百科：人类学的分支包括文化人类学，研究对象包括风俗史、文化史。

附录 F 实证院校 NCIDQ 职业达标率模拟计算样例节选

S02 室内设计专业核心课程匹配度模拟验算

NCIDQ考核点			中央美术学院核心课程
设计实务能力考核点	数据分析工具（电子表格、可视化）	1	建筑数字技术
	调查研究方法（观察、访谈、调查）	2	城市与传统建筑测绘考察
	现场环境分析（人与环境关系）	3	室内设计概论、场地设计
	通用设计知识（安全设施、无障设计）	4	建筑设备
	法规、标准、规范、许可（消防、环保）	5	
	系统设计与施工集成（水电与建筑结构）	6	建筑构造、建筑力学与结构体系
	设计合同文件编制（设计、物料、进度）	7	职业建筑师知识
专业水平考核点	分析与评估（人与环境关系）	8	室内设计概论
	设计组织与管理（流程与团队）	9	职业建筑师知识
	设计商务实务（工商、税务、财务、保险）	10	
	法规、标准、规范、许可（消防、环保）	11	施工图设计基础
	系统设计与施工集成（水电与建筑结构）	12	建筑构造、建筑力学与结构体系
	家具与设备集成（采购、安装、交付、维护）	13	建筑设备
	合同文件管理（编制、变更、管理）	14	职业建筑师知识
基础知识考核点	分析工具	15	设计几何
	研究方法	16	城市与传统建筑测绘考察
	人与环境	17	室内设计概论、建筑学概论
	设计沟通技巧（数据与图解表达）	18	职业建筑师知识
	安全设计与通用设计	19	建筑设计（1）
	材料与工艺（工艺、技术）	20	建筑材料
	材料工艺技术规范（标准、性能）	21	建筑材料
	家具、照明、电器等环保标准与技术规范	22	建筑设备
	制图与图表规范（施工图、进程表、图表规范）	23	职业建筑师知识
	职业道德与专业发展（道德规范、社会责任）	24	职业建筑师知识

匹配度 24∶22（91.67%）

[1] 毛礼锐，沈灌群.中国教育通史：第6卷[M].济南：山东教育出版社，1989：114 139，151.

[2] 张绮曼，郑曙旸.室内设计资料集[M].北京：中国建筑工业出版社，1991：4.

[3] 李砚祖.艺术设计概论[M].武汉：湖北美术出版社，2003：7.

[4] 来增祥，陆震纬.室内设计原理：上册[M].北京：中国建筑工业出版社，2006：1-2.

[5] 杨冬江.中国近现代室内设计风格流变[D].北京：中央美术学院，2006：6-7.

[6] 中国建筑装饰协会.室内建筑师培训考试教材[M].北京：中国建筑工业出版社，2007：67.

[7] 霍维国，霍光.中国室内设计史[M].北京：中国建筑工业出版社，2007：194.

[8] 杨冬江.中国近现代室内设计史[M].北京：中国水利水电出版社，2007：220.

[9] 马恒君.周易正宗[M].北京：华夏出版社，2007：531.

[10] 朱红，朱敬，刘立新.中国高等教育国际竞争力比较研究[M].天津：天津大学出版社，2010：6.

[11] 杨冬江，任艺林，管沄嘉，等.中国室内设计教育发展研究[M].北京：中国建筑工业出版社，2019：
67.

[12] 纪宝成.中国大学学科专业设置研究[M].北京：中国人民大学出版社，2006：33.

[13] 陈冀峻.中国当代室内设计史：上[M].北京：中国建筑工业出版社，2013：152.

[14] 谢友柏.设计科学与设计竞争力[M].北京：科学出版社，2018：4.

[15] 张令伟.高校艺术学学科竞争力系统分析与评价研究[M].上海：上海社会科学院出版社，2018：2.

[16] 王英杰，刘宝存.中国教育改革开放40年[M].北京：北京师范大学出版社，2019：173.

[17] 波特.国家竞争优势[M].北京：中信出版社，2021：XXIV.

[18] 金碚.中国企业竞争力报告（2003）[R].广州：广东经济出版社，2003：6.

[19] 国家统计局.建筑业持续快速发展 城乡面貌显著改善：新中国成立70周年经济社会发展成就系列报
告之十[R/OL].（2019-07-31）[2019-8-2].http：//www.stats.gov.cn/tjsj/zxfb/ 201907/t20190731_1683002.
html.

[20] 金碚.中国企业竞争力报告（2006）[R].北京：社会科学文献出版社，2006：4.

[21] 美国设计情报研究所室内设计教育洞察调研报告：职业设计师视角[R/OL].[2021-01-12].https：//
www.di-rankings.com/professional-insights- interior-design/.

[22] 美国设计情报研究所室内设计教育洞察调研报告：专家视角[R/OL].[2021-01-12].https：//www.di-
rankings.com/deans-insights-interior-design/.

[23] 美国设计情报研究所室内设计教育洞察调研报告：学生视角[R/OL].[2021-01-12].https：//www.di-
rankings. com/students-insights-interior-design/.

[24] 华夏时报.2020年国家中心城市指数报告发布[R/OL].（2020-11-08）[2021-03-26].https：//baijiahao.
baidu.com/s?id=1682758480360564512&wfr=spider&for=pc.

[25] 百度文库.国民经济行业分类：GD/T 4754—2002[S/OL].（2012-03-14）[2021-01-20].https：//wenku.
baidu.com/view/b38fa94b767f5acfa1c7cd9a.html.

[26] 百度文库.2011国民经济行业分类注释[S/OL].（2017-10-24）[2021-01-20].https：//wenku.baidu.com/
view/6503274bbfd5b9f3f90f76c66137ee06eff94e35.html.

[27] 国家统计局.2017国民经济行业分类注释[S/OL].（2018-09-30）[2021-01-20].http：//www.stats.gov.cn/
tjsj/tjbz/201809/t20180930_1626148.html.

[28] 中国人大网.中华人民共和国高等教育法[S/OL].（2019-01-07）[2021-02-20].http：//www.npc.gov.cn/
npc/c30834/201901/9df07167324c4a34bf6c44700fafa753.shtml.

参考文献

[29] NAICS Associate.NAICS Code Description [S/OL]. [2021-01-12]. https：//www.naics. com/naics-code-description/?code=541410.

[30] [P.Y.P]. 色彩设计 [J]. 工商建筑, 1941（1）：8-10.

[31] 佚名. 中国现代建筑历史（1949—1984 年）大事年表 [J]. 建筑学报, 1985（10）：11-20.

[32] 薛国仁, 赵文华. 专业：高等教育学理论体系的中介概念 [J]. 上海高教研究, 1997（4）：4-9.

[33] 张世礼. 对现代环境艺术设计学科与室内设计专业的几点粗浅认识 [J]. 装饰, 1986（4）：15.

[34] 张绮曼. 室内设计专业设立的回顾 [J]. 建筑学报, 1987（6）：23-27.

[35] 徐晓图. 论室内设计的专业范畴 [J]. 室内设计与装修, 1990（3）：3.

[36] 陈永昌. 当代室内设计专业教育的方向：对我国当前室内设计专业教学内容和方法的体会 [J]. 室内, 1993（1）：8.

[37] 来增祥. 培养新世纪的室内设计人才 [J]. 室内设计与装修, 1993（1）：2，7.

[38] 李钢. 室内设计教学初论 [J]. 新建筑, 1997（1）：3.

[39] 纪虹. 没有竞争力的学校将被自然淘汰：国外教育改革一瞥 [J]. 国际展望, 1997（1）：2.

[40] 吴滨, 陶宝元. 适应市场需要提高成人高等教育的竞争力 [J]. 南京理工大学学报（社会科学版）, 1998（6）：2.

[41] 郑智峰.《室内设计》课程教学探讨 [J]. 华北水利水电学院学报（社会科学版）, 1998（4）：2.

[42] 王元京. 教育竞争力是最重要的竞争力 [J]. 当代法学, 1999（6）：1.

[43] 杨明. 中国教育国际竞争力评价 [J]. 北京观察, 2000（7）：8-11.

[44] 刘尧. 论教育评价的科学性与科学化问题 [J]. 教育研究, 2001（6）：5.

[45] 孙敬水. 中国教育竞争力的国际比较 [J]. 教育与经济, 2001（2）：1-3.

[46] 谈松华. 应对入世：全面提高教育国际竞争力 [J]. 求是, 2002（11）：5，57-59.

[47] 洪志国, 李炎. 层次分析法中高阶平均随机一致性指标（RI）的计算 [J]. 计算机工程与应用, 2002, 12：45-48.

[48] 金碚. 企业竞争力测评的理论与方法 [J]. 中国工业经济, 2003（3）：5-13.DOI：10.19581/j.cnki.ciejournal.2003.03.001.

[49] 何建雄. 专业核心竞争力：高等教育的生命力 [J]. 中国培训, 2003（10）：1.

[50] 刘继青, 邓薇. 大学个性与大学核心竞争力 [J]. 教育理论与实践, 2003：23.

[51] 芦琦. 教师竞争力：现代远程开放教育研究的新视野 [J]. 开放教育研究, 2004（5）：47-51.

[52] 文剑钢, 邱德华, 俞长泉. 室内设计专业人才培养方法的研究与实践 [J]. 装饰, 2005（9）：2.

[53] 伍业峰. 竞争概念辨析及竞争理论初探 [J]. 经济师, 2005（11）：29.

[54] 米红, 韩娟. 区域竞争力与高等教育竞争力的关联模式的研究 [J]. 河南教育（高校版）, 2005（6）：36-37.

[55] 王琴, 张桂英, 张为民, 等. 全国各地区科技教育竞争力综合评价 [J]. 评价与管理, 2006（3）：15-19.

[56] 大学评价国际委员会. 国际大学创新力客观评价报告 [J]. 高等教育研究, 2006, 27（6）：24.

[57] 范传俊, 任虎. 室内设计方向专业培养方案构想 [J]. 哈尔滨职业技术学院学报, 2006（5）：1.

[58] 任秀梅, 施继坤, 张广宝. 大众化教育时期提升高校核心竞争力的构想 [J]. 哈尔滨职业技术学院学报, 2007（1）：39-40.

[59] 马宁, 寿劲秋. 室内设计专业理论教育初探 [J]. 中国校外教育, 2008（5）：2.

285

[60] 李枝秀, 彭云. 关于室内设计专业本科教学的思考 [J]. 中国成人教育, 2008 (19): 2.

[61] 赵彦云. 高等学校教育竞争力研究 [J]. 大学 (研究与评价), 2008 (4).

[62] 罗莹, 喻仲文, 叶厚元, 等. 以创新型人才培养为要旨的艺术学科核心竞争力的识别模型 [J]. 理工高教研究, 2008 (5): 118-121.

[63] 李占平, 王颜林. 论高等教育服务产品的核心竞争力及实现路径 [J]. 国家教育行政学院学报, 2009(7): 14-17.

[64] 张洋. 浅析室内设计教学的改革与创新 [J]. 艺术与设计 (理论版), 2010 (11X): 2.

[65] 王素, 方勇, 苏红, 等. 中国教育竞争力: 评价模型构建与国际比较 [J]. 教育发展研究, 2010 (17): 6.

[66] 龙春阳. 高等教育区域竞争力与教育强省的互动关系 [J]. 知识经济, 2010 (22): 123-124. DOI: 10.15880/j.cnki.zsjj.2010.22.059.

[67] 方勇. 小议高等教育竞争力的概念 [J]. 中国科学报, 2012 (7): 3.

[68] 丁敬达, 刘宇, 邱均平. 基于知识的大学核心竞争力评价框架研究 [J]. 重庆大学学报 (社会科学版), 2013, 19 (2): 98-102.

[69] 王伯庆. 参照《悉尼协议》开展高职专业建设 [J]. 江苏教育: 职业教育, 2014 (7): 4.

[70] 邱均平, 柴雯, 魏绪秋, 等. 2016 年中国大学及学科专业评价的创新与结果分析 [J]. 评价与管理, 2015, 13 (4): 40-52.

[71] 赵蓉英, 张心源, 邱均平, 等. 2017 年中国大学及学科专业评价的创新与结果分析 [J]. 评价与管理, 2017, 15 (1): 38-50, 59.

[72] BRIDGET A. Lessons in diversity: origins of interior decoration education in the United States, 1870-1930[J]. Journal of interior design, 2017, 42 (3): 5-28.

[73] 宋立民, 于历战, 李朝阳. 回顾与前瞻: 清华大学美术学院环境艺术设计系发展脉络与学科建设 [J]. 装饰, 2019 (9): 317.

[74] 孟方圆. 一种解释大学核心竞争力来源的新架构: 大学文化性格 [J]. 煤炭高等教育, 2021: 3.

[75] 佚名. 论国家之竞争力 [J]. 东方杂志, 1907, 4 (6): 8-17.

[76] 万玉凤. 我国医学教育认证质量得到国际认可 [N]. 中国教育报, 2020-06-24: 01.

[77] 国务院. 关于加快城市住宅建设的报告 [R/OL]. (1978-10-19) [2019-06-13]. https://baike.baidu.com/item/%E5%9B%BD%E5%8A%A1%E9%99%A2%E6%89%B9%E8%BD%AC%E5%9B%BD%E5%AE%B6%E5%BB%BA%E5%A7%94%E3%80%8A%E5%85%B3%E4%BA%8E%E5%8A%A0%E5%BF%AB%E5%9F%8E%E5%B8%82%E4%BD%8F%E5%AE%85%E5%BB%BA%E8%AE%BE%E7%9A%84%E6%8A%A5%E5%91%8A%E3%80%8B/22270564?fr=aladdin.

[78] 国家教育委员会. 普通高等学校教育评估暂行规定: 国家教育委员会令第 14 号 [EB/OL]. (1990-10-31) [2021-06-23]. http://www.gov.cn/govweb/fwxx/content_2267020.htm.

[79] 国务院. 国务院批转国家教委关于加快改革和积极发展普通高等教育意见的通知: 国发 [1993]4 号 [EB/OL]. (1993-01-12). http://www.gov.cn/gongbao/shuju/1993/gwyb199302.pdf.

[80] 教育部. 关于实施 "新世纪高等教育教学改革工程" 的通知: 教高厅函 [2000]1 号 [EB/OL]. (2000-01-13) [2021-06-23]. http://www.moe.gov.cn/srcsite/A08/s7056/200001/t20000113_162627.html.

[81] 教育部办公厅. 关于对全国 592 所普通高等学校进行本科教学工作水平评估的通知: 教高厅函 [2003]9 号 [EB/OL]. (2003-11-20) [2021-06-23]. http://www.moe.gov.cn/srcsite/A08/s7056/200311/t20031120_148769.html.

286

[82] 教育部.关于印发《普通高等学校基本办学条件指标（试行）》的通知 [EB/OL].（2004-02-06）. http：// www.moe.gov.cn/srcsite/A03/s7050/200402/t20040206_180515.html.

[83] 教育部高等教育司.关于做好普通高等学校本科教学工作水平评估计划安排的通知 [EB/OL].（2003- 03-10）[2021-04-05]. http://www.moe.gov.cn/srcsite/A08/s7056/200303/t20030310_124468.html.

[84] 教育部办公厅.《《普通高等学校本科教学工作水平评估方案（试行）》对部分重点建设高等学校及 体育类艺术类高等学校评估指标调整的说明》的通知：教高厅函 [2006]35 号 [EB/OL].（2006-09-04） [2020-07-20].http://www.moe.gov.cn/srcsite/A08/s7056/200609/t20060904_148770.html.

[85] 中国经济网.中国中央关于讨论和试行教育部直属高等学校暂行工作条例的指示 [EB/OL].（2007-06- 12）[2021-01-20].http：//www.ce.cn/xwzx/gnsz/szyw/200706/12/t20070612_11710374.shtml.

[86] 教育部，财政部.关于印发《高等学校本科教学质量与教学改革工程项目管理暂行办法》的通知：教 高 [2007]14 号 [EB/OL].（2007-07-1）[2021-06-23]. http://www.moe.gov.cn/srcsite/A08/s7056/200707/ t20070713_79758.html.

[87] 教育部.教育部办公厅关于开展普通高等学校教学工作合格评估的通知：教高厅 [2011]2 号 [EB/OL]. （2011-12-23）[2012-01-10]. http://www.moe.gov.cn/srcsite/A08/s7056/201802/t20180208_327138.html.

[88] 教育部.关于印发《普通高等学校本科专业目录（2012 年）》《普通高等学校本科专业设置管理规定》 等文件的通知：教高 [2012]9 号 [EB/OL].（2012-09-18）[2021-01-10]. http://www.moe.gov.cn/srcsite/ A08/moe_1034/s3882/201209/t20120918_143152.html.

[89] 教育部办公厅.关于开展普通高等学校本科教学工作合格评估的通知 [EB/OL].（2012-01-02）[2021- 04-05].http://www.moe.gov.cn/srcsite/A08/s7056/201802/t20180208_327138.html.

[90] 教育部.启动高校毕业生就业质量年度报告发布工作 [EB/OL].（2013-12-06）[2020-08-16]. http：// www.moe.gov.cn/jyb_xwfb/gzdt_gzdt/s5987/201312/t20131206_160546.html.

[91] 国务院.国务院关于印发统筹推进世界一流大学和一流学科建设总体方案的通知：国发 [2015]64 号 [EB/ OL].（2015-10-24）. http：//www.moe.gov.cn/jyb_xxgk/moe_1777/moe_ 1778/201511/t20151105_217823.html.

[92] 教育部，财政部，国家发展改革委.关于公布世界一流大学和一流学科建设高校及建设学科名单的 通知：教研函 [2017]2 号 [EB/OL].（2017-09-20）[2017-09-21]. http://www.moe.gov.cn/srcsite/A22/ moe_843/201709/t20170921_314942.html.

[93] 教育部.关于印发《普通高等学校高等职业教育（专科）专业设置管理办法》和《普通高等学校高等 职业教育（专科）专业目录（2015 年）》的通知：教职成 [2015]10 号 [EB/OL].（2015-10-28）.http：// www.moe.gov.cn/srcsite/A07/moe_953/201511/t20151105_217877.html.

[94] 教育部，财政部，国家发展改革委.统筹推进世界一流大学和一流学科建设实施办法：教研 [2017]2 号 [EB/OL].（2017-01-25）[2021-03-06].http://www.moe.gov.cn/srcsite/A22/moe_843/ 201701/ t20170125_295701.html.

[95] 吴岩.《普通高等学校本科专业类教学质量国家标准》有关情况介绍 [EB/OL].（2018-01-30）[2021- 01-09].http://www.moe.gov.cn/jyb_xwfb/xw_fbh/moe_2069/xwfbh_2018n/xwfb_20180130/sfcl/201801/ t20180130_325921.html.

[96] 新华社.坚持中国特色社会主义教育发展道路培养德智体美劳全面发展的社会主义建设者和接班人 [EB/ OL].（2018-9-10）.http://www.moe.gov.cn/jyb_xwfb/s6052/moe_838/201809/t20180910_348145.html.

[97] 教育部.教育部关于完善教育标准化工作的指导意见 [EB/OL].（2018-11-08）[2018-11-14].http：// www.moe.gov.cn/ srcsite/A02/s7049/201811/t20181126_361499.html.

[98] 中国人大网.中华人民共和国高等教育法 [EB/OL].（2019-01-07）[2020-02-07]. http://www.npc.gov.cn/npc/c30834/201901/9df07167324c4a34bf6c44700fafa753.shtml.

[99] 新华社.中共中央、国务院印发《中国教育现代化 2035》[EB/OL].（2019-02-23）[2021-06-15]. http://www.gov.cn/zhengce/2019-02/23/content_5367987.html.

[100] 教育部办公厅.关于实施一流本科专业建设"双万计划"的通知：教高厅函 [2019]18 号 [EB/OL].（2019-04-04）[2021-01-04].http://www.moe.gov.cn/srcsite/A08/s7056/201904/t20190409_377216.html.

[101] 教育部.教育部高等教育司关于转发临床医学专业通过认证的普通高等学校名单的通知：教高司函 [2020]9 号.（2020-6-30）[2021-1-15]http://www.moe.gov.cn/s78/A08/tongzhi/202007/t20200701_469567.html.

[102] 新华社.中共中央、国务院印发《深化新时代教育评价改革总体方案》[EB/OL].（2020-10-13）[2020-10-13].http://www.gov.cn/zhengce/2020/10/13/content_5551032.html.

[103] 教育部.关于印发《教育信息化 2.0 行动计划》的通知：教技 [2018]6 号 [EB/OL].（2020-10-13）[2020-10-13]. http://www.gov.cn/zhengce/2020/10/13/content_5551032.html.

[104] 卢正源.2020 年我国建筑装饰行业市场现状及竞争格局分析 [EB/OL].（2020-06-17）. https://www.qianzhan.com/analyst/detail/220/200616-d6b2a72f.html.

[105] 教育部.关于印发《中国教育监测与评价统计指标体系》的通知：教发 [2020]6 号 [EB/OL].（2020-12-30）[2021-06-23].http://www.moe.gov.cn/srcsite/A03/s182/202101/t20210113_509619.html.

[106] 新华社.中华人民共和国国民经济和社会发展第十四个五年规划和 2035 年远景目标纲要 [EB/OL].（2021-03-13）[2021-06-15].http://www.gov.cn/xinwen/2021/03/13/content_5592681.htm.

[107] 新华社.中共中央、国务院印发《国家标准化发展纲要》[EB/OL].（2021-10-10）[2022-01-10]. http://www.gov.cn/zhengce/2021/10/10/content_5641727.htm.

[108] 教育部.教育部关于印发《普通高等学校本科教育教学审核评估实施方案（2021—2025 年）》的通知：教督 [2021]1 号 [EB/OL].（2021-02-03）[2021-12-26]. http://www.moe.gov.cn/srcsite/A11/s7057/202102/t20210205_512709.html.

[109] 清华大学美术学院.学院概况 [EB/OL].[2021-01-15]. https://www.ad.tsinghua.edu.cn/ xygk/xyjs_lsyg_.html.

[110] CIDA.美国室内设计教育 CIDA 官方认证及其发展历史概述 [EB/OL].[2021-01-12]. https://www.accredit-id.org/program-accreditation-history#new-page-11.

[111] CIDA 官方网站 [EB/OL].[2021-01-12]. https://www.accredit-id.org.

[112] CIDA 认证步骤 [EB/OL].[2021-01-12]. https://www.accredit-id.org/accreditationprocess.

[113] 美国设计情报研究所.美国室内设计情报研究所排行榜官方网站 [EB/OL].[2021-01-12]. https://www.di-rankings.com/most-admired-schools-interior-design/.

[114] 美国设计情报研究所室内院校前十排行榜—最受赞赏室内设计院校 [EB/OL].[2021-01-12]. https://www.di-rankings.com/most-admired-schools-interior-design/.

[115] 上海软科教育信息咨询有限公司.软科排名 [BD/OL].（2021）[2021-05-15]. https://www.shanghairanking.com.cn/sdjj/index.html.

[116] 中国科教评价网.权威高校排名 [DB/OL].（2021-03）[2021-05-15].http://www.nseac.com/.

[117] 艾瑞深校友会网.校友会排名 [DB/OL].（2022-01-03）[2022-02-10]. http://www.chinaxy.com/2022index/news/news.jsp?information_id=542.

[118] 艾布斯.中国大学排行榜 [DB/OL].（2021-05-26）[2021-06-07]. https：//www.cnur.com/ rankings/329. html.

[119] 中国校园在线.武连书发布 2021 中国大学排行榜 [EB/OL].（2021-04-06）[2021-06-07]. https：// baijiahao.baidu.com/s?id=1696276534638590924&wfr=spider&for=pc.

[120] 辞海编辑委员会.辞海：缩印本 [M].上海：上海辞书出版社，1979：29.

[121] 中国社会科学院语言研究所词典编辑室.现代汉语词典 [M].北京：商务印书馆，1982：1650.

[122] M.R.纳扎罗夫.社会经济统计辞典 [M].铁大章，王毓贤，方群，等译.北京：中国统计出版社，1988：587.

[123] 中华人民共和国国务院办公厅.中共中央关于教育体制改革的决定 [EB/OL].（1985-05-15）[1985-05-15]. http：//www.gov.cn/gongbao/shuju/1985/gwyb198515.pdf.

[124] 王庆生.文艺创作知识辞典 [M].武汉：长江文艺出版社，1987：625.

[125] 张焕庭.教育辞典 [M].南京：江苏教育出版社，1989：760.

[126] 彭克宏.社会科学大词典 [M].北京：中国国际广播出版社，1989：801-802.

[127] 袁世全，冯涛.中国百科大辞典 [M].北京：华厦出版社，1990：465.

[128] 张柏然.英汉百科知识词典 [M].南京：南京大学出版社，1992：1259.

[129] 周德昌.简明教育辞典 [M].广州：广东高等教育出版社，1992：492.

[130] 马国泉，张品兴，高聚成.新时期新名词大辞典 [M].北京：中国广播电视出版社，1992：10.

[131] 陶西平.教育评价辞典 [M].北京：北京师范大学出版社，1998：55-56.

[132] 蓝仁哲.加拿大百科全书 [M].成都：四川辞书出版社，1998：781.

[133] 张宪荣.现代设计辞典 [M].北京：北京理工大学出版社，1998：23.

[134] 吴山.中国工艺美术大辞典 [M/OL].南京：江苏美术出版社，（1999-12）[2021-01-11]. https：//gong jushu.cnki.net/RBook/Detail?entryId=R2006063180006419.

[135] 艾伦·艾萨克斯.麦克米伦百科全书 [M].郭建中，等译.杭州：浙江人民出版社，2002：1464.

[136] 刘树成.现代经济辞典 [M/OL].（2005-01）[2021-01-20]. https：//gongjushu.cnki.net/ RBook/Detail?entryI d=R2006061250002690.

[137] 叶天泉，孙杰，王岳人，等.城市供热辞典 [M/OL].（2005-09）[2021-01-20]. https：//gongjushu.cnki. net/ RBook/Detail?entryId=R2007050140003663.

[138] 李国豪，等.中国土木建筑百科辞典 [M].北京：中国建筑工业出版社，2006：311.

[139] 哈里斯.建筑与建筑工程辞典 [M].北京：中国建筑工业出版社，2012：1011.

[140] 辞海：室内设计 [DB/OL].[2021-02-07]. https：//www.cihai.com.cn/baike/detail/72/5512809?q=%E5%AE% A4%E5%86%85%E8%AE%BE%E8%AE%A1.

[141] 高民权.中国大百科全书：第一版：建筑·园林·城市 [DB/OL].[2022-01-15]. https：//eproxy.lib. tsinghua.edu.cn/https/NAYGE454QAYGG5RKGE6UMCUDGNTGKNSWG3SB/item/89251?q= 室内设计.

[142] 张绮曼.中国大百科全书：第二版 [DB/OL].[2022-01-15]. https：//eproxy.lib.tsinghua.edu.cn/https/NAYG E454QAYGG5RKGE6UMCUDGNTGKNSWG3SB/item/230557?q= 室内设计.

[143] Oxford Learner's Dictionaries[M/OL]. [2021-01-15]. https：//www. oxfordlearnersdictionaries.com/definition/ english-interior-design?q=interior+design.

[144] Cambridge Dictionary[M/OL]. [2021-01-15]. https：//dictionary.cambridge.org/ dictionary/english-chinese-simplified/interior-design.

[145] Longman[M/OL]. [2021−01−15]. https：//www.ldoceonlinc.com/dictionary/ interior−designer#interior−designer_2.

[146] Merriam−Webster[M/OL]. [2021−01−15]. https：//www.merriam−webster.com/ dictionary/interior%20design.

[147] 中国建筑装饰协会.室内建筑师培训考试教材 [M].北京：中国建筑工业出版社，2007.

[148] 崔冬晖.室内设计概论 [M].北京：北京大学出版社，2007.

[149] 肖友民.室内设计概论 [M].北京：清华大学出版社，2009：15.

[150] 郑曙旸.环境艺术实验教学研究 [M]// 环境艺术设计工作坊.环境艺术设计教学与研究.北京：高等教育出版社，2010：4，8.

[151] 吕永中.室内设计实践教学案例分析 [M]// 环境艺术设计工作坊.环境艺术设计教学与研究.北京：高等教育出版社，2010：132.

[152] 肖勇.工作室机制与设计教学 [M]// 环境艺术设计工作坊.环境艺术设计教学与研究.北京：高等教育出版社，2010：95.

[153] 刘树老.室内设计系统概论 [M].北京：中国建筑工业出版社，2013：47.

[154] 李砚祖，王春雨.室内设计史 [M].北京：中国建筑工业出版社，2013：435，436.

[155] 张娜，陈晶.中外设计文献导读 [M].北京：中国建筑工业出版社，2013.

[156] 姚民义.德国现代设计教育概述：从 20 世纪至 21 世纪初 [M].北京：中国建筑工业出版社，2013：14.

[157] 马健生，等.高等教育质量保证体系的国际比较研究 [M].北京：北京师范大学出版社，2014：502.

[158] 王莉华.世界一流大学学科竞争力 [M].杭州：浙江大学出版社，2015：3，167.

[159] 田稷，马景瑞，等.世界一流研究型大学联盟综合竞争力分析 [M].杭州：浙江大学出版社，2015.

[160] 朱永新.中国教育改革大系：高等教育卷 [M].武汉：湖北教育出版社，2016：210.

[161] 刘晓一，朱时均.2018 年度中国建筑装饰设计产业发展报告 [M].北京：化学工业出版社，2018：27−28.

[162] 张绍文.大学学科竞争力 [M].上海：华东师范大学出版社，2019：10.

[163] 刘晓一，朱时均.2019 年度中国建筑装饰设计产业发展报告 [M].北京：化学工业出版社，2019：20.

[164] 吴智泉.美国高等院校学生学习成果评价研究 [M].北京：知识产权出版社，2019：2，35−60.

[165] GERGEN, K, GILL S. Relational Approaches to Evaluating Teaching. In Beyond the Tyranny of Testing: Relational Evaluation in Education[M/OL]. Oxford：Oxford University Press.（2020−12−17）[2022−02−12]. https：//oxford.universitypressscholarship.com/view/10.1093/oso/9780190872762.001.0001/oso−9780190872762−chapter−6.

[166] 张青萍.解读 20 世纪中国室内设计的发展 [D].南京：南京林业大学，2004.

[167] 李健宁.高等学校学科竞争力评价研究 [D].上海：华东师范大学，2004.

[168] 赵坤.大学重点学科核心竞争力形成与评价模型研究 [D].重庆：第三军医大学，2004：19，36.

[169] 成长春.高校核心竞争力分析模型研究 [D].南京：河海大学，2005：68.

[170] 董赤.新时期 30 年室内设计艺术历程研究 [D].长春：东北师范大学，2010：192.

[171] 傅祎.脉络 立场 视野与实验 [D].北京：中央美术学院，2013.

[172] 武文雯.中国高等教育质量评估研究 [D].长春：吉林大学，2013：23−24.

[173] 文思君.中国高等教育服务贸易出口趋势预测研究 [D].北京：北京邮电大学，2021：82−91.

[174] 郭瑞.中国高校智库评价研究 [D].武汉：华中师范大学，2020：203−204.

[175] 王延章.定性描述系统的一种定量化分析方法 [J].系统工程学报，1987（1）：34−46.

参考文献

[176] 许平 . 走向 21 世纪的中国艺术设计教育 [J]. 装饰, 1997（6）: 4-6.

[177] 汪大伟 . 关于美术学院办学模式的思考与实践——走产学研结合的办学道路, 为上海的经济和社会发展服务 [J]. 艺术教育, 1999（4）: 29, 38.

[178] 陈玉琨, 李如海 . 我国教育评价发展的世纪回顾与未来展望 [J]. 华东师范大学学报（教育科学版）, 2000（1）: 1-12.

[179] 王继华, 文胜利 . 论大学核心竞争力 [J]. 中国高教研究, 2001（4）: 82.

[180] 赖德胜, 武向荣 . 论大学的核心竞争力 [J]. 教育研究, 2002（7）: 42-46.

[181] 林莉, 刘元芳 . 知识管理与大学核心竞争力 [J]. 科技导报, 2003（5）: 51-53.

[182] 戴西超, 张庆春 . 综合评价中权重系数确定方法的比较研究 [J]. 煤炭经济研究, 2003（11）: 37.

[183] 邱均平 . 从高校科研竞争力评价向综合评价的发展: 关于 "中国高校综合竞争力评价" 的说明 [J]. 评价与管理, 2004（3）: 4.

[184] 杨昕, 孙振球 . 大学核心竞争力的研究进展 [J]. 现代大学教育, 2004（4）: 67-69.

[185] 王受之 . 谈中国当代室内设计师的从业心态 [J]. 室内设计与装修, 2005（1）: 12-13.

[186] 叶暄 . 室内装饰到室内设计演变的历史研究 [J]. 广东建材, 2005（9）: 94-96.

[187] 杜海军 . 中国室内设计业中存在的若干问题 [J]. 焦作大学学报, 2005（4）: 63-64.

[188] 王烨 . 对室内设计人才培养的宏观思考: 当前建筑装饰行业中室内设计教育改革探讨 [J]. 教育与职业, 2005（1）: 34-36.

[189] 过伟敏 . 协调中的改革: 跨学科合作, 培养设计类学生的创新能力和综合素质 [J]. 室内设计与装修, 2006（4）: 102-105.

[190] 刘学毅 . 德尔菲法在交叉学科研究评价中的运用 [J]. 西南交通大学学报（社会科学版）, 2007（2）: 21-25.

[191] 詹和平 . 1980 年以来中国古代室内设计史研究综述 [J]. 南京艺术学院学报（美术与设计版）, 2007（1）: 57-59, 63.

[192] 罗莹, 喻仲文, 叶厚元, 等 . 以创新型人才培养为要旨的艺术学科核心竞争力的识别模型 [J]. 理工高教研究, 2008（5）: 118-121.

[193] 徐国成 . 对美国高等教育评估制度的思考 [J]. 现代教育科学, 2008（4）: 144-146.

[194] 朱敬 . 大学竞争力研究溯源及内涵演析 [J]. 现代大学教育, 2008（1）: 5.

[195] 刘光富, 陈晓莉 . 基于德尔菲法与层次分析法的项目风险评估 [J]. 项目管理技术, 2008（1）: 23-26.

[196] 查建中 . 工程教育宏观控制模型与培养目标和教育评估 [J]. 高等工程教育研究, 2009（3）: 7-14.

[197] 邱均平 . 竞争与卓越: 世界一流大学与科研机构学科竞争力评价研究报告 [J]. 评价与管理, 2009（4）: 3-8.

[198] 王春枝, 斯琴 . 德尔菲法中的数据统计处理方法及其应用研究 [J]. 内蒙古财经学院学报（综合版）, 2011, 9（4）: 92-96.

[199] 刘伟涛, 顾鸿, 李春洪 . 基于德尔菲法的专家评估方法 [J]. 计算机工程, 2011, 37（S1）: 189-191, 204.

[200] 许丽, 郑雅慧 . 美国 FIDER 评估体系对我国室内设计教育的启示 [J]. 云梦学刊, 2012, 33（5）: 132-134, 144.

[201] 中国教育报 . 我国工程教育标准与国际接轨 [J]. 黑龙江大学工程学报, 2013, 4（3）: 22.

[202] 颜隽 . 我国室内设计教育思考: 美国 2014 版 CIDA 专业标准借鉴 [J]. 住宅科技, 2014（12）: 55.

参考文献

[203] 路甬祥.关于创新设计竞争力的再思考[J].中国科技产业,2016(10):12-15.

[204] 许丽,郑雅慧.室内设计专业应用型人才培养模式探索[J].高等建筑教育,2016(3):20-23.

[205] 周光礼."双一流"建设中的学术突破:论大学学科、专业、课程一体化建设[J].教育研究,2016(5):72-76.

[206] 高志,张志强.个人学术影响力定量评价方法研究综述[J].情报理论与实践,2016,39(1):6.

[207] 赵蓉英,张心源,邱均平,等.2017年中国大学及学科专业评价的创新与结果分析[J].评价与管理,2017(1):38-50.

[208] 宁滨.以专业认证为抓手　推动"双一流"建设[J].中国高等教育,2017(Z1):24-25.

[209] 娄永琪,姜晨菡,徐江.基于"创新设计"的国家设计竞争力评价研究[J].南京艺术学院学报(美术与设计),2018(1):1-5,213.

[210] 赵建华,白慧芳.对中国室内设计教育处境和出路的思考[J].艺术教育,2018(9):136-137.

[211] 房强.室内艺术设计专业人才培养模式探索[J].产业与科技论坛,2018(3):167-168.

[212] 张帅,娄永琪,徐江.国家(地区)设计竞争力的指标和实证[J].南京艺术学院学报(美术与设计),2019(5):69-75,210.

[213] 郑曙旸.中国环境设计研究60年[J].装饰,2019(10):12-19.

[214] 路甬祥.创新设计竞争力研究[J].机械设计,2019,36(1):1-4.

[215] 赵超.探索研究型大学工业设计学科建设的哲学基础与实践框架[J].装饰,2019(9):26-30.

[216] 林健.一流本科教育:认识问题,基本特征和建设路径[J].清华大学教育研究,2019,40(1):22-30.

[217] 闫长斌,时刚,张素磊,等."双一流"和"双万计划"背景下学科、专业、课程协同建设:动因、策略与路径[J].高等教育研究学报,2019,42(3):35-43.

[218] 袁广林.我国高校世界一流学科发展性评估探析[J].中国高教研究,2019(6):21-26.

[219] 高红蕾,侯鹏,刘思明,等.制造业国际竞争力评价体系构建与实证分析[J].调研世界,2020(3):37-43.

[220] 季铁.湖南大学设计艺术学院"新工科·新设计"人才培养教学体系与实践研究[J].设计,2021,34(20):50-57.

[221] NANONGKHAI A, 1991. A comparison of four FIDER accredited interior design programs in the United States to the four interior design programs of higher education in Thailand(Order No. 1345618)[EB/OL]. Available from ProQuest Dissertations & Theses Global(303937676). https://www.proquest.com/dissertations-theses/comparison-four-fider-accredited-interior-design/docview/303937676/se-2?accountid=14426.

[222] GARSTKA J E, 1994. The impact of computer-assisted design on interior design education(Order No. 9428518)[EB/OL]. Available from ProQuest Dissertations & Theses Global(304114474). https://www.proquest.com/dissertations-theses/impact-computer-assisted-design-on-interior/docview/304114474/se-2?accountid=14426.

[223] THOMPSON S L L, 1995. The effect of service-learning on professional development as perceived by students attending selected accredited interior design programs(Order No. 9534445)[EB/OL]. Available from ProQuest Dissertations & Theses Global(304285877). https://www.proquest.com/dissertations-theses/effect-service-learning-on-professional/docview/304285877/se-2?accountid=14426.

[224] MENTKOWSKI M, 1998. Higher education assessment and national goals for education:Issues, assumptions, and principles[M]//LAMBERT N M, McCOMBS B L, eds. How students learn:Reforming

schools through learner-centered education.

[225] BENDER D M, 2002. Attitudes of higher education interior design faculty toward the innovation of distance education (Order No. 3053713) [EB/OL]. Available from ProQuest Dissertations & Theses Global (305509560). https://www.proquest.com/ dissertations-theses/attitudes-higher-education-interior-design/ docview/305509560/se-2?accountid=14426.

[226] Reforming schools through learner-centered education. (pp. 269-310, Chapter xiv, 540 Pages) [EB/OL]. American Psychological Association, Washington, D. C. http://dx.doi.org/10.1037/10258-010.

[227] METEVELIS M A, 2008. Recent interior design graduates from two types of programs and the potential employers of interior designers: a descriptive study of opinions regarding online education (Order No. 1454502) [EB/OL]. Available from ProQuest Dissertations & Theses Global (230685596).https://www.proquest.com/dissertations-theses/recent-interior-design-graduates-two-types/docview/230685596/se-2?accountid=14426.

[228] STEFFANNY E, 2009. Design communication through model making: a taxonomy of physical models in interior design education (Order No. 1468135) [EB/OL]. Available from ProQuest Dissertations & Theses Global (304904836). Retrieved from https://www.proquest.com/ dissertations-theses/design-communication-through-model-making/docview/304904836/se-2?accountid=14426.

[229] ILHAN A O, 2013. The growth of the design disciplines in the United States, 1984-2010 (Order No. 3611272) [EB/OL]. Available from ProQuest Dissertations & Theses Global (1501658767).https://www.proquest.com/dissertations-theses/growth-design-disciplines-united-states-1984-2010/docview/1501658767/se-2.

[230] LEE S Y, 2016. The impacts of cost determinism in architectural foundation design education: an analysis of cost indicators (Order No. 10290993) [EB/OL]. Available from ProQuest Dissertations & Theses Global (1846160531). https://www.proquest.com/dissertations- theses/impacts-cost-determinism-architectural-foundation/docview/1846160531/se-2?accountid=14426.

[231] BERNARD C, ABRAMO J. Teacher Evaluation: History, Policy, and Practice[M/OL]// Teacher Evaluation in Music: A Guide for Music Teachers in the U.S.Oxford: Oxford University Press. (2019-03-28) [2022-02-11]. https://oxford.universitypressscholarship.com/view/ 10.1093/oso/9780190867096.001.0001/oso9780190867096-chapter-2.

[232] CELADYN M, 2020. Integrative design classes for environmental sustainability of interior architectural design[J/OL]. Sustainability, 12 (18), 7383. Doi: http://dx.doi.org/10.3390/su12187383.

[233] XU W, 2021. The integration of innovative entrepreneurship education and interior design specialty education in higher vocational architecture[M/OL]. Les Ulis: EDP Sciences. Doi: http://dx.doi.org/10.1051/e3sconf/202125302071.

[234] 教育部. 关于学习宣传和贯彻实施《中华人民共和国高等教育法》的通知: 教高 [1998]12 号 [EB/OL]. (1998-11-27) [1998-11-27]. http://old.moe.gov.cn/publicfiles/ business/ htmlfiles/moe/moe_619/200407/1311.html.

[235] 百度百科 .2003-2007 年教育振兴行动计划 [EB/OL]. [2021-01-10]. https://baike.baidu.com/item/2003-2007 年教育振兴行动计划 /3451559?fr=aladdin.

[236] 教育部. 关于学习宣传和全面实施 2003—2007 年教育振兴行动计划的通知: 教办 [2004]4 号 [EB/OL].

（2004-3-3）. http：//www.moe.gov.cn/jyb_xxgk/gk_gbgg/moe_0/moe_1/moe_4/tnull_5326.html.

[237] 新华社. 国家中长期教育改革和发展规划纲要（2010—2020年）[EB/OL].（2010-07-29）[2011-10-29]. http：//www.moe.gov.cn/srcsite/A01/s7048/201007/t20100729_171904.html.

[238] 中央政府门户网站. 国家中长期教育改革和发展规划纲要（2010—2020年）[EB/OL].（2010-07-29）[2021-09-06].http：//www.gov.cn/jrzg/2010-07/29/content_1667143.htm.

[239] 教育部. 关于普通高等学校本科教学评估工作的意见：教高 [2011]9号 [EB/OL].（2011-10-13）[2011-10-31].http：//www.moe.gov.cn/srcsite/A08/s7056/201802/t20180208_327120.html.

[240] 国务院. 关于印发统筹推进世界一流大学和一流学科建设总体方案的通知：国发 [2015]64号 [EB/OL].（2015-10-24）[2021-08-02]. http：//www.moe.gov.cn/jyb_xxgk/moe_1777/moe_1778/201511/t20151105_217823.html.

[241] 教育部，国家发展改革委，财政部. 关于引导部分地方普通本科高校向应用型转变的指导意见：教发 [2015]7号 [EB/OL].（2015-10-21）[2012-01-10]. http：//www.moe.gov.cn/srcsite/A03/moe_1892/moe_630/201511/t20151113_218942.html.

[242] 住房城乡建设部. 关于印发建筑业发展"十三五"规划的通知：建市 [2017]98号 [EB/OL].（2017-4-26）[2017-5-04].http：//www.gov.cn/xinwen/2017-05/04/content_5190836.htm.

[243] 教育部办公厅. 关于开展普通高等学校本科教学工作合格评估的通知：教高 [2013]10号 [EB/OL].（2013-12-05）[2013-12-17]. http：//www.moe.gov.cn/srcsite/A08/s7056/201312/ t20131212_160919.html.

[244] 周光礼. 世界一流学科的中国标准是什么 [EB/OL].（2016-02-16）[2021-04-06]. http：//theory.people.com.cn/n1/2016/0216/c49157-28126520-2.html.

[245] 百度文库. 2018年设计学类教学质量国家标准 [S/OL]. https：//wenku.baidu.com/view/caa1229af9c75fbfc77da26925c52cc58ad69063.html.

[246] 张烁. 高等教育教学质量国标发布 [EB/OL].（2018-01-31）[2021-08-23]. http：//www.gov.cn/xinwen/2018-01/31/content_5262364.htm.

[247] 教育部. 全面提升高校专利质量服务创新型国家建设：教育部、国家知识产权局、科技部有关司局负责人就《关于提升高等学校专利质量促进转化运用的若干意见》答记者问 [EB/OL].（2020-02-21）. http：//www.moe.gov.cn/jyb_xwfb/s271/202002/t20200221_422858.html.

[248] 教育部，科技部. 教育部 科技部印发《关于规范高等学校SCI论文相关指标使用树立正确评价导向的若干意见》的通知：教科技 [2020]2号 [EB/OL].（2020-02-18）[2021-10-21]. http：//www.gov.cn/zhengce/zhengceku/2020-03/03/content_5486229.htm.

[249] 教育部学位与研究生教育发展中心. 全国第四轮学科评估及指标体系说明 [EB/OL]. [2022-01-12]. http：//www.cdgdc.edu.cn/xwyyjsjyxx/xkpgjg/283494.shtml.

[250] 中国共产党第十九届中央委员会第五次全体会议. 中共中央关于制定国民经济和社会发展第十四个五年规划和二〇三五年远景目标的建议 [EB/OL]. [2020-11-30]. https：//www.ndrc.gov.cn/fggz/fgdj/zydj/202011/t20201130_1251646.html?code=&state=123.

[251] 胡浩. 改革！教育评价指挥棒将怎样变化：《深化新时代教育评价改革总体方案》解读 [EB/OL].（2020-10-13）[2020-10-14]. http：//www.gov.cn/zhengce/2020-10/14/content_5551154.htm.

[252] NCIDQ考试流程 [EB/OL]. [2021-01-12]. https：//www.asid.org/learn/ncidq-exam-prep.

[253] 美国设计情报研究所室内设计教育调研统计：学科内交叉与跨学科交叉项目 [EB/OL]. [2021-01-12]. https：//www.di-rankings.com/interdisciplinary-transdisciplinary-programming/.

[254] 美国设计情报研究所室内院校前十排行榜 [EB/OL]. [2021-01-12]. https：//www.di-rankings.com/most-admired-schools-interior-design/.

[255] 齐鲁工业大学.《华盛顿协议》与工程教育专业认证 [EB/OL].（2020-08-11）[2021-01-12].http：//hjxy. qlu.edu.cn/2020/0811/c9312a153766/page.htm.

[256] 尹蔚民. 中华人民共和国职业分类大典 [S/OL].（2021-06-02）[2022-01-10].http：//www. jiangmen.gov. cn/jmrsj/gkmlpt/content/2/2334/post_2334805.html#173.

[257] 青塔. 2021 年 QS 世界大学学科排名出炉 [EB/OL]. [2021-03-04]. https：//mp.weixin.qq. com/s/WbElyy-GgQD-tikfmJadkw?

参考文献

后记

首先，我要感谢清华大学美术学院副院长杨冬江教授。杨老师在中国室内设计专业教育研究方面有极高的造诣，一直是我膜拜和学习的榜样。本书是以本人博士论文为基础修改而成的著作，撰写中曾得到他的悉心指导。他的意见和建议，不仅更加坚定了我写作的决心，也给我指明了研究的方向。同时，我还要感谢清华大学美术学院环境设计系的众多前辈和老师，他们也对本书的写作提供了很多很有价值的建议和帮助。

感谢蔡柏舟老师的引荐，在 Layton F. M. Reid 教授的热心指导与帮助下，我对英国室内设计专业教育和 BIID 认证有了较为准确和系统的认知，并对其实际执行有了较深入的了解。

感谢刘志勇教授的牵线搭桥，让我与美国萨凡纳学院室内设计系建立了联系，并对该校室内设计专业教学体系有了较全面的了解。

感谢杨润勇教授的帮助，杨教授不仅让我对教育标准与教育评价之间的关系有了较深刻的理解，还对本书写作期间所开展的专家调研和问卷设置等问题提供了建设性的指导意见。

感谢卫东风教授的帮助，卫教授对本书建立的评价指标提供了很多建设性意见。

感谢南京艺术学院的前辈和老师们分享了他们在室内设计教学中的思考和探索。

感谢熊磊博士在信息数据处理过程中给予的帮助。

感谢所有给我提供过帮助的人。正是大家的不断鼓励和无私帮助，支撑我走过了这段富有人生意义的研究时光。